编著者名单

编　著：梁振林　孙　鹏

绘　图：黄艾柯　吕凤鸣　曾欣如

吴依洋　高　丽　朱雅琪

范尚瑜　王嘉懿

U0257746

编著者简介

梁振林

山东大学，教授，博士生导师。曾任中国海洋大学水产学院副院长，山东大学海洋学院院长，中国海洋学会理事，中国水产学会理事兼水产捕捞分会副主任、海洋牧场分会委员，山东水产学会副理事长等职。

孙　鹏

中国海洋大学，教授，博士生导师，山东省泰山学者青年专家。现任中国水产学会渔业资源与环境分会委员。

PREFACE

前 言

我是20世纪60年代初期出生的，从小就对鱼腥味异常敏感，由于当时物质贫乏，所以能吃到鱼是很奢侈的事情。我记忆中最主要的吃鱼场合，是临近过年时，父亲会去集市上买一条腌干鲅鱼（有时候是鳓鱼，山东俗称“鲞鱼”，“鲞”意为腌干），挂在老宅的后墙上，根据过年前后的饮食习俗，当餐桌上需要有鱼时，母亲就会切一小段下来，蒸一下，每人分一小块，就算是“年年有余”了。其他的年中日常生活，极少闻到鱼腥，偶尔有鱼贩经过，售卖的有时是鲜鱼，有时是虾酱，都是可遇不可得，有时恰巧家里手头紧，只有眼巴巴看着鱼贩挑着担子离去，空自咽口水的份儿。待我上大学以后，学的是海洋捕捞专业，虽然是在教育部直属重点大学的山东海洋学院（现中国海洋大学）学习，但这个专业在世俗的眼光中是很不入流的，毕竟当时上大学的主要梦想是脱离农村，不当农民，海洋捕捞专业意味着只是从种地的农民变成了打鱼的渔民而已。但在我的内心，还是有一些窃喜的，再怎么着，至少吃鱼不发愁的梦想可以实现了。

在大学学习期间，生活对比农村自然是有很大改观，但鱼依旧是奢侈品，学习鱼类学的时候，看着那些用福尔马林浸泡过的活灵活现的鱼类标本，内心曾想，这门课为什么不用生鲜鱼类，还可以同时品尝其美味，这样岂不是记得更牢。直到毕业实习，跟随青岛渔业公司的渔船到舟山渔场捕捞带鱼，挺过了初期的晕船后，才结结实实体会了一把吃鱼吃到嗓子眼的感觉。后来虽经历了留校任教、东渡日本留学、再回国任教的生活，但喜欢鱼的习惯一直没变，而且在日本求学期间学会了海钓、切生鱼片。20世纪

90年代末回国以及其后的十多年时间，中国经济虽然发展很快，但在普通民众层面，还局限于基本生活水平的改善和提高。随着物质文化生活水平的提高，人们吃鱼不再是单纯为了填饱肚子或享口福，更追求鱼类的品质，而水产养殖的发展和国际贸易的兴盛，给人们提供了越来越多种类的水产品，让人眼花缭乱。这是条什么鱼？养殖的还是野生的？国产的还是进口的？人们开始追问鱼的来历、品质等，追求明白消费、知识性消费。基于这些背景，我逐渐萌生了一个想法，为非专业的普通老百姓写一本关于常见海洋鱼类识别方法的科普书，经过数载的资料收集和整理，终于与合作者完成了本书的撰写。希望通过本书，能够让广大读者在没有鱼类分类学专业知识的情况下，仅仅通过外部形态特征就能简单地识别它们。

本书的编辑出版，得到国家自然科学基金国际（地区）合作与交流项目（4186113037）和山东省“泰山学者青年专家”项目（tsqn202211052）的资助，也得到中国农业出版社编辑部的大力支持，在此表示衷心感谢。由于本人并非生物分类学专业人员，只具备在日常工作中用到的相关知识，加上水平所限，书中缺点错误在所难免，衷心希望广大读者批评指正。

编著者

2024年7月

CONTENTS

目　录

前言……………………………1

1. 黑线银鲛……………………………1

2. 鲸鲨……………………………2

3. 日本须鲨……………………………2

4. 斑纹须鲨……………………………3

5. 条纹斑竹鲨……………………………4

6. 点纹斑竹鲨……………………………4

7. 噬人鲨……………………………6

8. 尖吻鲭鲨……………………………6

9. 宽纹虎鲨……………………………8

10. 狭纹虎鲨……………………………8

11. 鼬鲨……………………………10

12. 公牛真鲨……………………………10

13. 乌翅真鲨……………………………11

14. 钝吻真鲨……………………………12

15. 长鳍真鲨……………………………12

16. 大青鲨……………………………13

17. 阴影绒毛鲨……………………………14

18. 虎纹猫鲨……………………………15

19. 梅花鲨……………………………15
20. 皱唇鲨……………………………16
21. 白斑星鲨…………………………16 
22. 灰星鲨……………………………17
23. 雅原鲨……………………………19
24. 哈氏原鲨…………………………19
25. 路氏双髻鲨………………………20 
26. 锤头双髻鲨………………………20
27. 白斑角鲨…………………………21
28. 短吻角鲨…………………………21
29. 长吻角鲨…………………………22 
30. 日本锯鲨…………………………23
31. 尖齿锯鳐…………………………23
32. 日本单鳍电鳐……………………24 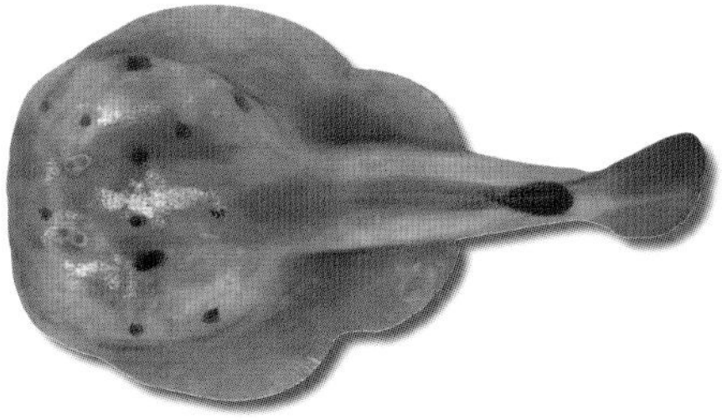
33. 坚皮单鳍电鳐……………………24
34. 许氏犁头鳐………………………26
35. 斑纹犁头鳐………………………26
36. 颗粒犁头鳐………………………27
37. 孔鳐………………………………28
38. 斑鳐………………………………28
39. 中国团扇鳐………………………29 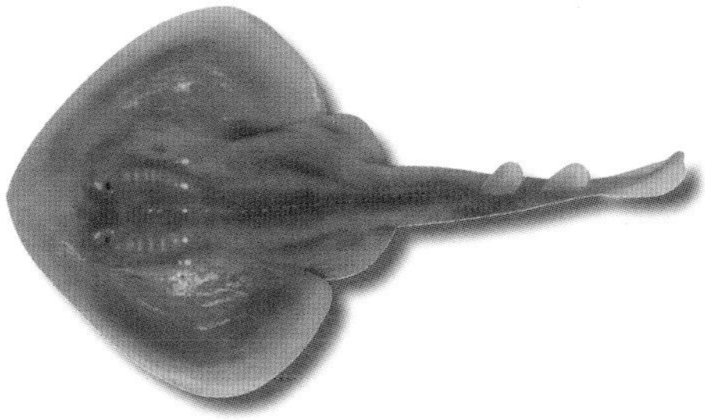
40. 赤魟………………………………30
41. 鸢鲼………………………………31
42. 双吻前口蝠鲼……………………32
43. 日本蝠鲼…………………………32
44. 中华鲟……………………………33

45. 鲟............................34

46. 真鲷............................34

47. 犁齿鲷............................35

48. 二长棘鲷............................36

49. 四长棘鲷............................37

50. 黄牙鲷............................37

51. 黑棘鲷............................38

52. 黄鳍鲷............................38

53. 平鲷............................39

54. 条石鲷............................40

55. 斑石鲷............................40

56. 松鲷............................41

57. 红鳍笛鲷............................42

58. 黄笛鲷............................42

59. 紫红笛鲷............................43

60. 四带笛鲷............................44

61. 金带笛鲷............................44

62. 奥氏笛鲷............................46

63. 画眉笛鲷............................46

64. 金焰笛鲷............................47

65. 勒氏笛鲷............................48

66. 千年笛鲷............................48

67. 斜鳞笛鲷……49
68. 李氏斜鳞笛鲷……50
69. 丝尾红钻鱼……50
70. 黄背若梅鲷……51
71. 黄尾梅鲷……52
72. 黄背梅鲷……52
73. 黄蓝背梅鲷……53
74. 褐梅鲷……54
75. 金带梅鲷……54
76. 黑带鳞鳍梅鲷……55
77. 双带鳞鳍梅鲷……56
78. 马氏鳞鳍梅鲷……56
79. 红鳍裸颊鲷……58
80. 阿氏裸颊鲷……58
81. 星斑裸颊鲷……59
82. 灰裸顶鲷……60
83. 斜带髭鲷……61
84. 横带髭鲷……62
85. 纵带髭鲷……62
86. 花尾胡椒鲷……63
87. 暗点胡椒鲷……64
88. 斑胡椒鲷……65
89. 三线矶鲈……66
90. 单斑石鲈……66
91. 大斑石鲈……67
92. 四带石鲈……68
93. 短尾大眼鲷……68
94. 长尾大眼鲷……69
95. 金目大眼鲷……70
96. 斑鳍大眼鲷……70
97. 日本牛目鲷……71
98. 日本锯大眼鲷……72
99. 麦氏锯大眼鲷……73

100. 日本方头鱼 74
101. 斑鳍方头鱼 74
102. 银方头鱼 74
103. 侧条弱棘鱼 76
104. 四角唇指鳊 76
105. 花尾唇指鳊 77
106. 斑马唇指鳊 78
107. 细条天竺鲷 78
108. 半线天竺鲷 79
109. 环尾天竺鲷 80
110. 斑柄天竺鲷 80
111. 五带巨牙天竺鲷 81
112. 尾斑光鳃鱼 82
113. 克氏双锯鱼 82
114. 海鲫 83

115. 斑鮀 84
116. 绿带鮀 85
117. 黑鮀 85

118. 低鳍鮀 86
119. 双峰鮀 86
120. 长鳍鮀 87
121. 细刺鱼 88
122. 深水金线鱼 88
123. 金线鱼 89

124. 日本金线鱼 90
125. 伏氏眶棘鲈 90

126. 双线眶棘鲈……91
127. 单带眶棘鲈……92
128. 齿颌眶棘鲈……92
129. 三带眶棘鲈……93
130. 日本绯鲤……94
131. 四带绯鲤……94
132. 多带绯鲤……95
133. 纵带绯鲤……96
134. 黑斑绯鲤……96
135. 摩鹿绯鲤……97
136. 日本发光鲷……98
137. 赤鯥……98
138. 牛眼青鯥……99
139. 鯥……100
140. 蓝鳍金枪鱼……100
141. 大眼金枪鱼……101
142. 黄鳍金枪鱼……102
143. 长鳍金枪鱼……102
144. 青干金枪鱼……103
145. 鲣……104
146. 白卜鲔……104
147. 扁舵鲣……105
148. 圆舵鲣……106
149. 东方狐鲣……106
150. 裸狐鲣……107
151. 蓝点马鲛……108
152. 中华马鲛……108
153. 朝鲜马鲛……109
154. 斑点马鲛……110
155. 康氏马鲛……110
156. 刺鲅……111
157. 日本鲐……112

158. 澳洲鲐……113

159. 剑鱼……114

160. 平鳍旗鱼……115

161. 印度枪鱼……116

162. 蓝枪鱼……116

163. 条纹四鳍旗鱼……116

164. 小吻四鳍旗鱼……116

165. 多鳞四指马鲅……118

166. 军曹鱼……118

167. 䲠鳅……119

168. 棘鳞蛇鲭……120

169. 异鳞蛇鲭……120

170. 黑鳍蛇鲭……121

171. 蛇鲭……121

172. 带鱼……122

173. 小带鱼……122

174. 沙带鱼……123

175. 中华窄颅带鱼……123

176. 细叉尾带鱼……124

177. 金线嵴额带鱼……124

178. 鞭嵴额带鱼……125

179. 珍鲹……126

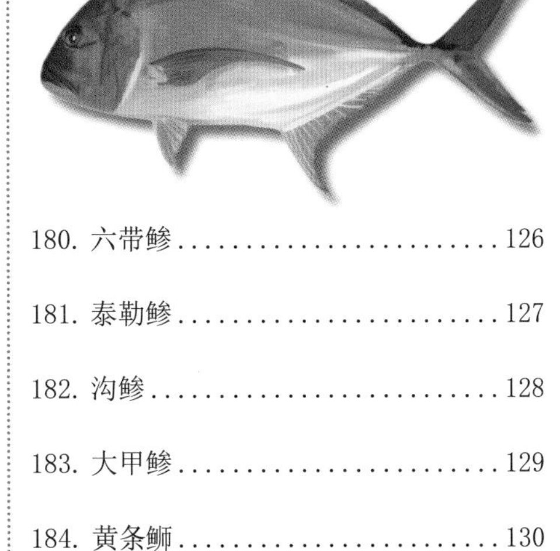

180. 六带鲹……126

181. 泰勒鲹……127

182. 沟鲹……128

183. 大甲鲹……129

184. 黄条鰤……130

185. 高体鰤……130

186. 五条鰤……131

187. 蓝圆鲹......................132
188. 红尾圆鲹....................132
189. 竹筴鱼......................133 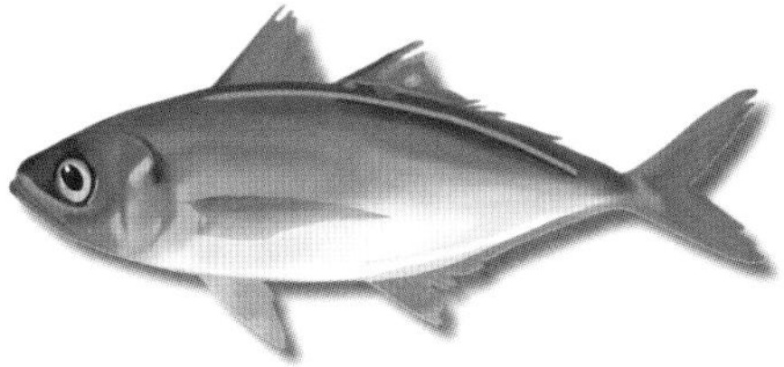
190. 高体鲹......................134
191. 黄带拟鲹....................134
192. 卵形鲳鲹....................135
193. 乌鲹........................136
194. 小斑鲳鲹....................136
195. 短吻丝鲹....................137
196. 长吻丝鲹....................138
197. 康氏似鲹....................138
198. 革似鲹......................139
199. 长颌似鲹....................139
200. 大黄鱼......................140 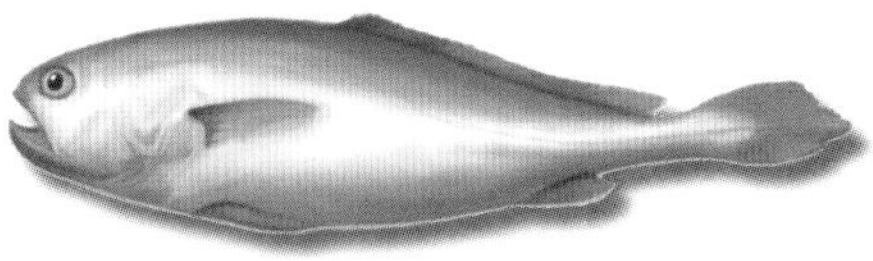
201. 小黄鱼......................140
202. 棘头梅童鱼..................140
203. 黑鳃梅童鱼..................142
204. 黄姑鱼......................142
205. 箕作黄姑鱼..................143
206. 白姑鱼......................144
207. 皮氏叫姑鱼..................144
208. 鮸..........................145 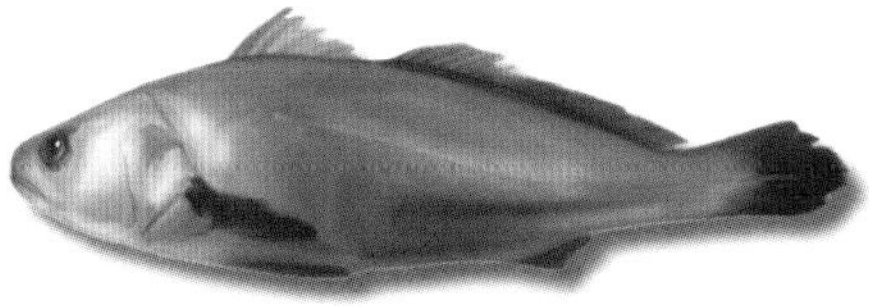
209. 日本黄姑鱼..................146
210. 黑姑鱼......................147
211. 红拟石首鱼..................147
212. 环纹蓑鲉....................148
213. 斑鳍蓑鲉....................148 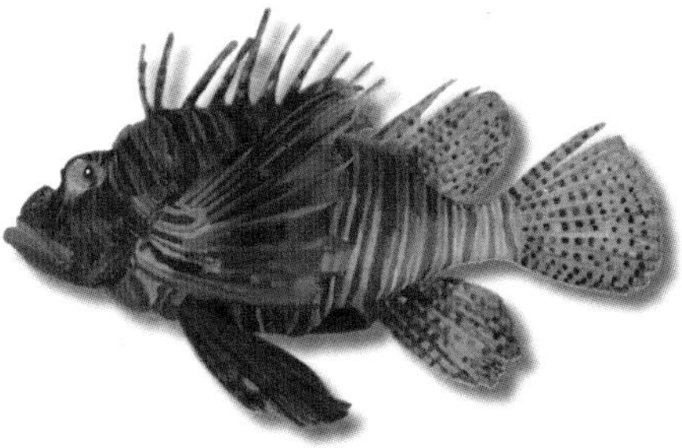
214. 许氏平鲉....................150
215. 厚头平鲉....................151
216. 铠平鲉......................152
217. 五带平鲉....................152
218. 六带平鲉....................153

219. 褐菖鲉 154
220. 白斑菖鲉 154
221. 三色菖鲉 155
222. 油魣 156
223. 日本魣 156
224. 黄带魣 156
225. 大魣 158
226. 斑条魣 158
227. 倒牙魣 158
228. 绒杜父鱼 160
229. 松江鲈 160
230. 北鲳 162
231. 镰鲳 162
232. 灰鲳 163
233. 中国鲳 163
234. 刺鲳 164
235. 日本栉鲳 164
236. 白鲳 165
237. 金钱鱼 166
238. 斑点鸡笼鲳 167
239. 眼镜鱼 168
240. 白条锦鳗鳚 168
241. 云鳚 169
242. 方氏云鳚 169
243. 长绵鳚 170
244. 吉氏绵鳚 170
245. 日本眉鳚 171
246. 斑尾刺虾虎鱼 172
247. 黄鳍刺虾虎鱼 173
248. 少鳞鱚 174
249. 多鳞鱚 174

250. 玉筋鱼........................175
251. 青石斑鱼......................176
252. 赤点石斑鱼....................176
253. 七带石斑鱼....................177
254. 八带石斑鱼....................178 
255. 马拉巴石斑鱼..................178
256. 点带石斑鱼....................179
257. 三斑石斑鱼....................180
258. 棕点石斑鱼....................180
259. 清水石斑鱼....................181
260. 玳瑁石斑鱼....................182
261. 云纹石斑鱼....................182
262. 褐石斑鱼......................183
263. 鞍带石斑鱼....................184
264. 驼背鲈........................184 
265. 侧牙鲈........................185
266. 白缘侧牙鲈....................186
267. 斑鳃棘鲈......................186
268. 豹纹鳃棘鲈....................187
269. 蓝点鳃棘鲈....................188
270. 黑鞍鳃棘鲈....................188
271. 红九棘鲈......................189
272. 青星九棘鲈....................190 
273. 尾纹九棘鲈....................190
274. 六斑九棘鲈....................191
275. 六带线纹鱼....................192
276. 宽真鲈........................192
277. 中国花鲈......................193 
278. 金黄突额隆头鱼................194
279. 波纹唇鱼......................195

280. 邵氏猪齿鱼........................196

281. 蓝猪齿鱼...........................196

282. 鞍斑猪齿鱼........................198

283. 裂唇鱼...............................198

284. 三带盾齿鳚........................199

285. 尖吻鲈...............................200

286. 红眼沙鲈...........................200

287. 褐篮子鱼...........................201

288. 长鳍篮子鱼........................202

289. 长吻鼻鱼...........................202

290. 短吻鼻鱼...........................203

291. 突角鼻鱼...........................204

292. 短棘鼻鱼...........................204

293. 黑背鼻鱼...........................205

294. 多板盾尾鱼........................206

295. 帆鳍鱼...............................206

296. 尖吻棘鲷...........................208

297. 日本五棘鲷........................209

298. 朴蝴蝶鱼...........................210

299. 丝蝴蝶鱼...........................210

300. 八带蝴蝶鱼........................211

301. 钻嘴鱼...............................212

302. 马夫鱼...............................212

303. 多棘马夫鱼........................213

304. 金口马夫鱼........................214

305. 单角马夫鱼........................214

306. 镰鱼..................................215

307. 颈斑鲾........................216
308. 短吻鲾........................217
309. 黄斑鲾........................217
310. 小牙鲾........................218
311. 圆颌北梭鱼....................219
312. 红金眼鲷......................220
313. 大目金眼鲷....................221
314. 线纹拟棘鲷....................221
315. 日本骨鳂......................222
316. 红锯鳞鱼......................223
317. 远东海鲂......................224
318. 云纹亚海鲂....................225
319. 高菱鲷........................226
320. 红菱鲷........................227
321. 绯菱鲷........................227
322. 大银鱼........................228
323. 间下鱵........................228
324. 日本下鱵......................229
325. 瓜氏下鱵......................230
326. 长吻鱵........................230
327. 斑鱵..........................231
328. 尖嘴扁颌针鱼..................232
329. 燕鳐..........................233
330. 太平洋鲱......................234
331. 远东拟沙丁鱼..................234
332. 青鳞鱼........................235
333. 斑鰶..........................236
334. 鳓............................236

335. 鳀............................237
336. 刀鲚..........................238
337. 凤鲚..........................238
338. 黄鲫..........................239
339. 大海鲢........................240
340. 海鲢..........................240
341. 日本鬼鲉......................241
342. 粗毒鲉........................241
343. 鲬............................242
344. 细纹狮子鱼....................243
345. 大泷六线鱼....................244
346. 单线六线鱼....................245
347. 长线六线鱼....................245
348. 小眼绿鳍鱼....................246
349. 绿鳍鱼........................247
350. 短鳍红娘鱼....................248
351. 岸上红娘鱼....................248
352. 长棘红娘鱼....................249
353. 鲻............................250
354. 梭鱼..........................251
355. 长蛇鲻........................252
356. 小胸鳍蛇鲻....................252
357. 鳄蛇鲻........................253
358. 龙头鱼........................254
359. 小鳍龙头鱼....................254
360. 黄鮟鱇........................255
361. 黑鮟鱇........................255

362. 裸躄鱼........................256
363. 带纹躄鱼......................257
364. 毛躄鱼........................257
365. 大头鳕........................258
366. 红鳍东方鲀....................259
367. 假睛东方鲀....................260
368. 暗纹东方鲀....................260
369. 星点东方鲀....................261
370. 斑点东方鲀....................262
371. 密点东方鲀....................262
372. 潮际东方鲀....................263
373. 虫纹东方鲀....................264
374. 豹纹东方鲀....................264
375. 紫色东方鲀....................265
376. 黄鳍东方鲀....................266
377. 绿鳍马面鲀....................267
378. 黄鳍马面鲀....................268
379. 拟绿鳍马面鲀..................268
380. 丝背细鳞鲀....................269
381. 单角革鲀......................270
382. 拟态革鲀......................270
383. 角箱鲀........................271
384. 棘背角箱鲀....................272
385. 无斑箱鲀......................272
386. 粒突箱鲀......................273
387. 突吻尖鼻箱鲀..................274
388. 双峰三棱箱鲀..................274
389. 六斑刺鲀......................275
390. 密斑刺鲀......................276
391. 翻车鲀........................277

392. 中华海鲇......................278

393. 鳗鲇......................279

394. 海鳗......................280

395. 星康吉鳗......................281

396. 哈氏异康吉鳗......................281

397. 日本鳗鲡......................282

398. 网纹裸胸鳝......................283

399. 中华须鳗......................284

400. 鲍氏蛇鳗......................284

401. 竹节花蛇鳗......................285

402. 黑头海蛇......................286

403. 棘烟管鱼......................286

404. 鳞烟管鱼......................287

405. 冠海马......................288

406. 管海马......................289

407. 克氏海马......................289

408. 三斑海马......................290

409. 日本海马......................290

410. 舒氏海龙......................291

411. 粗吻海龙......................292

412. 刁海龙......................292

413. 拟海龙......................293

414. 斑节海龙......................293

415. 石鲽......................295

416. 钝吻黄盖鲽......................296

417. 尖吻黄盖鲽......................296

418. 高眼鲽......................297

419. 长鲽......................298

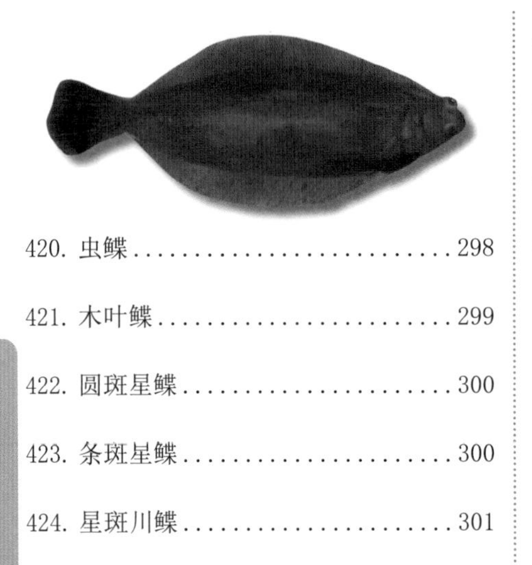

420. 虫鲽......................298
421. 木叶鲽......................299
422. 圆斑星鲽......................300
423. 条斑星鲽......................300
424. 星斑川鲽......................301
425. 亚洲油鲽......................302
426. 花鲆......................302
427. 褐牙鲆......................303

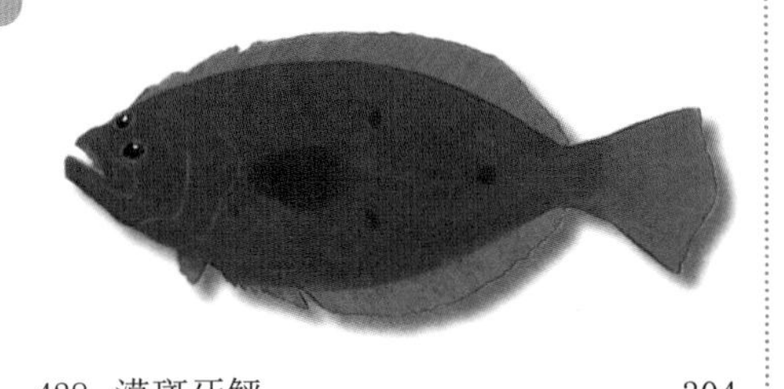

428. 漠斑牙鲆......................304
429. 桂皮斑鲆......................305
430. 五点斑鲆......................305
431. 双瞳斑鲆......................306

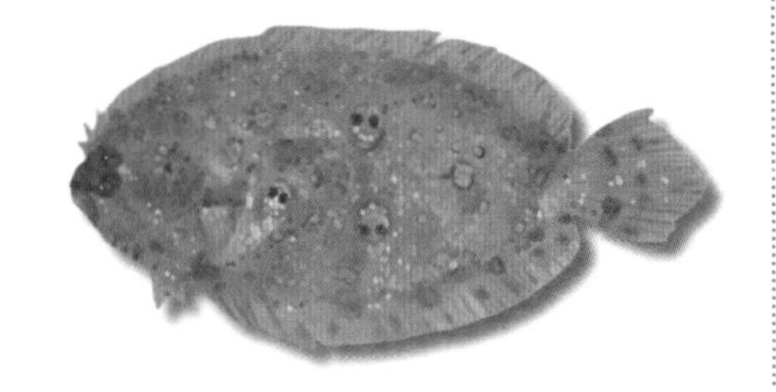

432. 大牙斑鲆......................306
433. 多斑羊舌鲆......................307
434. 高体大鳞鲆......................308
435. 大菱鲆......................309
436. 带纹条鳎......................309
437. 半滑舌鳎......................310
438. 短吻三线舌鳎......................311
439. 短吻红舌鳎......................312
440. 宽体舌鳎......................312
441. 文昌鱼......................313
主要参考文献......................314

1. 黑线银鲛

【生态习性】主要分布于各大洋热带和温带较深海区，中国、朝鲜半岛、日本和菲律宾都有分布，中国主要分布于黄海至南海海域。通常以底栖的海胆、双壳贝类、小型鱼类为食。

【识别特征】体长可达1m。第二背鳍低平，后缘圆形，与尾鳍上叶相隔有一凹缺。臀鳍低平，与尾鳍下叶分隔处有一凹缺。**侧线呈细波浪形，体侧有2条褐色纵带。**雄鱼在腹鳍后方有交配器官，在头顶眼前上方还有1个呈柄状突起的辅助交配器——额鳍脚，前面有一群小刺，交配时用来扣紧雌鱼。

【科普常识】银鲛在市场上比较少见，遇到购买时，须把第一背鳍前缘的硬棘剪掉，以免料理时被扎伤。银鲛鱼肉量不多，且水分含量高，味道淡薄，料理时需要额外调味。

银鲛科
Chimaeridae

银鲛目的1科，全世界共有2属30多种。长相诡异，有一对绿油油的大眼睛，西方人称它们为“鬼鲨”或“幽灵鲨”。

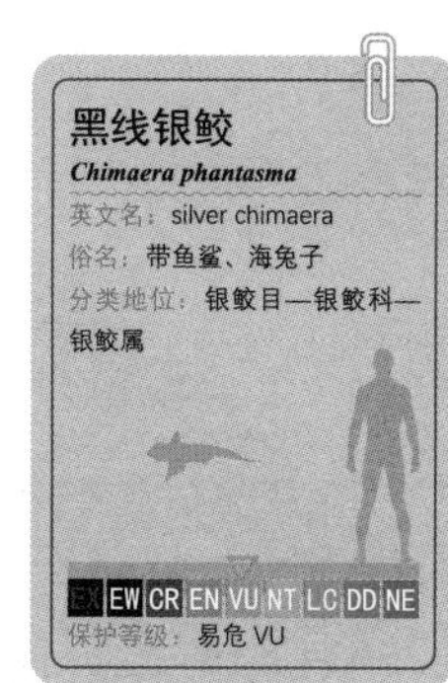

2. 鲸鲨

【生态习性】主要分布于各热带和温带海域，中国各海域夏、秋季节都有分布。鲸鲨性情温和，主食浮游生物和小型鱼类。

【识别特征】身体庞大，全长可达 20m，是世界上最大的鱼类。其体表散布淡色斑点与纵横交错的淡色带，状如棋盘。无近似鱼类。

【科普常识】鲸鲨的鱼鳍可制成顶级的“九天翅”，故被大量猎杀，数量越来越少。我国将其列为国家二级保护野生动物，禁止捕捞和销售。

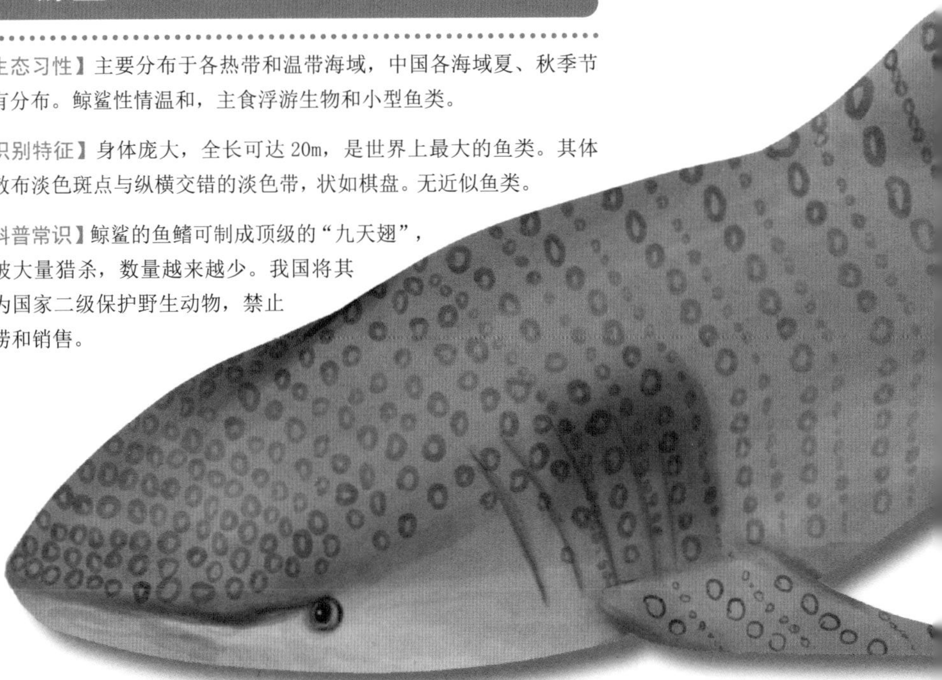

须鲨科（Orectolobidae）

须鲨目的 1 科，全球仅 1 属 4 种，我国分布 1 属 2 种。头部周围有许多皮质突起，类似胡须，故得名。

3. 日本须鲨

【生态习性】分布于中国、日本、朝鲜半岛、越南、菲律宾等沿海，我国分布于东海和南海海域。主营底栖生活，一般在浅海岩礁区、海藻丛生的区域，蛰伏于海床，伺机捕食鱼类、甲壳动物或软体动物。胎生，体内受精，经 1 年的孕期后产仔，每胎一般 20 尾左右。

【识别特征】体长 1m 左右。身体较肥满，前部横扁，在口吻部周围有多个皮质突起，体色褐色，上有 10 条甚至更多的暗色横带。**相似种类是斑纹须鲨。**

【科普常识】须鲨在鲨鱼类中算是比较好吃的类别，有时被底拖网捕获，作为食用鱼。虽然长相一般，但也算有点特色，在某些海洋水族馆会有展示。

鲸鲨科
Rhincodontidae

须鲨目的1科，仅1属1种，即鲸鲨。

鲸鲨
Rhincodon typus
英文名：whale shark
俗名：大憨鲨
分类地位：须鲨目—鲸鲨科—鲸鲨属
EX EW CR EN VU NT LC DD NE
保护等级：易危 VU

4. 斑纹须鲨

【生态习性】分布于日本至澳大利亚的西太平洋海域，我国分布于东海和南海海域。夜间游动觅食，行动迟缓，以底栖无脊椎动物为主食。胎生，每次产仔可超过30尾，初产仔鲨长达20cm。

【识别特征】最大体长可达2m。与日本须鲨相比，背部和尾部的暗褐色横纹不规则，体表和鱼鳍上有许多白色斑点和圆形或形状不规则花纹。

斑纹须鲨
Orectolobus maculatus
英文名：spotted wobbegong
俗名：花须鲨、豆腐鲨、虎沙
分类地位：须鲨目—须鲨科—须鲨属
EX EW CR EN VU NT LC DD NE
保护等级：无危 LC

日本须鲨
Orectolobus japonicus
英文名：Japanese wobbegong
俗名：豆腐鲨、地毯鲨
分类地位：须鲨目—须鲨科—须鲨属
EX EW CR EN VU NT LC DD NE
保护等级：无危 LC

5. 条纹斑竹鲨

【生态习性】主要分布于印度洋与太平洋沿岸，中国分布于东海南部至南海海域，栖息于水深50m以内的礁砂混合且海藻繁生的海床，捕食小鱼和无脊椎动物。集群产卵，孵化期约3个月。

【识别特征】体长一般在50～60cm，最大不超过1m。体形修长，吻部突出，有前后2个背鳍，**背鳍与腹鳍差不多大小**，尾鳍上叶显著延长，下叶几乎没有。**体色暗褐色，体侧有12条暗褐色斑纹，遍体散布有白色小斑点。相似种类有点纹斑竹鲨。**

【科普常识】斑竹鲨是福建沿海常见鲨鱼类，通常制成鱼浆、鱼丸食用。有些水族馆会将斑竹鲨放入亲海水池，游客可以亲自用手去触摸。条纹斑竹鲨和点纹斑竹鲨的英文名与中文名意思正好相反，需要注意。

6. 点纹斑竹鲨

【生态习性】分布于西太平洋至东印度洋海域，我国分布于东海南部和南海海域。通常栖息于松软的沙泥质或珊瑚礁或潮间带水坑中。夜行性鱼类，以小型甲壳动物及鱼类为食。点纹斑竹鲨的体色会根据环境而变化，是鲨鱼家族里的“变色龙”。

【识别特征】体长约1m。**背鳍大于腹鳍，体色为浅棕色，通常没有斑纹或很模糊。在幼鱼期体侧有12～13条清晰的横纹**，随着成长逐渐暗淡模糊直至消失。

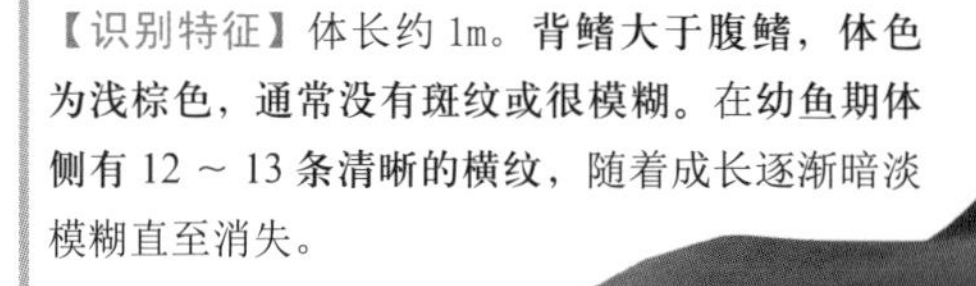

长尾须鲨科（Hemiscylliidae）

须鲨目的 1 科，也称斑竹鲨科，全球仅记录 1 属 6 种，我国分布 1 属 3 种。头部周围有须状皮质突起，但比须鲨科鱼类少、不明显。

7. 噬人鲨

【生态习性】分布于各大洋热带及温带海域，一般生活在开放洋区，但常会进入内陆水域，我国分布于东海、南海海域。喜欢捕食海豹、海狮。雄性 10 龄、雌性 12 ～ 18 龄性成熟。寿命可达 70 年。

【识别特征】体长可达 6.5m，体重 3 200kg，是最大的食肉鱼类。除体形硕大外，身体几乎没有斑纹，背面灰色、腹面通体白色，**灰白交界处的线形虽然不够规则，但非常清晰**，几乎没有模糊的过渡地带，对比度高。

【科普常识】大白鲨是世界上包括潜水、冲浪在内的亲海活动的重要威胁，历史上有很多大白鲨伤人的报道，甚至有以相关事件为背景拍成的电影。其鱼鳍可制鱼翅，加上其伤人的缘故，被大量猎杀，现为国家二级保护野生动物。

8. 尖吻鲭鲨

【生态习性】广泛分布于世界各大洋的热带和温带海域，中国分布于东海、南海海域。通常巡游于外海，夏季会接近陆架、岛架等沿岸水域。主要捕食集群性的鲐鲹类、鲱鱼类等中上层鱼类。食卵型卵胎生，胎儿在子宫内发育用光自身的卵黄后，再吸收卵巢补给的营养卵，继续成长。

【识别特征】体长可达 4m。身体整体呈灰青色，腹部白色，**灰白颜色的分界不像大白鲨那样泾渭分明**。头尖形，尾鳍类似新月形，上叶略长，尾柄两侧具有明显的侧突，尾鳍基部上下方各有一处凹洼。

【科普常识】尖吻鲭鲨在鲨鱼类中属于味道鲜美的类别，适合各种料理方法，如果足够新鲜，生鱼片也不在话下。

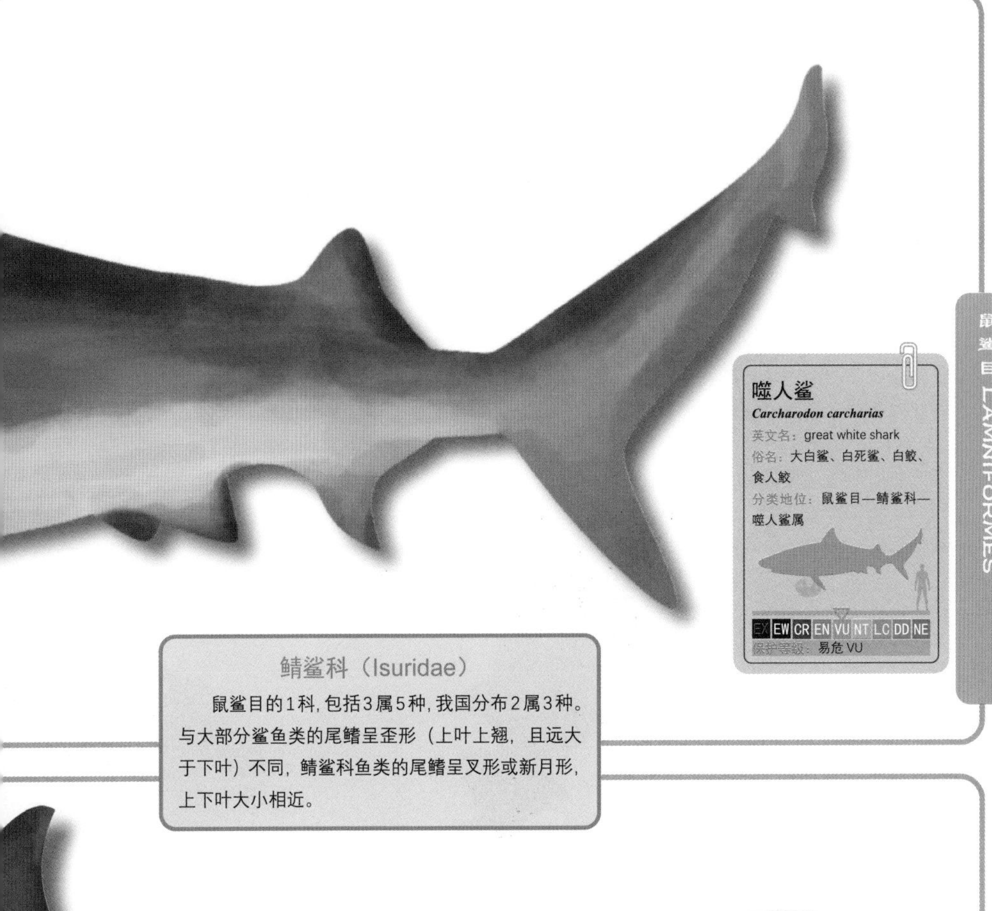

噬人鲨

Carcharodon carcharias

英文名：great white shark

俗名：大白鲨、白死鲨、白鲛、食人鲛

分类地位：鼠鲨目—鲭鲨科—噬人鲨属

EX EW CR EN VU NT LC DD NE

保护等级：易危 VU

鲭鲨科（Isuridae）

鼠鲨目的1科，包括3属5种，我国分布2属3种。与大部分鲨鱼类的尾鳍呈歪形（上叶上翘，且远大于下叶）不同，鲭鲨科鱼类的尾鳍呈叉形或新月形，上下叶大小相近。

尖吻鲭鲨

Isurus oxyrinchus

英文名：shortfin mako shark, bonito-shark

俗名：短鳍鲭鲨、青鲨、青皮鲨

分类地位：鼠鲨目—鲭鲨科—鲭鲨属

EX EW CR EN VU NT LC DD NE

保护等级：濒危 EN

9. 宽纹虎鲨

【生态习性】分布于黄海及东海海域，日本、朝鲜沿海也有分布。夜行性鱼类，行动迟缓，常出没于岩石及遍布海藻的海底。可以用双鳍在海底“行走”。卵生，卵鞘为螺旋状，堆积于水深10m左右的岩礁或藻丛中发育。产卵期从春季到夏季。

【识别特征】体长约1.2m。体形前部粗大，后部渐细小，头吻部短宽而钝圆。**背鳍2个，鳍前各有1个硬棘**。身体黄褐色，腹面白色，有**7～10条深褐色的宽横纹**，在头后宽狭纹交叠。**相似种类为狭纹虎鲨。**

【科普常识】虎鲨的头部或许有些虎里虎气，但从其属于小型鲨鱼类来看，其日语名字“猫鲨”可能更贴合，起码取自猫科动物，而其英文名bullhead shark（牛头鲨），则只能感叹文化不同、眼光不同了。

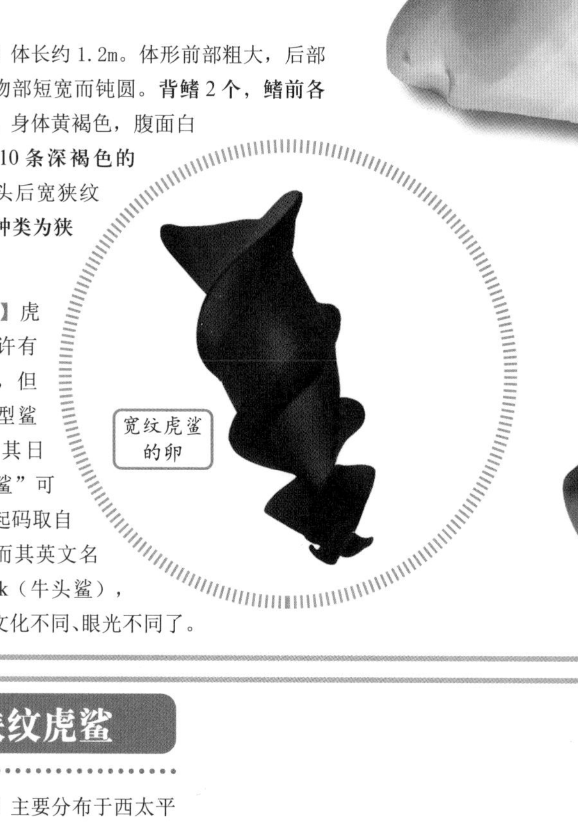
宽纹虎鲨的卵

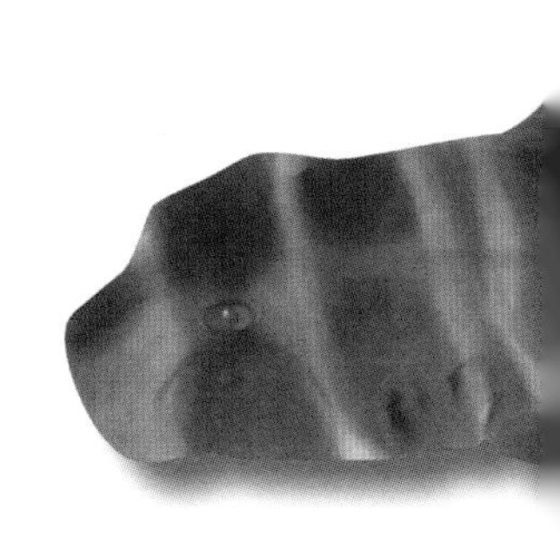

10. 狭纹虎鲨

【生态习性】主要分布于西太平洋海域，我国分布于东海、南海海域。摄食、繁殖等生态习性与宽纹虎鲨类似。

【识别特征】体长1m左右。体形与宽纹虎鲨无异。体色为灰白色或黄褐色，**深褐色的横纹数量20～30条**，横纹宽度比宽纹虎鲨狭窄。

宽纹虎鲨

Heterodontus japonicus

英文名：bullhead shark，horn shark

俗名：虎鲨、日本异齿鲨

分类地位：虎鲨目—虎鲨科—虎鲨属

EX EW CR EN VU NT LC DD NE

保护等级：无危 LC

虎鲨科（Heterodontidae）

虎鲨目的 1 科。虎鲨目下面只有 1 科共 8 种。虎鲨目起源于侏罗纪，主要生活在海底，完全没有“虎”的气势，特点是两个背鳍的前部各有一根刺。

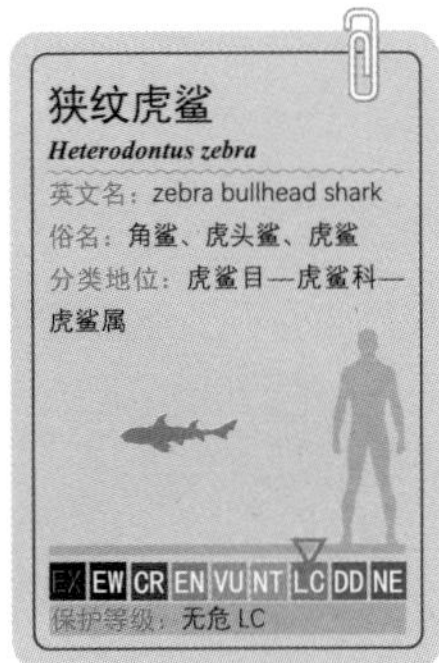

狭纹虎鲨

Heterodontus zebra

英文名：zebra bullhead shark

俗名：角鲨、虎头鲨、虎鲨

分类地位：虎鲨目—虎鲨科—虎鲨属

EX EW CR EN VU NT LC DD NE

保护等级：无危 LC

真鲨科（Carcharhinidae）

真鲨目的1科，全球共有14属55种，是鲨鱼中种类较多的科，我国分布10属24种。一般身体强壮、游泳快速，同时还是著名的掠食者，攻击性强，是潜水等亲海活动的威胁生物。

11. 鼬鲨

【生态习性】分布于我国黄海、东海、南海海域，以及全球南北纬40°之间的温热带海域。栖息水深可达数百米，亦出现于珊瑚礁区或河口内湾，一般夜间到浅水区摄食。捕食鱼类、海兽、海龟、海鸟等，亦袭击人类。

【识别特征】体长超过3m。体形与噬人鲨很像，体侧灰色和腹面白色交界明显，**但体侧和鱼鳍上具有不规则斑点，并连成许多纵向和横形条纹**，显得虎虎生风。

【科普常识】本种鱼即中文叫“鼬鲨”，英文叫“虎鲨”的本尊。从其虎虎生风的“气概”，叫“虎鲨”可能更贴切，但中文里另有叫虎鲨的鱼类，故不可望文生义直接按英文翻译成虎鲨。鼬鲨肉质佳，可加工成各种肉制品。鱼鳍可做鱼翅，皮厚可加工成皮革，肝可加工制取维生素及鱼肝油。

12. 公牛真鲨

【生态习性】广泛分布于三大洋的温带到热带的沿岸海域，我国分布于东海南部、南海海域，通常栖息在沿岸水域。日常在海底缓慢游动，遇到感兴趣的东西时可瞬间起动并闷头向前冲刺，类似斗牛中的公牛。6龄性成熟，胎生，每胎小于13尾。寿命在15～20年。

【识别特征】体长一般超过2m。吻端圆弧形（顶视），体形壮硕，背部灰色，腹部白色，但**灰白界限不清晰，胸鳍和腹鳍的鳍尖暗黑色。相似种类有乌翅真鲨、黑尾真鲨。**

【科普常识】公牛真鲨的经济价值高，是肉制品、鱼翅、皮革、维生素和鱼肝油的原料，下脚料则可制成鱼粉。某些水族馆还将公牛真鲨作为展示鱼类。

13. 乌翅真鲨

【生态习性】分布于中西太平洋至印度洋海域，中国分布于东海和南海海域。通常独居，偶尔成群结队地猎食岩礁鱼类和甲壳类动物等。胎生，每次产仔达 20 尾。是为数不多的、能完全跳出水面的鲨鱼之一。

【识别特征】最大体长达 2m。所有鱼鳍的尖端均呈暗褐色，与内侧的白色边界清晰。

乌翅真鲨
Carcharhinus melanopterus
英文名：blacktip reef shark
俗名：黑翼鲨、黑鳍鲨、黑鳍礁鲨、污翅白眼鲛
分类地位：真鲨目—真鲨科—真鲨属
EX EW CR EN VU NT LC DD NE
保护等级：近危 NT

14. 钝吻真鲨

【生态习性】分布于西太平洋至印度洋海域，我国分布于南海海域。以鱼类、头足类和甲壳类动物为食，通常成群觅食，掠捕速度快。性情残暴，有袭击人类的记录。胎生，每胎1～6尾。

【识别特征】体长2m左右。尾鳍边缘黑色，除第一背鳍外所有鱼鳍的边缘为黑色，黑色覆盖面积或大或小。

15. 长鳍真鲨

【生态习性】广泛分布于世界各海洋的温带和热带海域，中国分布于东海、南海海域，通常栖息于大洋上层，偶尔出现于沿海水域。主要以鱼类、甲壳类、头足类、海龟、海鸟等为食。胎生，每胎十几尾，体长2m左右性成熟。

【识别特征】体长可达3m。胸鳍特别长，各鳍的尖端白色，该白色部分经常不太规则，看起来像是不干净似的。体形壮硕，背部灰色，腹部白色，但界限不清晰。

【科普常识】长鳍真鲨为商业捕捞的兼捕鱼种，鱼鳍较大，是鱼翅的上好原料，经济价值较高，所以其种群数量堪忧。曾有水族馆将长鳍真鲨作为展示鱼类，但据称其人工饲养难度较大。

16. 大青鲨

【生态习性】分布于全球的热带或温带海域，我国分布于东海南部至南海海域。通常集群活动，在较平静的海洋表层活动时，胸鳍展开，背鳍及尾鳍上叶会露出水面。以鱼类、头足类为食，亦袭击人类。寿命可达 20 多年，4 ～ 5 龄性成熟，胎生，每胎产仔 60 尾左右。

【识别特征】体长接近 4m。胸鳍非常大，背青腹白。背部的青蓝色与前述的尖吻鲭鲨很相似，但尖吻鲭鲨的尾鳍为上下叶长度差不多（上叶略长）的新月形，而大青鲨的尾鳍细长，呈明显的歪形。

【科普常识】大青鲨不仅分布范围广，而且是所有鲨鱼种类中数量最丰富的一种，也是目前鱼翅的最主要来源。

猫鲨科（Scyliorhinidae）

真鲨目的1科，现有18属约160种，是鲨鱼类中种类最多的1科。由于大部分种类个体小，并且身体普遍具有美丽的斑纹，通常可在水族馆见到，甚至作为宠物饲养。

17. 阴影绒毛鲨

【生态习性】分布于西太平洋地区，我国黄海、东海、南海，日本北海道以南、朝鲜半岛西南、新西兰等海域。栖息在沿岸礁区，属肉食性鱼类，以硬骨鱼类为主食，偶尔也捕食其他小型鲨鱼或乌贼。

【识别特征】体长可达1m，通常30～40cm。体黄褐色，在成长过程中体侧斑纹变化大，一般体背具多条（约为7条）暗色鞍状斑，体侧散布许多黑心白缘圆斑或暗色斑点或深褐色斑块，随着成长而更加明显。

【科普常识】食用鱼，肝肥大，可做鱼肝油。另可饲养在水族馆中供欣赏，由于其温驯的性格，有时会出现在人鱼互动板块，供游客抚摸。

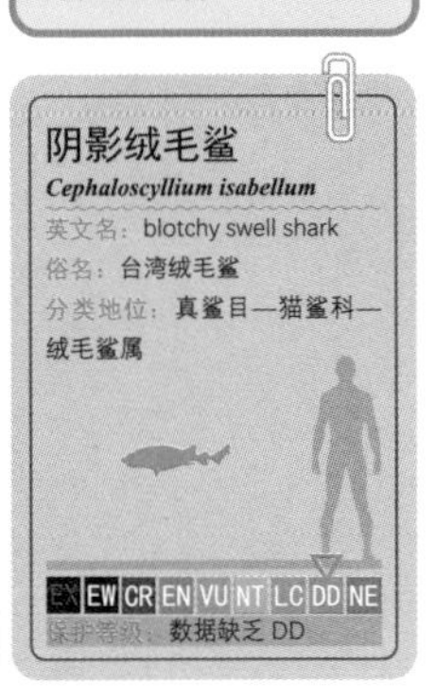

阴影绒毛鲨的卵

18. 虎纹猫鲨

【生态习性】分布于日本北海道以南、朝鲜半岛至菲律宾海域，我国分布于渤海至东海海域，以东海居多。卵生，其卵鞘为长条形，利用四角的线状物固定在岩石或海藻上，防止被海流冲走。

【识别特征】体长 50cm 左右。身体黄褐色，**有 11 ~ 12 条不整齐横纹，并散布着不规则淡色斑纹**，腹面淡褐色。**相似种类有阴影绒毛鲨，区别是阴影绒毛鲨的第二背鳍和臀鳍几乎处于同一位置，虎纹猫鲨的第二背鳍比臀鳍延后一段距离。**

【科普常识】在许多海水水族馆里有饲养。

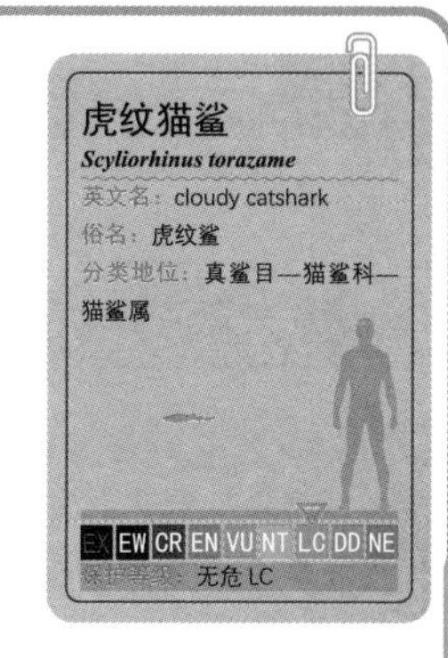

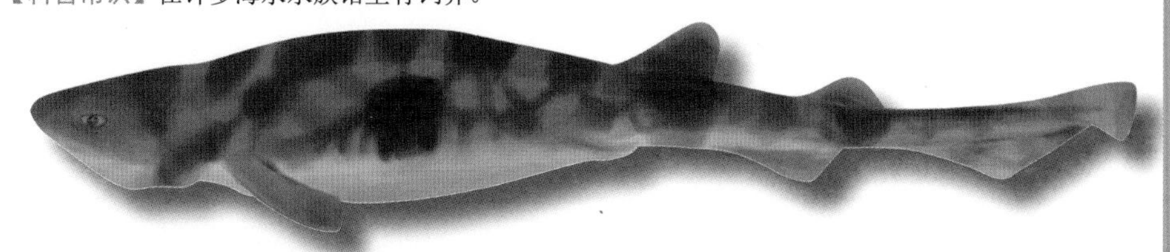

19. 梅花鲨

【生态习性】分布于我国黄海南部、东海、南海及日本九州西岸、朝鲜半岛西南、印度尼西亚海域。捕食虾、蟹等无脊椎动物和鱼类。有介于卵生和卵胎生之间的特殊生殖生态，即在子宫中有数枚卵囊，卵囊成熟后并不立即产出，而是胚胎在卵囊中发育一段时间后再产出。

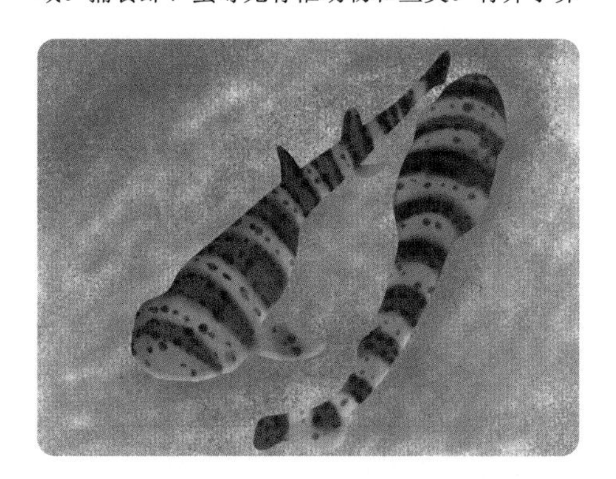

【识别特征】体长 50cm 左右。身体表面的黑色斑点，有些类似梅花鹿身上的斑点，**斑点大小均匀，遍布全身，第一背鳍位于腹鳍的后方。相似种类有皱唇鲨科的皱唇鲨、原鲨科的哈氏原鲨和雅原鲨等**，识别特征参照相关部分。

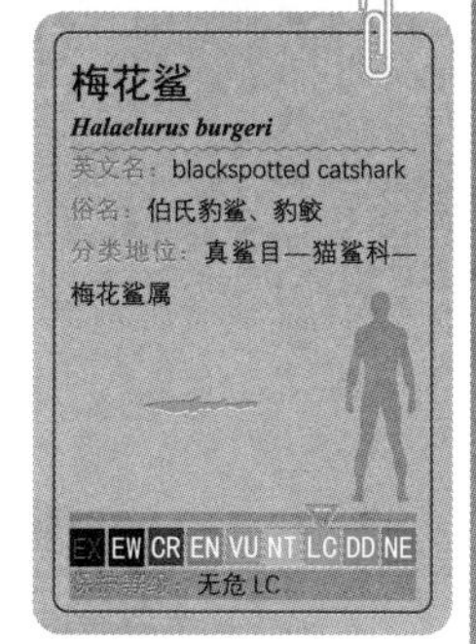

【科普常识】在许多海水水族馆里有饲养，由于个体较小，也有家庭饲养。

20. 皱唇鲨

【生态习性】分布于我国渤海、黄海、东海等北太平洋西部海域，栖息于近岸浅海一带的沙地或海藻场，以蓝点马鲛、乌贼、虾蟹类为食。卵胎生，产仔期为5—6月，最多可产40尾。

【识别特征】体长1m左右。唇褶发达。喷水孔小，位于眼后。**体侧有暗褐色横纹约13条**。身体表面具有许多黑色圆形斑点，其特征是**大小不均，且主要分布在暗褐色横纹内，另外头部和各鳍不分布或极少分布**。雄性性成熟时表现出鳍脚（交配器）显著增大。

【科普常识】比较耐折腾，是水族馆的常见种类。可供食用。皱唇鲨的英文名意为"带箍狗鱼"，或许是因为它的斑点与大麦町犬（斑点狗）相似的缘故。

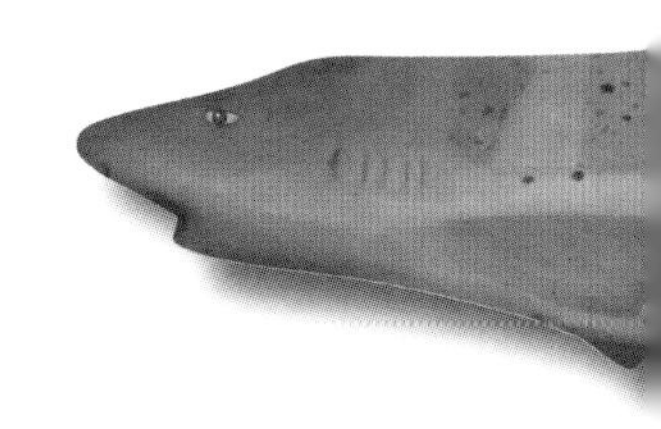

21. 白斑星鲨

【生态习性】主要分布在北太平洋西部海域，我国产于渤海、黄海和东海北部，主要栖息于近海，捕食海蟹等甲壳类。卵胎生，一般6—8月排卵、交尾和授精，4—5月间产仔。

【识别特征】体长不超过1m。白斑星鲨在**黄海分布较多**，**两侧背部散布有细长条状的白色小斑点，其中沿侧线分布的部分明显**，但老成个体，其斑点会越来越不明显。**相似种类有灰星鲨。**

【科普常识】属于味道顶级的类别，有渔业利用价值。如果在事先放血去内脏、鲜度良好的情况下，可以尝试一下生鱼片，说不定会让你大吃一惊；另外裹面包糠油炸也是不错的选择。

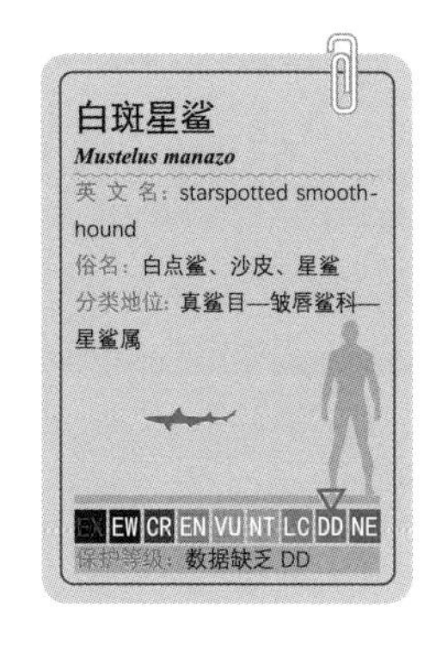

皱唇鲨科（Triakidae）

真鲨目的1科，全球共9属49种。根据记载，有水族馆饲养的雌性皱唇鲨（卵胎生），在无雄鱼交配的情况下，曾数次产出几尾幼鱼，被认为可能具备单性生殖的能力。

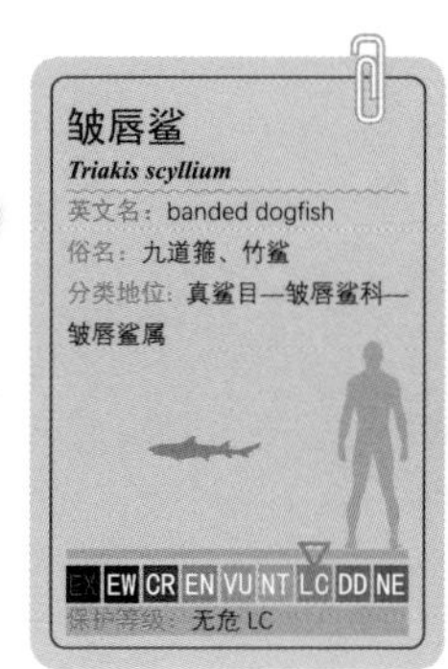

22. 灰星鲨

【生态习性】主要分布在北太平洋西部，我国产于渤海、黄海和东海北部，主要栖息于近海20～260m的大陆架斜坡。胎生，具有胎盘，每胎5～16尾。怀胎期约10个月，一般7月交尾，翌年4—5月生产。

【识别特征】体长1m左右。灰星鲨与白斑星鲨体形、大小相近，但**灰星鲨在东海分布较多**，与白斑星鲨相比，**无条状白色斑点**。

【科普常识】灰星鲨可供食用，鱼肉和鱼肝可入药，属于经济鱼种，在中国中部沿海地区的水产领域占有一定地位。

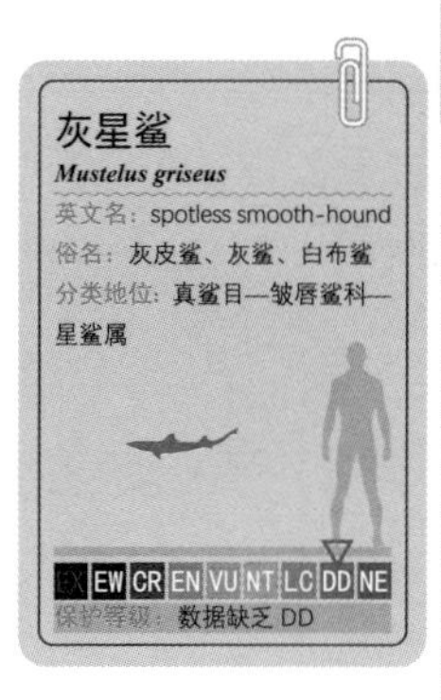

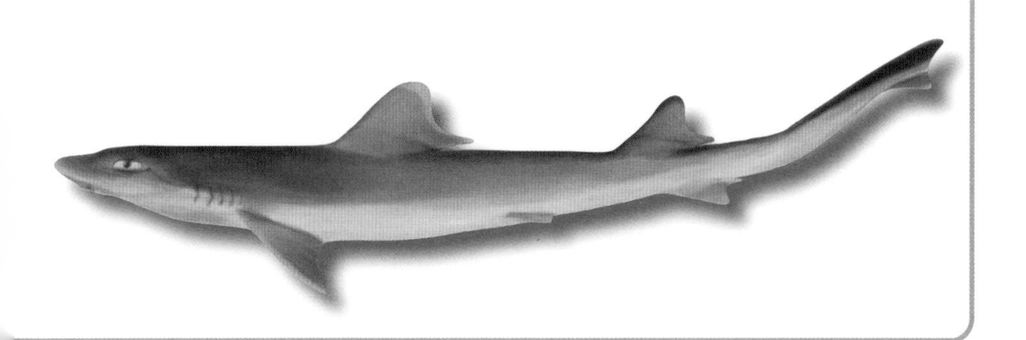

原鲨科（Proscylliidae）

真鲨目的1科，种类不多，全世界有3属7种。已知最小的鲨鱼存在于本科，体长仅24cm。

23. 雅原鲨

【生态习性】主要分布在我国东海、南海以及日本西南部沿海、琉球群岛海域，在台湾海域数量较多，栖息水深超过 100m。卵生。

【识别特征】体长不超过 60cm。**体侧密布着大小不一的暗色斑点**，有时具不明显的鞍状斑，**第一背鳍位于腹鳍的前方**。

【科普常识】底拖网的兼捕种类，可供食用，但经济价值不高。大小适中，观赏性好，可作为水族馆展示种类。因其斑点与大麦町犬（斑点狗）相似，故英文名意为“狗鲨”。

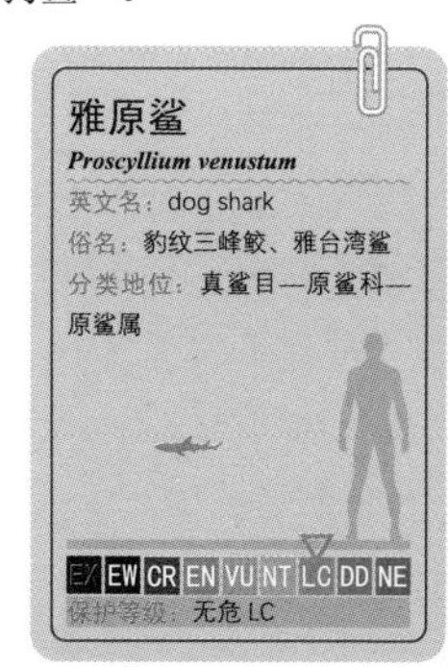

24. 哈氏原鲨

【生态习性】主要分布在我国东海、南海海域以及日本西南部沿海。多栖息于外海区，偶尔在近岸浅水中见到。喜欢静趴在沙质海底，需要时才起身游动，对外界的警戒性不强。卵生，产卵期约在 4 月。

【识别特征】体长不超过 65cm。体侧**密布着大小不一的暗色斑点**，有时具不明显的鞍状斑，**第一背鳍位于腹鳍的前方**。这些基本特征与雅原鲨基本相同，哈氏原鲨的**斑点略显稀疏，第一背鳍的外缘有一抹黑色**。

【科普常识】雅原鲨和哈氏原鲨还有一个名字叫维纳斯原鲨（取自其拉丁名），可能是因为它美丽的缘故。

哈氏原鲨背面

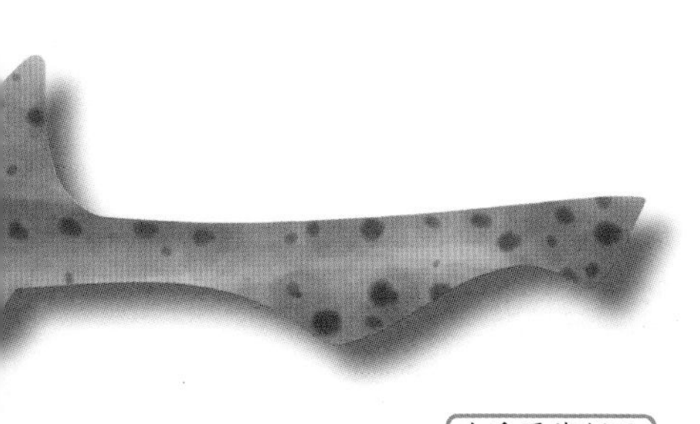

哈氏原鲨侧面

双髻鲨科（Sphyrnidae）

真鲨目的 1 科，种类不多，全球共 2 属 10 种。各种类之间差异不大，头的前部向两侧突出，眼睛在突出部分的顶端，如同古代女子头上梳的双发髻。

25. 路氏双髻鲨

【生态习性】分布于全球温热带海域，中国分布于黄海、东海、南海海域。以鱼类、头足类、甲壳类等为食。**攻击性强，对人类具有潜在性危险。胎生。**

【识别特征】体长可达 4m。双髻鲨头部特征明显，很容易与其他鲨鱼类区别。**头前部为平缓的圆形，并有数个明显的内窝陷。相似种类有锤头双髻鲨。**

【科普常识】路氏双髻鲨肉色发红，锤头双髻鲨肉色发白，可食用，鱼肝和鱼翅都是珍品。

26. 锤头双髻鲨

锤头双髻鲨
Sphyrna zygaena
英文名：smooth hammerhead
俗名：双暨鲨
分类地位：真鲨目—双髻鲨科—双髻鲨属
EX EW CR EN VU NT LC DD NE
保护等级：易危 VU

【生态习性】分布于全球温热带海域，我国分布于黄海、东海海域。大型凶猛鲨类，以鱼类为主食，常结成大群洄游。胎生，每胎 30 尾左右，初产仔鲨体长可超过 50cm。

【识别特征】最大体长约 4m。**头前部是弯曲程度较大的圆形，无明显的内窝陷。**

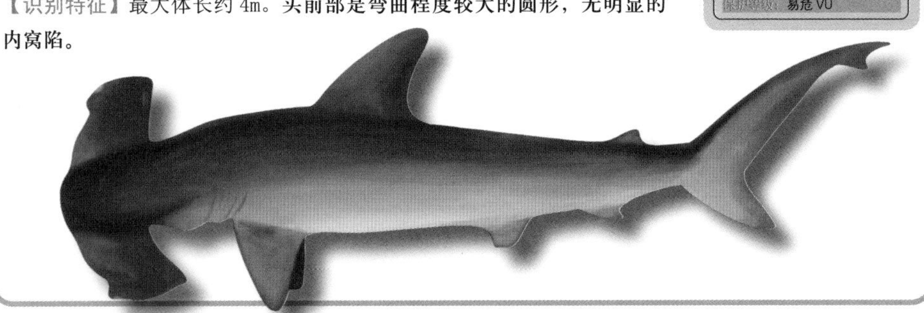

角鲨科（Squalidae）

角鲨目的 1 科，全球共记录 10 属 70 余种，我国有 2 属 7 种。“角鲨烯”在大部分鲨鱼的肝脏中都有，但最初它是从角鲨目的一种鱼类肝脏中提取的，故取名“角鲨烯”。

27. 白斑角鲨

【生态习性】主要分布于太平洋和北大西洋的温带至寒带海域，中国分布于黄海、东海海域。白斑角鲨有随水温的季节变化进行洄游的倾向和昼沉夜浮的习性。性情凶猛，主要捕食小型鱼类、软体动物、甲壳动物、环节动物及水母等。卵胎生，每胎 10 余尾，寿命可达 30 年。

【识别特征】体长可达 1m，白斑角鲨的**体侧和背面有 2 行白色斑点**，很容易与其他同科鲨鱼类分辨。**相似种类有短吻角鲨、长吻角鲨。**

【科普常识】白斑角鲨曾经是世界上数量最多的鲨鱼物种，可能是因为其肉质和口感与鲑鱼相似，在欧洲餐饮市场作为鲑鱼的替代品，从而导致其种群数量大幅下降。

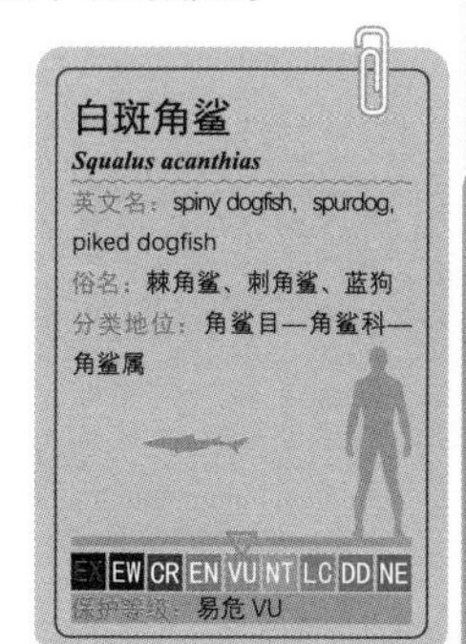

28. 短吻角鲨

【生态习性】为西北太平洋和中西部太平洋海域特有种，我国分布于黄海和东海海域。栖息于大陆架和陆坡上部，常集成大群，以底层小型鱼类和甲壳类为食。胎生，每胎产 20 多尾。

【识别特征】体长 70cm 左右。**体侧没有白点，头吻部明显短而钝圆。**

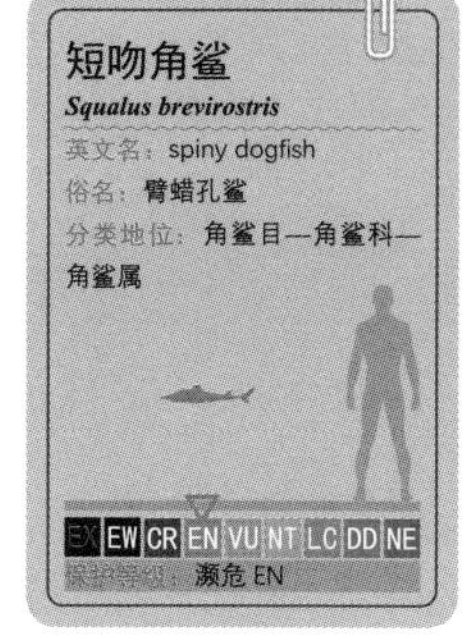

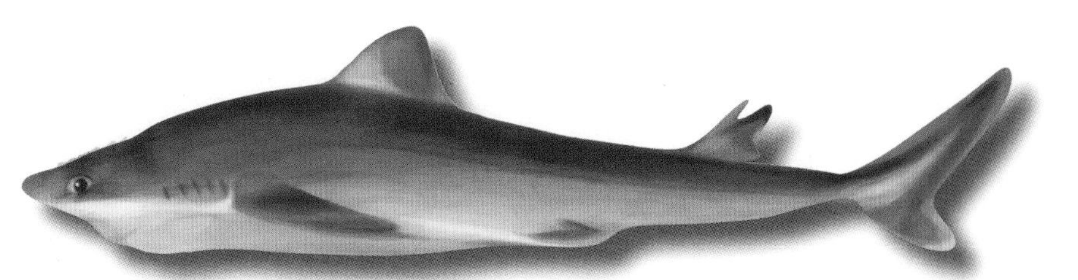

29. 长吻角鲨

【生态习性】分布于西太平洋海域，我国分布于黄海、东海和南海海域，以小型鱼类、头足类和甲壳动物为食。秋季繁殖，卵胎生，每次产仔4～9尾，初产仔鲨体长超过20cm。

【识别特征】最大体长约1m。体侧没有白点，头吻部明显长而钝尖。

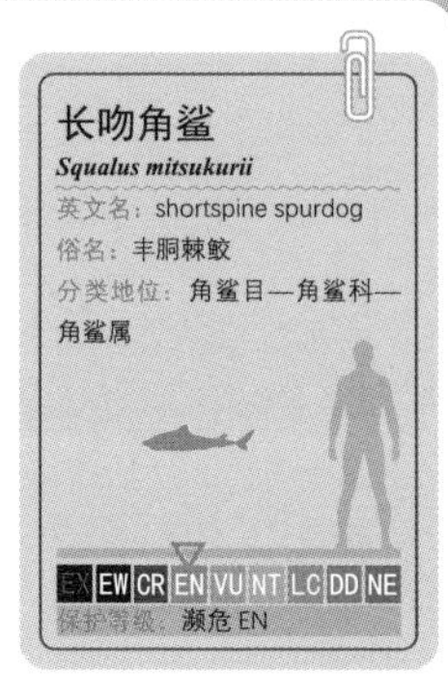

30. 日本锯鲨

【生态习性】分布于日本北海道以南至我国东海、南海一带。吻部突出成一长板，两侧有尖锐的齿，用以攻击猎物，类似锯，锯板中央有2条肉质触须，以探测猎物。一般生活在水深40m左右的海底处，以底栖生物和鱼类为食。

【识别特征】体长1m左右。分布于我国及东亚海域的只有日本锯鲨1种。但鳐形总目锯鳐目中唯一的1科——锯鳐科鱼类，猛一看与锯鲨科鱼类极为相似。

【科普常识】锯鲨和后述的锯鳐，其锯吻都是攻击猎物的利器，常作为收藏或辟邪之用。锯鲨或锯鳐都需要在母体中依靠卵黄的营养发育，因此存在锯吻如何不刺伤母体的疑问，实际上小锯鲨或小锯鳐在母体里时，其吻突是由一个角质套子套住的，出生后离开母体，套子才会自行脱落。

锯鲨科（Pristiophoridae）

锯鲨目的1科，全球只有2属10种，中国近海只产日本锯鲨1种。

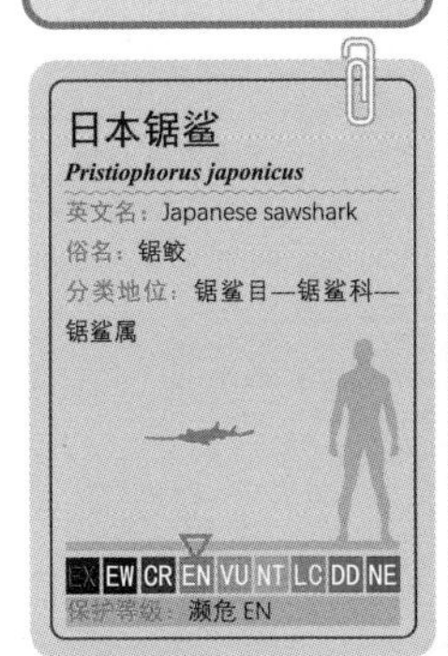

识别特征	锯鲨科鱼类	锯鳐科鱼类
鳃孔位置	鳃孔位于身体两侧	鳃孔位于身体腹面
吻部锯齿形状	锯齿不整齐	锯齿整齐
“吻须”的有无	吻部中间两侧各具一根须	吻部无须
体形大小	全长1.5m以下	全长可达3～5m

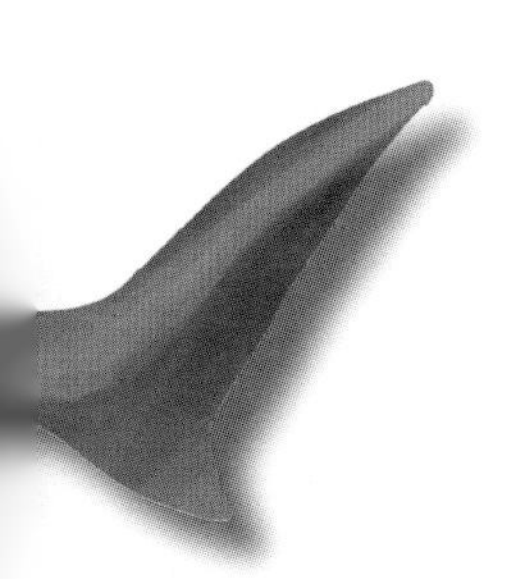

锯鳐科（Pristidae）

锯鳐目的唯一1科，全球共记录1属6种，我国分布1属2种。体形颇似锯鲨科鱼类。所有锯鳐科鱼类都被列为IUCN的濒危EN或极危CR级别。

31. 尖齿锯鳐

【生态习性】分布于西太平洋至东印度洋海域，栖息于海湾和河口，主要以甲壳类为食，也捕食头足类和小型鱼类。卵胎生，胎儿具有大型的卵黄囊，每次产仔10余尾。

【识别特征】体长可超过4.5m。体背面稍圆突，腹面平坦。头部三角形，吻锯柔软，吻齿包于皮中。尾鳍短宽，上下叶都较发达。背面暗褐色，腹面白色，胸鳍和腹鳍前缘白色，背面肩上具一浅白色横条。

单鳍电鳐科
（Pristiophoridae）

电鳐目的1科，全球记录5属9种，中国分布2属3种。外形整体像团扇。我国分布有电鳐科和单鳍电鳐科，电鳐科有2个背鳍，单鳍电鳐科只有1个背鳍。

32. 日本单鳍电鳐

【生态习性】分布于中国、日本、朝鲜半岛沿海，中国分布于黄海、东海和南海海域。白天匍匐于水底，黄昏至夜间活跃捕食，主要捕食甲壳类、贝类及环节动物等底栖动物。受到威胁时能发出电流，作为捕猎及吓退敌害的手段。卵胎生，每胎约5尾。

【识别特征】体长大约20cm，体盘近圆形，体宽大于体长。头部广圆，尾部宽短。**只有1个背鳍，腹鳍前角圆钝，不突出。**尾鳍宽大，上叶大于下叶，后缘与下缘斜圆形。皮肤柔软。背面灰褐色、沙黄色或赤褐色，有时具少数不规则暗色斑块，有时发电器上出现白斑，各鳍边缘及尾侧白色。

【科普常识】电鳐一般性格温顺，因其特殊的生态，具有观赏价值，通常在水族馆里有展示。坚皮单鳍电鳐的眼睛退化程度较高，日常像是眯着眼睛在睡觉，所以有人称其为“睡电鳐”。

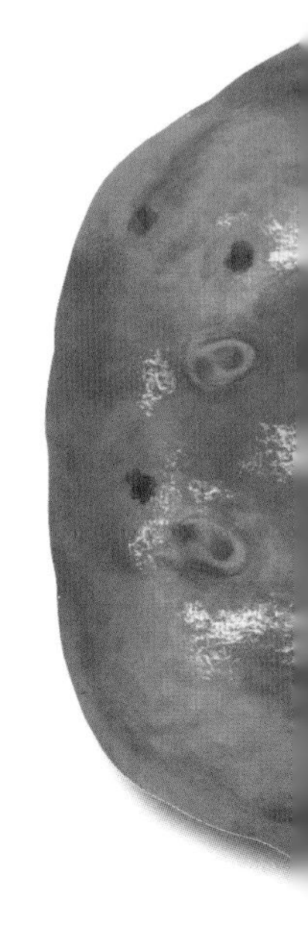

33. 坚皮单鳍电鳐

【生态习性】分布于印度洋至西太平洋海域，中国分布于东海南部和南海海域。栖息于海底，活动缓慢，通常将身体半埋在泥沙中等待猎物，以鱼类和无脊椎动物为食。卵胎生，每次产仔数目不多。

【识别特征】体长约20cm。**腹鳍外角突出，后缘凹入。**如果消费者在市场上遇到，还可以摸摸其表皮（前提不是活鱼），坚皮单鳍电鳐的皮肤比较坚硬，这也是其名称的来历。

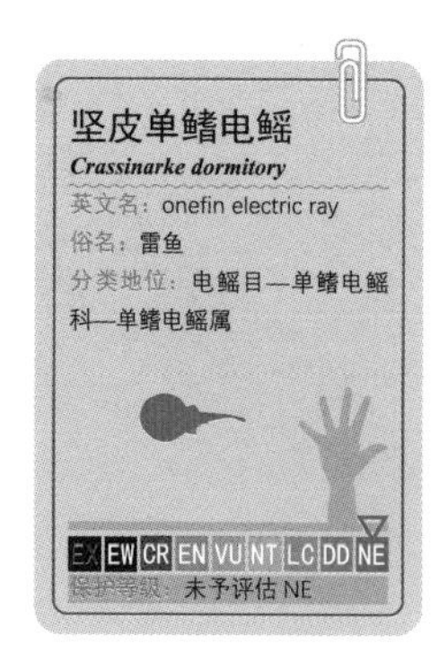

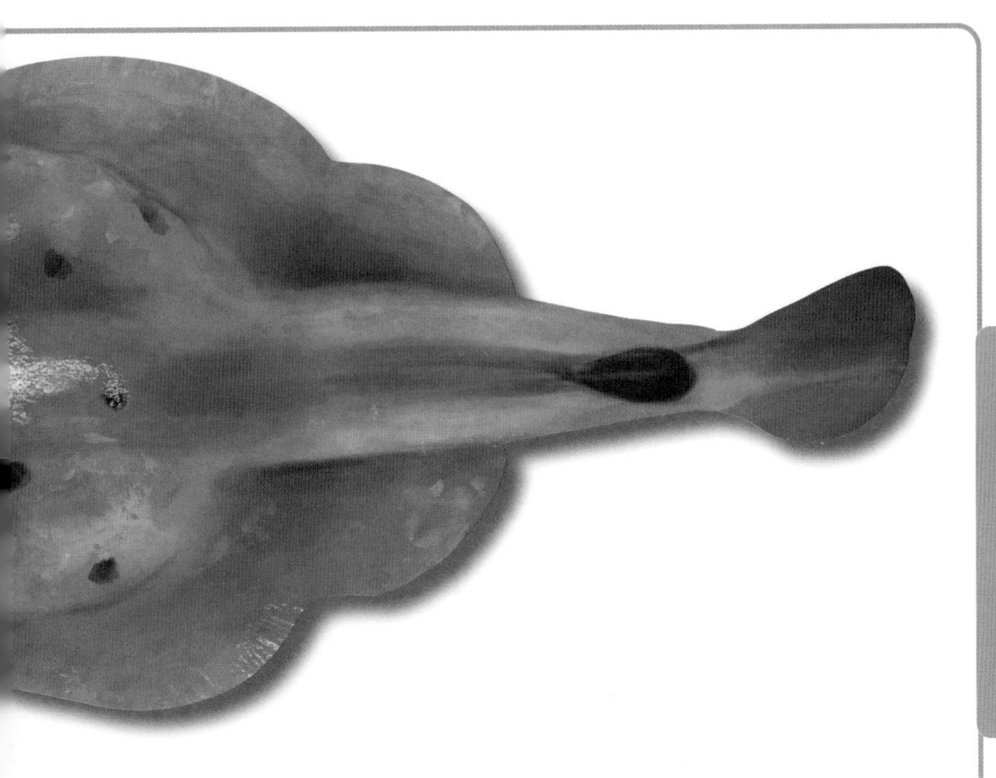

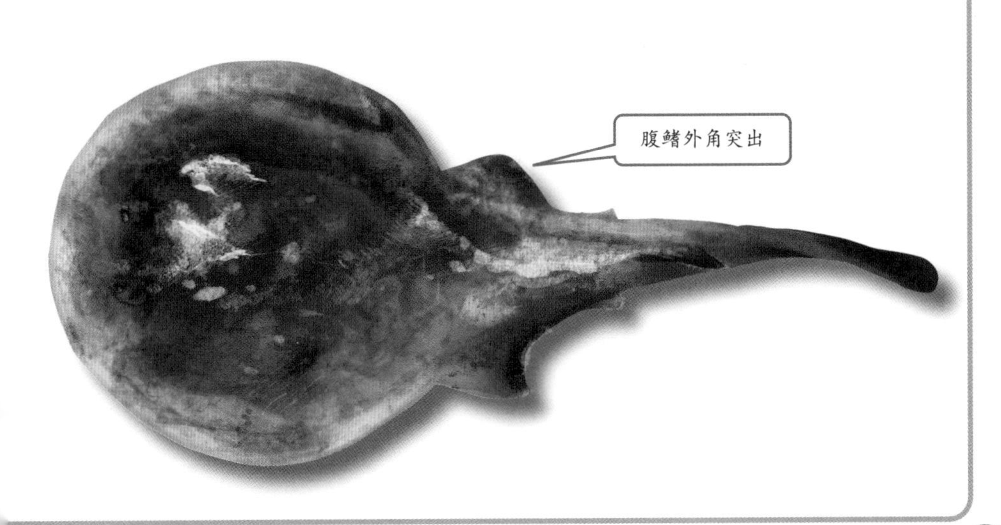
腹鳍外角突出

梨头鳐科
（Rhinobatidae）

鳐形目的1科，全球记录有9属约45种，中国分布1属5种。犁头鳐头部扁平像鳐鱼，尾部粗壮似鲨鱼，三角形头部像是农耕的犁头。通过其英文科名“Guitarfishes”（吉他鱼），可略窥东西方文化的不同。

34. 许氏犁头鳐

【生态习性】分布于黄海、东海、南海、朝鲜半岛、日本沿海，从沿岸直到超过200m的深海都有分布。肉食性，主要捕食小鱼及甲壳类。

【识别特征】体长可达1m。**自吻尖向后呈“人”字形，向前格外突出，背面无斑纹。相似种类有斑纹犁头鳐、颗粒犁头鳐。**

【科普常识】本属鱼类肉可食用，为名肴之一，背鳍和尾鳍可制鱼翅，吻侧的半透明结缔组织可干制为鱼骨，浸煮后膨胀，柔软可口，为珍贵食品。由于捕捞过度，资源严重衰退。

35. 斑纹犁头鳐

【生态习性】分布于西太平洋海域，我国沿海皆有分布。昼伏夜出，利用头腹面的电感受器感知猎物，主要以甲壳类和贝类为食，也会捕食其他底栖动物和小鱼。卵胎生，每次产仔1～2尾。

【识别特征】体长1m左右。**自吻尖向后呈三角形，头部从吻端到最宽处几乎成一条直线**，并且背面有一些茶褐色斑纹（死亡后消失）。

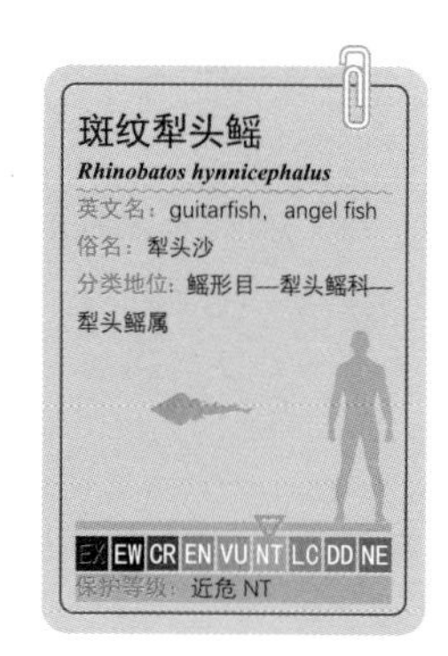

36. 颗粒犁头鳐

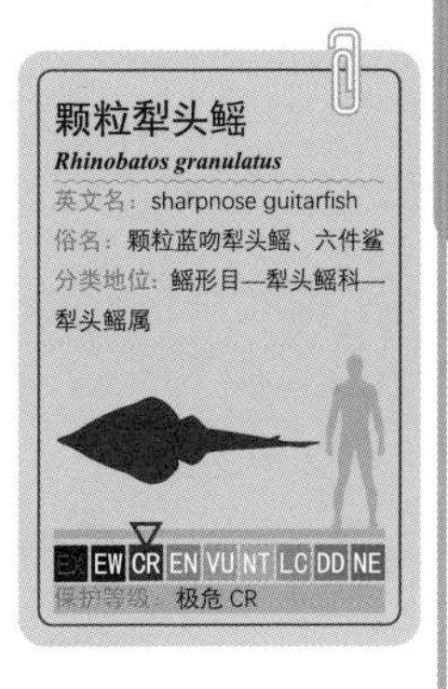

【生态习性】分布于西太平洋至印度洋海域。通常半埋于泥沙中栖息，摄食甲壳类、贝类以及其他底栖动物。卵胎生，每次产仔约 10 尾。

【识别特征】最大体长达 2.8m。**体色淡白色，无斑纹。头吻部形状特征与许氏犁头鳐相似。第一背鳍和第二背鳍的间距较短。背面正中脊椎线上有一纵行粗大结刺。**

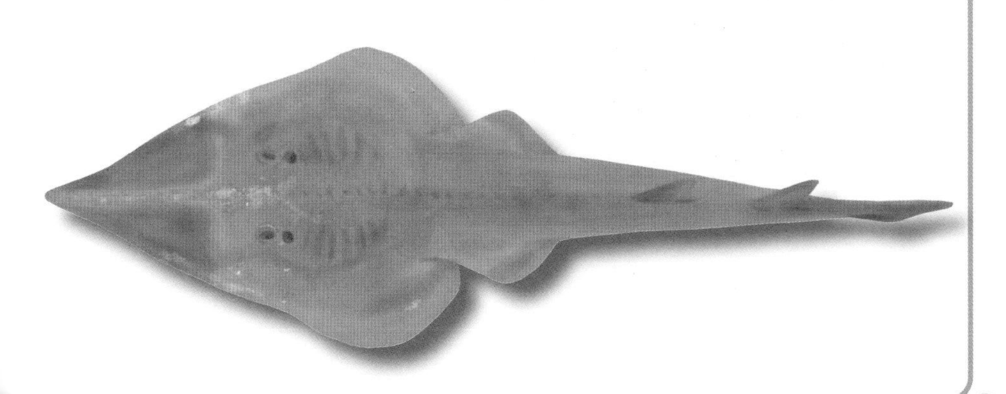

37. 孔鳐

【生态习性】分布于黄海、东海、朝鲜半岛、日本沿海。白天潜伏，夜间活动，以底栖小动物为食。卵生，体内受精，产卵期为4—8月。

【识别特征】成鱼体长一般30～50cm，体重超过1kg，大型个体可达5kg。体背面褐色，腹面淡白色，**背部有斑纹但清晰度差、大小和分布欠均匀。**体盘宽大接近菱形，体宽大于体长，吻端明显尖突。尾部平扁狭长，尾背部有若干行棘刺（雄性3行，雌性5行），头后第1棘刺前面正中有一群椭圆形或直条状的黏液孔。**相似种类是斑鳐。**

【科普常识】肌肉中含有微量尿素，鲜食烹调前需用沸水烫一下，以除异味。鳐类鱼的英文名统称skate（"滑冰、溜冰"的意思），不知其中的关联，或许是由于其体表光滑的缘故吧。

鳐科（Rajidae）

鳐形目的1科，全球记录18属200多种。

38. 斑鳐

【生态习性】仅分布于我国黄海和东海海域。游泳能力弱，通常栖息于沿海沙底质水域，半埋于沙中，昼伏夜出，以贝类、头足类、甲壳类、鱼类和多毛类为食。卵胎生，每次产仔2尾左右。

【识别特征】体长可达50cm。与孔鳐相比，**浅色斑纹多而明显，大小和位置分布较均匀。**

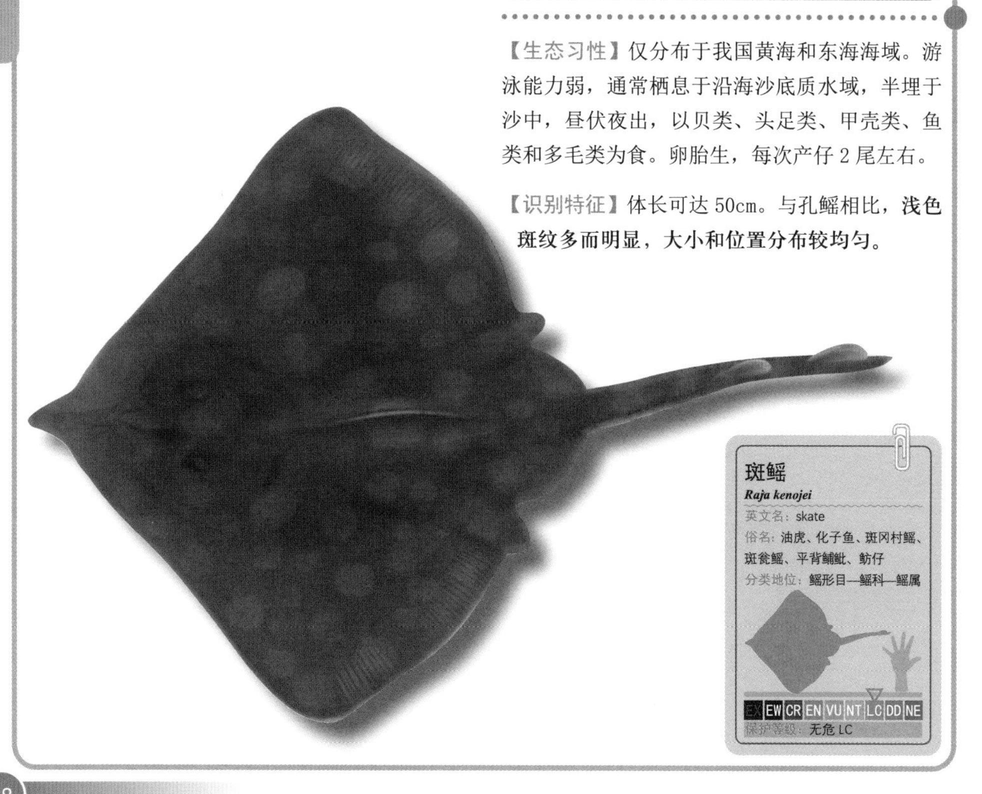

39. 中国团扇鳐

【生态习性】分布于日本本州中部以南和朝鲜西南部海域，中国四大海域都有分布。栖息于岩礁间泥沙底质水域底层，活动力差，仅能利用其强壮尾部左右摆动以前进，故常蛰伏于底层，伺机捕捉食物。卵胎生，每胎可产数尾，生殖期4—5月。

【识别特征】体长可达70cm。**头胸部接近卵圆形，背部的隆起棘为黄色，尾部粗壮。皮肤更接近鲨鱼的亚光色，**没有鳐科鱼类那种光滑闪亮的质感。

【科普常识】黄渤海常见的较大型鳐类，产量不多，多被底拖网渔具兼捕。可鲜食，亦可加工成咸淡干品。

团扇鳐科
（Platyrhinidae）

鳐形目的1科。本科种类数不多，全球只有2属不足5种。

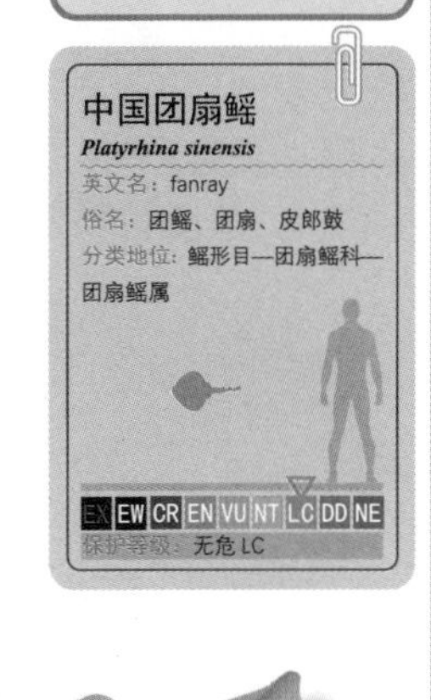

魟科（Dasyatidae）

鲼形目的 1 科。全球有 18 属 105 种。身体呈扁平菱形或扁圆盘形，尾部细长似长鞭，有锯齿状长棘，含毒，能刺伤皮肤并致人中毒。

40. 赤魟

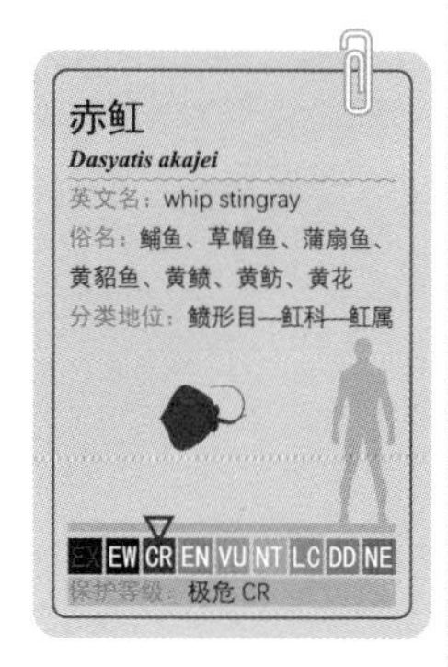

【生态习性】分布于我国黄海、东海、南海以及朝鲜半岛南部、日本南部至印度洋东部。常匍匐于海底，夜间活动。以软体动物为食。

【识别特征】体长 50 ～ 60cm，最大体重可达 15kg。体背边缘呈橘黄色，体盘上下平扁，尾部细长如鞭，尾前部背面有锯齿状硬棘一枚，棘基部有毒腺。尾巴有一根又硬又长的棘，**无背鳍和尾鳍，尾鞭细长。相似种类有孔鳐、中国团扇鳐。**

【科普常识】曾经是我国黄海、东海的常见鱼种。由于过度捕捞和环境污染，种群数量越来越少，现为国家二级保护野生动物。

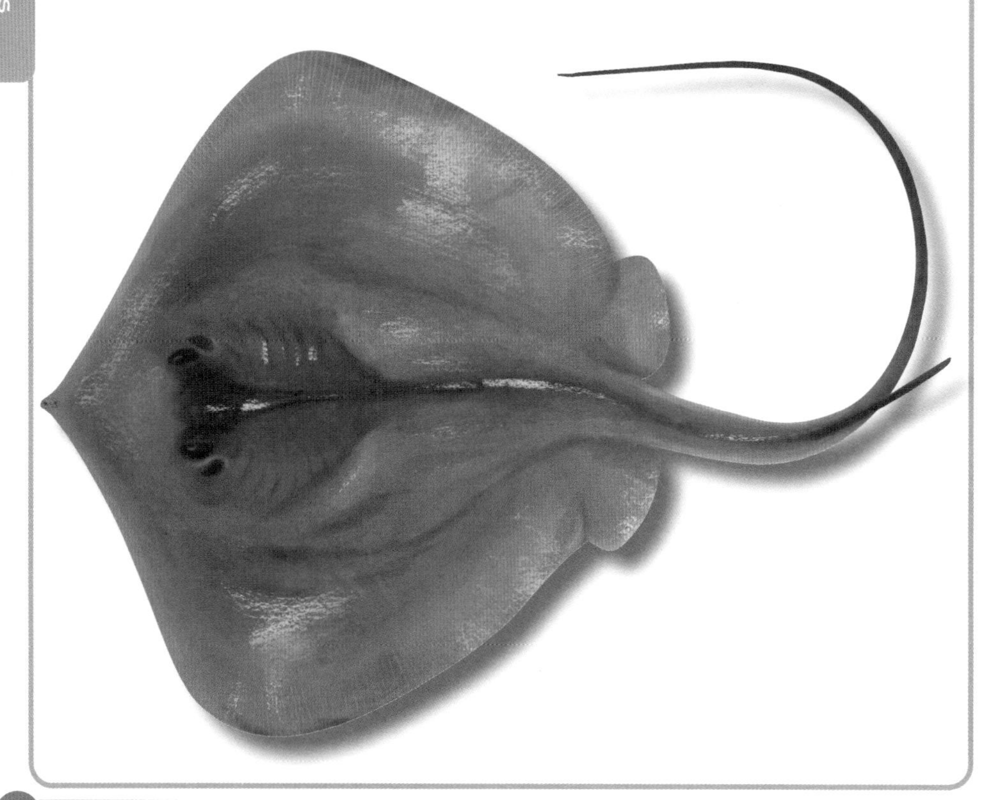

鲼科（Myliobatidae）

鲼形目的1科，全球共7属约45种，中国近海有2属4种。胸鳍前部分化为吻鳍，位于头前中部吻端下方，成一单叶。有些种具有跃出水面的跳跃能力。

41. 鸢鲼

【生态习性】分布于西太平洋海域，中国从黄海到南海海域均有分布。通常栖息于海水底层，但运用翅膀状的胸鳍，可在不同水层中游动，以甲壳类、软体动物和小型鱼类为食。卵胎生。

【识别特征】体盘长可达80cm。除了体形比蝠鲼小外，其最显著的特征是**头部突出，类似兔头形状，尾鞭特别长，尾鞭前部有尖棘**。从体盘、尾巴等体形特征上，猛一看跟赤魟之类的魟科鱼类也很像，但从头部特征上很容易进行识别。

【科普常识】鸢鲼味道不错，可与鳐鱼、赤魟相媲美，可惜自然资源较少，市场上并不常见，偶见于水族馆。

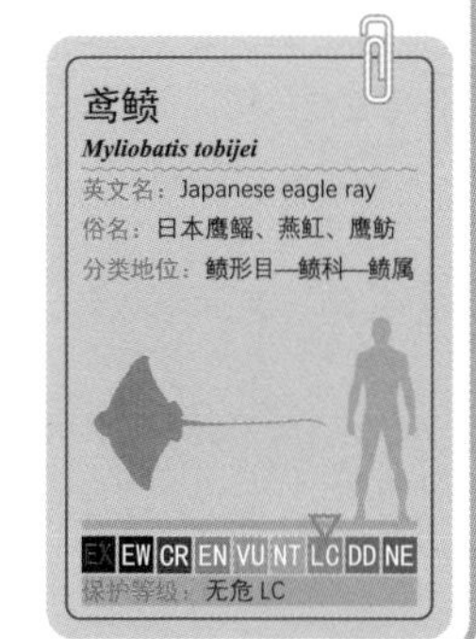

42. 双吻前口蝠鲼

【生态习性】分布于热带和温带的沿海水域，我国沿海皆有分布。常雌雄伴游，有时上升到海洋表层，或徐游晒日，或跳跃出水。主食浮游甲壳动物和小型鱼类。有季节性洄游的习性。卵胎生。

【识别特征】平均体长 4.5m，翼展长 5 ～ 6m，体重 1 200 ～ 1 400kg。**无尾鳍和背鳍，头前方有两条舌状鳍，能自由摇动，并可从下向外转卷成管状。开口在前端，**鳃孔位于体腹部。尾短如鞭子，但无尖利倒钩。背部体色黑至灰蓝色，腹部白色具灰色点斑。皮肤粗糙有鳞，类似鲨鱼。**相似种类有日本蝠鲼。**

【科普常识】蝠鲼的鱼鳍、鱼皮、肝脏、鱼肉可食用，鱼鳃（晒干）可入药，即有名的“膨鱼鳃”。日本蝠鲼常见于水族馆。

43. 日本蝠鲼

【生态习性】分布于中西太平洋海域，中国分布于东海和南海海域。性格安静沉稳，常成群结队掠食浮游甲壳类和小型鱼类，有时跃出海面甚至“翻筋斗”。卵胎生，每次怀胎 8 尾以上。

【识别特征】体长可达 3m。与双吻前口蝠鲼比较，**头前方的两条舌状鳍，不能自由摇动和转动，开口在腹面。**

日本蝠鲼
Mobula japonica
英文名：devil ray
俗名：飞鲂仔、鹰鲂、燕仔魟
分类地位：鲼形目—蝠鲼科—蝠鲼属
EX EW CR EN VU NT LC DD NE
保护等级：濒危 EN

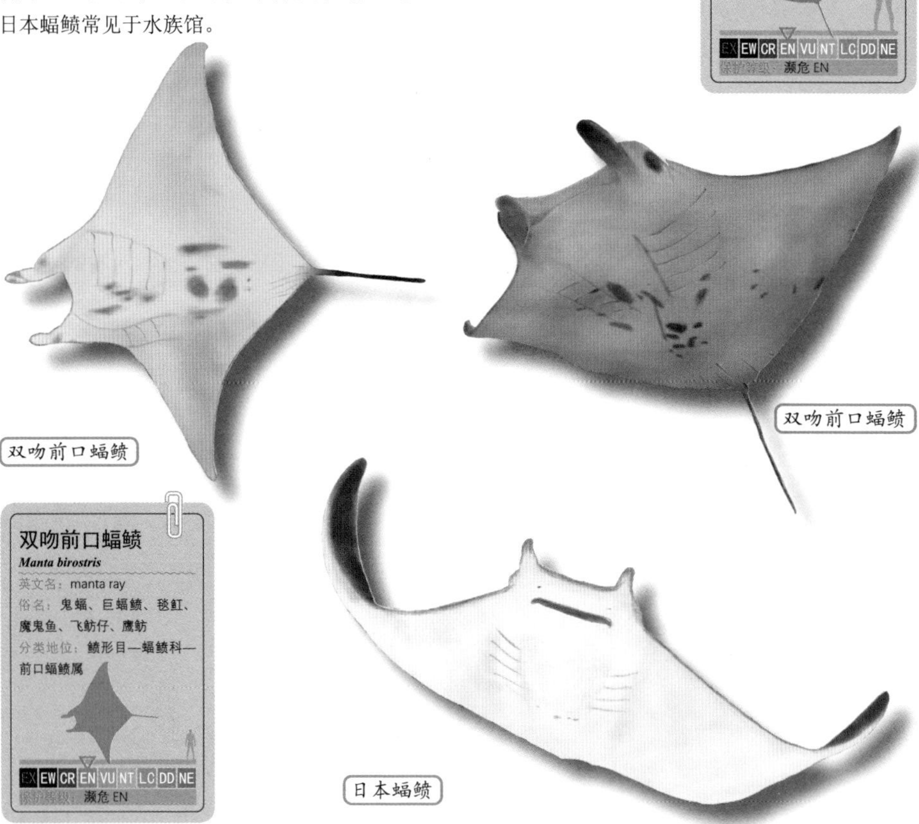

双吻前口蝠鲼

双吻前口蝠鲼

日本蝠鲼

鲟科（Acipenseridae）

鲟科是鲟形目的1科，全球有4属25种。鲟形目鱼类是现存起源最早的脊椎动物之一，是鱼类的共同祖先——古棘鱼的后裔，距今有一亿四千万年的历史，和恐龙生活在同一时期。

44. 中华鲟

【生态习性】曾广泛分布于中国南北所有大江大河的河口附近海域、韩国西南部和日本九州西部海域，目前只存在于长江口临近海域及长江中下段。淡水溯河性鱼类，每年上溯到江河上游产卵，幼鱼在江河中停留一段时间后回到海中。

【识别特征】一般体长1m左右，有记录其最大体长可达5m，体重600kg，寿命可达40年。具有与鲨鱼相似的歪形尾鳍，体侧有排成行的蝶形骨板鳞，嘴巴圆尖，嘴巴下几条肉须，用来探测泥沙中食物。与养殖的施氏鲟、达氏鲟等的区别是，**中华鲟体色褐色，吻部较短，施氏鲟体色黑色，达氏鲟体形瘦长，吻部尖突细长。**

【科普常识】鲟鱼的卵很大，是制作鱼子酱的原材料。中华鲟为国家一级保护野生动物，现包括中华鲟、达氏鲟、施氏鲟等鲟科鱼类已被大量人工养殖。

䲟科（Echeneidae）

鲈形目的1科，全球共有3属9种。本科鱼类最显著特点是，头顶部具有1个由第一背鳍异化而成椭圆状吸盘，用于吸附在大型海洋动物的身体上，寻找诗和远方。有时在水族馆可遇到。

45. 䲟

【生态习性】生活在东太平洋以外的热带和温带海域，中国分布于东海以南海域。䲟幼时自主游泳觅食，头顶吸盘完成发育后，吸附于其他大型动物身上，开启其“诗和远方”的免费旅行。䲟在寄主身上到处移动，取食寄主身上的寄生虫、老死的皮肤以及寄主的粪便等。

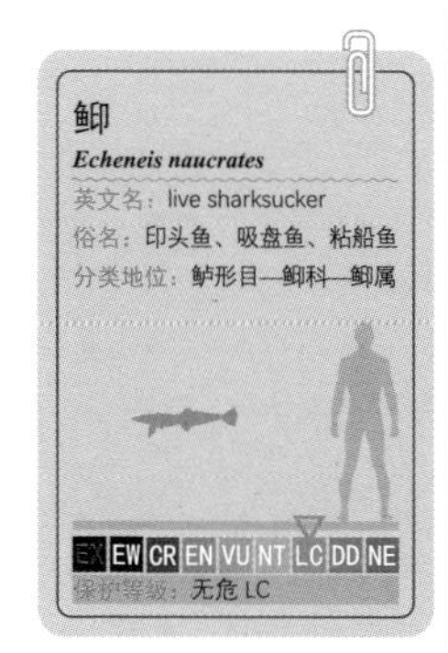

【识别特征】体长可达 1m 左右。猛一看䲟的体形和**体侧的白色纵向纹路**，跟军曹鱼（后述）有几分相似，当然根据**头顶吸盘**的有无，二者的区别一目了然。

【科普常识】在饲养大型鲨鱼、蝠鲼的水族馆，通常也会饲养䲟，游客能够观看䲟吸附在大鱼的肚子底下四处游荡。䲟有个“粘船鱼”的名号，是因为有时粘在船底，甚至粘到潜水者身上。

46. 真鲷

【生态习性】分布于我国渤海、黄海、东海以及朝鲜半岛、日本列岛，栖息水深在 10m 以上。一般小鱼时在沿岸附近逗留，长大以后向深水区移动，成熟后于春季返回沿岸水域产卵。

【识别特征】体长 30cm 左右，体重接近 1kg，最大体长记录 110cm。通体呈鲜艳的大红色，腹部颜色变浅、泛白，**鱼体两侧背部散布有诸多晶莹的蓝色光点（不成列），尾部边缘黑色。**

【科普常识】中国民间称“红加吉”，有吉祥喜庆的寓意，加上其绝佳的色泽、体形、口味等，被誉为“海水鱼之王”。

47. 犁齿鲷

【生态习性】分布于我国东海、日本北海道以南至九州南岸、朝鲜半岛沿海。春夏季节在浅水区活动，喜欢栖息在海流湍急的海域，以底栖的无脊椎动物为食。秋冬季节气温降低后迁移到 60 ～ 80m 左右的深水区。

【识别特征】成鱼体长约 40cm。体形、色泽与真鲷极为相似，区别为犁齿鲷**在侧线与背鳍之间有 2 列蓝色小斑点，鳃盖后缘有一段血红色带，尾鳍无黑色边缘**。犁齿鲷的**雄性大个体头部会显著隆起**。

【科普常识】由于外观上跟真鲷过于相似，一般人根本分别不出来，有些商家，特别是饭店把犁齿鲷当成真鲷（红加吉鱼）出售。

雄性犁齿鲷的头部隆起

鲷科（Sparidae）

鲈形目的 1 科，全世界共有 30 属 115 种，我国记录有 20 种。身体呈卵圆形或椭圆形，类似外形的还有笛鲷科、石鲈科等，这种体形一般称“鲷形”。

48. 二长棘鲷

【生态习性】主要分布于西太平洋海域，包括日本南部、朝鲜半岛、中国东海和南海等海域，福建南部及台湾浅滩附近分布较多。喜欢栖息在海流湍急的海域，以底栖无脊椎动物为食。繁殖期3—4月。

【识别特征】体长可达40cm。与犁齿鲷一样，其**体形、色泽与真鲷极为相似**，体侧的青色小斑点也容易与真鲷的蓝色小斑点混淆。本鱼种最大的外形特征是其**背鳍前段的2根鳍棘（第3、4鳍棘）延长为很夸张的长丝状。相似种类有四长棘鲷。**

【科普常识】个体不大，但种群数量较多。除了2条延长的背鳍条丝外，其他外观特征跟真鲷非常相似，有时被当作真鲷（红加吉鱼）的替代品。

49. 四长棘鲷

【生态习性】分布于北太平洋西部海域，中国分布于东海南部和南海海域，不做远距离洄游，主要以甲壳类、软体动物和小鱼为食。春季繁殖。

【识别特征】体长约 40cm。**背鳍第 2 ~ 5 鳍棘（共 4 条）延长呈丝状**，其中第 2 鳍棘最长，向后依次渐短。另外，头吻部形状比较圆钝，不像二长棘鲷那般有明显的前突。

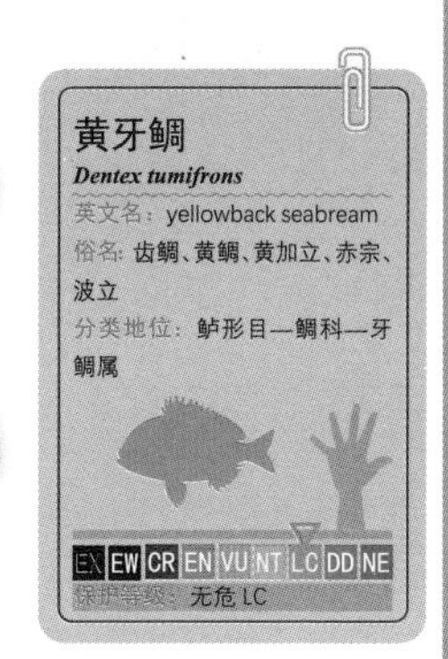

50. 黄牙鲷

【生态习性】广泛分布于从日本本州中部以南到澳大利亚的西太平洋，中国分布于南海和东海南部，以广东沿海产量较多。春秋两个季节产卵，有性转换现象，先雌后雄，中间有雌雄同体期。

【识别特征】一般体长 20 ~ 30cm，大的可达 40cm。**从眼睛到上嘴唇之间的部位呈黄色。**体形与真鲷相似，但体侧没有真鲷一样的蓝色斑点，鱼体呈黄赤色，腹部较浅，**体侧上部有 3 个金黄色圆斑，并隐约有 6 条纵行黄色带。**

【科普常识】日本曾经在大正时代大量捕捞东海的黄鲷，虽然今天仍有一定的资源量，但无法单独形成渔汛。黄鲷的个头比真鲷小，味道也不及真鲷，但因为外观很像，有时作为真鲷的替代品。

51. 黑棘鲷

【生态习性】分布于中国、朝鲜半岛、日本九州以北至北海道南部海域，属于沿岸、内湾性底层鱼类，喜栖息于沙泥底质或多岩礁的浅海。摄食小鱼、小虾、贝类等。一般不作长距离洄游。生殖期为 2—4 月，幼鱼有雌雄同体现象，成鱼有领地行为。

【识别特征】一般体长 10 ～ 30cm，最大个体长 45cm，重达 3kg。体形与真鲷类似，**体灰褐色，体侧具若干条褐色横纹，各鳍边缘黑色。**

【科普常识】海洋经济鱼类，海水养殖的对象之一。用底拖网、手钓或延绳钓捕捞。鱼肉蛋白质含量高，且味道较纯正，属于中高档鱼类，深受消费者喜爱。某些地方认为黑鲷有催奶作用。

52. 黄鳍鲷

【生态习性】广泛分布于印度洋至西太平洋海域，中国分布于黄海南部至南海。栖息于岩礁区，一般不作长距离洄游。杂食性，摄食贝类、长毛对虾、蟹类、藻类和有机碎屑。生殖期为 12 月至翌年 1 月，幼鱼有雌雄同体现象。

【识别特征】体长不超过 45cm。体形与黑棘鲷有些类似，体灰色，至腹部变白色，但**体侧无纵纹，胸鳍、腹鳍、臀鳍的大部分及尾鳍下叶为黄色。相似种类是平鲷。**

【科普常识】鱼肉蛋白质含量高，且味道纯正，比黑棘鲷更受消费者喜爱。某些地方认为黄鳍鲷有催奶作用。

53. 平鲷

【生态习性】分布于我国东海和南海，以及朝鲜半岛、日本、菲律宾等海域。 一般分布于浅海，为浅海沿岸底层鱼类。其栖息水深比黑棘鲷略深，不做长距离洄游。摄食双壳类、虾、蟹、虾蛄、藤壶和海藻。

【识别特征】体长约 35cm。体灰白色，至腹部变银白色，但体侧无纵纹，**胸鳍、腹鳍、臀鳍为鲜黄色，尾鳍深灰色，仅下部边缘为黄色（黄鳍鲷的尾鳍下叶的较大部分为黄色）**。另外，**黄鳍鲷的头吻部较为尖突，而平鲷的头吻部较为圆润。**

【科普常识】鱼肉蛋白质含量高，比黑棘鲷味道更加纯正，虽然比不上真鲷，但因个体较小，价格也较低，故而物美价廉。

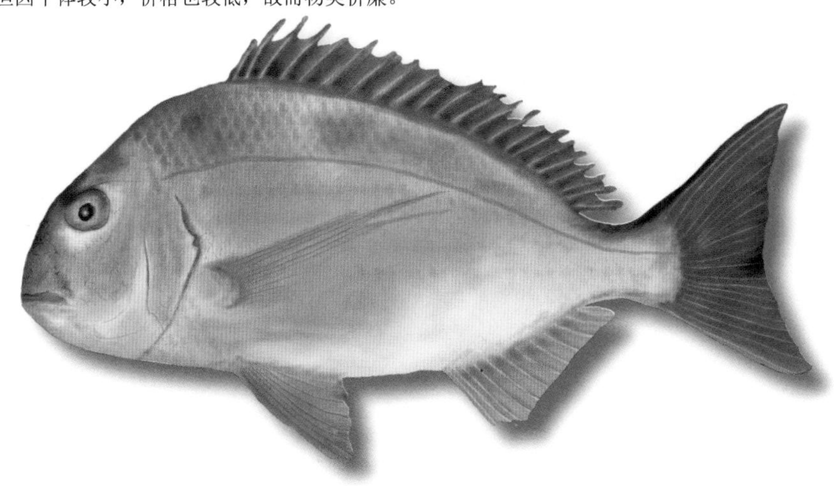

鲈形目 PERCIFORMES

54. 条石鲷

【生态习性】分布于西北太平洋的中国、朝鲜半岛、日本海域，中国的主分布区在东海以南海域。幼鱼期会模仿裂唇鱼打零工，钻到其他大鱼的嘴里或体表，抠食寄生虫或鱼皮碎屑。成年后因身体不允许，不得不放弃这项“工作”。生性喜欢捕食海胆，因此也称“海胆鲷”。

【识别特征】体长不超过50cm。体形为典型的“鲷形”，**身体有7条黑色横带**。幼鱼时横带非常明晰，随着年龄的增长渐渐淡化模糊，甚至不好分辨，同时**眼睛前的口吻部则会明显变黑**。

【科普常识】虽然属于岩礁鱼类，但食性为肉食性，几乎没有杂食性岩礁鱼类特有的土腥味，适合各种料理。

石鲷科（Oplegnathidae）

鲈形目的1科，全世界只有1属6种。此科鱼类有坚硬的齿板，可轻易地咬碎贝壳类的外壳。在成长过程中，体色有很大的变异，因此对鱼种的识别带来一定的困扰。

55. 斑石鲷

【生态习性】基本生态习性、体形和个体大小与条石鲷类似，自然资源稀少，极少形成大的自然群体。分布水域大部分与条石鲷重合，分布水域上条石鲷整体偏北，斑石鲷整体偏南。

【识别特征】体长可达1m。体形与条石鲷差不多，**通体密布黑色斑点**，幼鱼时斑点较大，随着成长斑点变得细密模糊，色泽趋向变淡，同时**口吻周围变白**（和条石鲷刚好相反）。

【科普常识】斑石鲷是矶钓爱好者公认的挑战性很强的鱼种，能咬断普通钓线，被称为“矶钓之王”，野生数量稀少。2014年山东企业突破了斑石鲷的人工繁育技术，目前是高档养殖鱼种。

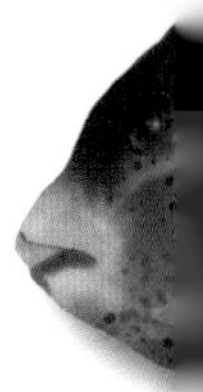

56. 松鲷

【生态习性】分布于西太平洋的温带和热带沿海海域，我国从渤海到南海北部都有分布，主分布区为东海，喜欢栖息在海淡水混合区，或者有淡水注入的内湾。具有拟态行为，其形态与体色使它侧身时如同大树叶般漂浮在水面，渔民称其为“睡鱼”。

【识别特征】体长可达 1m，体重 15kg 以上。本种鱼的显著特征是，其**第二背鳍和臀鳍的后缘显著向后延长**，与尾鳍一起整体看来，像是 3 条尾巴。在水中时松鲷的体色是淡黄底黑斑块，出水后迅速变色，市场上见到的本种鱼基本上是通体黑色的。

【科普常识】鳞片粗糙，类似松树皮一样，故得名。胶东渔谚有“加吉头、鲅鱼尾、刀鱼肚子、唇唇嘴”，其中“加吉”为真鲷，鲅鱼是蓝点马鲛，刀鱼是带鱼，而唇唇鱼则是本君，被称为“唇唇鱼”可能是松鲷的口吻部胶质层较厚实的原因吧。

松鲷科
（Lobotidae）

鲈形目的 1 科，仅有 2 属 4 种，我国分布 1 属 1 种，即松鲷属的松鲷，北方俗名“唇唇鱼”。

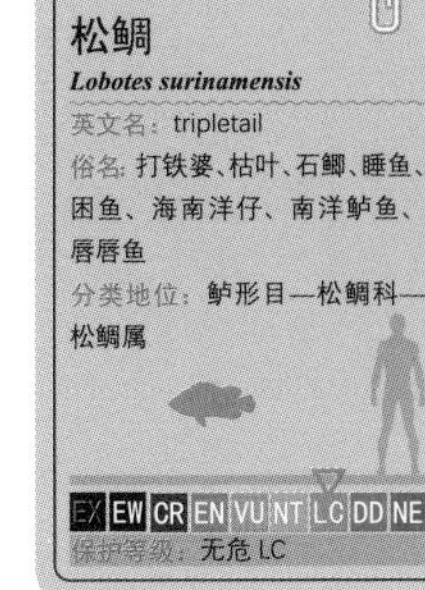

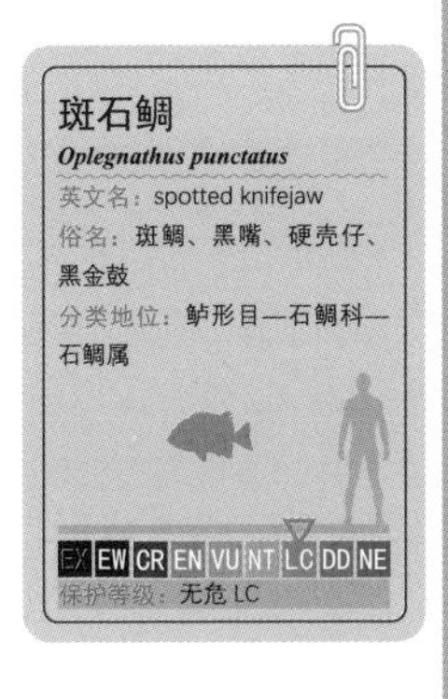

笛鲷科
（Lutjanidae）

鲈形目的 1 科，全球共有 17 属 105 种，我国分布 12 属 55 种。笛鲷科鱼类给人的感觉是口吻部向前突出，貌似吹笛子状，但其实只有笛鲷属鱼类有此特征。而裸颊鲷科鱼类基本都有口吻部似吹笛状的特征。这一点非常容易混淆，千万不能“以貌取鱼”。

57. 红鳍笛鲷

【生态习性】分布范围西起阿曼湾，北至日本南部，南至澳大利亚北部海域，中国分布于东海、南海海域，北部湾为盛产区。以鱼类、甲壳类或其他底栖无脊椎动物为食。产卵期 4—6 月。

【识别特征】体长 40cm 左右。具有笛鲷鱼类前突口吻的特征，**所有鱼鳍皆为鲜红色，整个鱼体也是红色。无任何纵向斑纹，头背部由背鳍起点至吻端有一暗色斜带，尾鳍截形。**幼鱼时，尾柄上有鞍状斑，长大后消失。

【科普常识】海南儋州名肴“红鱼粽”，就是以红鳍笛鲷作为原料。红鳍笛鲷在南半球属于高档鱼类。

58. 黄笛鲷

【生态习性】分布于印度洋北部沿岸，东至印度尼西亚、北至日本的西太平洋沿岸，中国分布于东海南部及南海，常栖息于岩礁、珊瑚礁附近的泥沙质底水域。

【识别特征】体长可达 30cm，体重接近 1kg。体呈椭圆形，侧扁，胸鳍长，末端达臀鳍起点，尾鳍内凹。体呈浅灰色至黄色，**体侧上方有很多条金黄色斜线，侧线下方则有数条金黄色纵线，其最上方由眼后至尾柄的线条最粗。**各鳍淡黄色，只有腹鳍淡色。

【科普常识】黄笛鲷黄条加身，是海钓和潜水的人气鱼类。但作为食用鱼并无特别之处，味道一般。另外，本种鱼的英文名意为“大眼鲷”，在涉及英文资料时很容易与大眼鲷科的鱼类混淆。

59. 紫红笛鲷

【生态习性】广泛分布于印度洋和西太平洋海域，中国分布于南海、东海南部。幼鱼时栖息于河口、红树林区以及江河下游的感潮带，成鱼后则迁移至岩礁或珊瑚礁区集群栖息。主要摄食鱼类及甲壳类。有记录最大寿命为 54 年。

【识别特征】体长可达 60cm。身体红褐色至深褐色，其活体颜色和离水死后颜色变化很大，离水后红色变深。幼鱼时体侧有 7 ～ 8 条银色横带，长大后消失。**鳞片上有黑褐色的小斑纹，状似芝麻。侧线上方前半部的鳞片排列与侧线平行，仅后半斜行**，这一点与后述的斜鳞鲷不同。**尾鳍近截形，微凹。**

【科普常识】本鱼种的英文名意为“红树林红笛鲷”，源于其幼鱼常在红树林区域被发现。有资料说该鱼种的大型个体中有可能存在雪卡毒素，食用大个体鱼时需注意。

60. 四带笛鲷

【生态习性】分布于印度洋北部沿岸、红海海域，东至澳大利亚、太平洋西部，北至日本海域，我国见于东海南部、南海诸岛，常见于岩礁、珊瑚礁丛附近浅水海域。以无脊椎动物、鱼类为食。

【识别特征】体长 30cm 左右。体呈亮黄色，**体侧有 4 条蓝色纵带**，幼鱼时在第 2、3 纵带间有一黑斑。**相似种类有金带笛鲷、奥氏笛鲷、画眉笛鲷、金焰笛鲷、勒氏笛鲷。**

【科普常识】笛鲷科鱼种数众多，在色彩的丰富度上也独具一格，许多笛鲷科鱼类是近海网箱养殖种类，但整体上资源量不是很大，从名气上也与鲷科鱼类有一定差距，不过这丝毫不会降低笛鲷科鱼类在美食界的地位。

鲈形目 PERCIFORMES

61. 金带笛鲷

【生态习性】分布于西太平洋与印度洋海域，我国分布于东海和南海海域。夜行性鱼类，食物包括甲壳类、头足类或小鱼等。繁殖习性不详。

【识别特征】体长可超过 50cm。身体侧线下部有多根金黄色条带，胸鳍、腹鳍、臀鳍黄色，背鳍和尾鳍边缘白色。金黄色条带和背鳍、尾鳍边缘的白色会在离水一段时间后消失。

刚离水，金带清晰

金带笛鲷

Lutjanus vaigiensis

英文名：blacktail snapper

俗名：金带乌尾

分类地位：鲈形目—笛鲷科—笛鲷属

EX EW CR EN VU NT LC DD NE

保护等级：无危 LC

62. 奥氏笛鲷

【生态习性】分布于西太平洋与印度洋海域，我国分布于东海和南海海域。栖息于近岸岩礁区，白天穴居，夜晚集群觅食，捕食小鱼及小型底栖无脊椎动物。在一个繁殖季可多次产卵。

【识别特征】体长约 20cm。体呈银黄色，各鳍皆为黄色。体侧上方具数条斜走细纹，从吻端至尾柄具一条深褐色宽纵带。在背鳍鳍棘和鳍条分界处下方的褐色纵带上有一黑斑，离水后逐渐淡化甚至消失。

63. 画眉笛鲷

【生态习性】分布于西太平洋与印度洋海域，我国分布于东海和南海海域。栖息于近岸岩礁区，独游或成群游动，以鱼类、甲壳类及其他底栖无脊椎动物为食。繁殖习性不详。

【识别特征】体长约 30cm。体浅红色，各鳍黄色，唯腹鳍淡色。体侧上方有多条黄褐色至暗褐色斜线，侧线下方则有数条纵线，最明显特征是从眼睛到尾柄有 1 条黑色纵带，后部有一黑斑，离水后逐渐淡化甚至消失。

64. 金焰笛鲷

【生态习性】分布于西太平洋与印度洋海域，我国分布于东海和南海海域。栖息于近岸岩礁或珊瑚区，夜行性鱼类，捕食小型甲壳类、软体动物和小鱼。繁殖生态相对复杂，雄鱼以胸鳍和体色变化吸引雌鱼，刺激其产卵。

【识别特征】体长约 30cm。体浅红色，侧线上方鳞片斜向后背缘，侧线下方鳞片与体轴平行，侧线上方具斜行黄色条纹，侧线下方有 8 纵行黄色条纹，体侧在背鳍鳍条部前下方有一镶白边的黑斑，黑斑的大部分在侧线下方。

65. 勒氏笛鲷

【生态习性】分布于西太平洋与印度洋海域，我国分布于东海和南海海域。栖息于近岸岩礁区，夜行性鱼类，主要食物包括鱼类和甲壳类。在一个繁殖季可多次产卵。

【识别特征】体长约50cm。体背褐色，腹部粉红色至白色且带有银光。体背有一黑斑，该黑斑大部分跨在侧线上方，可以区别于金焰笛鲷。

66. 千年笛鲷

【生态习性】分布于印度洋和太平洋西部海域，西至东非，东至新喀里多尼亚，北至日本一带，南至澳大利亚中南部，我国见于南海和东海海域。雌雄鱼的性成熟年龄都在8龄及以上，寿命可达40年。

【识别特征】体长接近1m，最大体重记录37kg。浅红色的体色上，斜向分布3条宽阔的深红色带，类似中文的“川”字，故有“川纹”之名。在两广、海南一带，也因该特征被称为“三刀”。

【科普常识】名字意为千年才可一遇的稀有鱼类，虽有夸张，也说明其比较稀少，它还是热带沿海地区的高档食用鱼。其英文名 enperor（皇帝）一词，不知是何用意，或许是其三条大红色带，看上去有类似皇帝服装上肩带的感觉。

67. 斜鳞笛鲷

【生态习性】主要分布于印度洋和太平洋西部的印度、中南半岛、菲律宾、琉球群岛等沿海海域，中国分布于东海、南海海域，以台湾周边及东沙群岛居多。主要以底栖浮游性无脊椎动物为食。

【识别特征】体长可达 50cm。**身体呈橘黄色或红色，尾鳍明显内弯，后缘有黑边。**与笛鲷属鱼类相比**体形略瘦长，口吻部的吹笛状前突特征很不明显。从脑后到体侧背部的侧线上方，存在沿鳞片排列走向斜后上方的线纹。**

【科普常识】斜鳞笛鲷的味道上乘，在南亚及东南亚很受欢迎。

68. 李氏斜鳞笛鲷

【生态习性】分布于西太平洋与印度洋海域，我国分布于以台湾周边为主的东海和南海交界处的临近海域。栖息于近岸岩礁区，夜行性鱼类，主要以浮游生物为食。繁殖期为 3—7 月，可多次产卵。

【识别特征】体长约 50cm。体侧无线纹，尾鳍内弯程度很浅。

69. 丝尾红钻鱼

【生态习性】主要分布于印度洋至太平洋西部的热带、亚热带海域，西至东非，东至夏威夷，北至日本中部沿海，南至澳大利亚中部和新西兰以北，中国分布于台湾以南的南海海域。产卵期 7—10 月。

【识别特征】体长可达 1m，是笛鲷科鱼类中最大的一种。背部体色为大红色，腹部白里透红，**背鳍中部有 1 个大缺刻**（猛一看以为是 2 个背鳍），**尾鳍上下叶端非常长，上叶长于下叶。**

【科普常识】丝尾红钻鱼不仅外观“高大上”，味道也绝对不输。由于数量稀少，且使用底层钓具才能捕获，以前很少向产地以外的地区流通，近年由于冷链物流及电商逐渐发达，非产地的消费者也可以向钓友或渔民预定。

70. 黄背若梅鲷

【生态习性】主要分布于西太平洋海域，分布北限为日本中部，南限为澳大利亚中南部沿海，东至夏威夷，西至印度洋的东非海域，中国分布于台湾以南的南海。栖息于珊瑚礁或岩礁区，常成群游动，以浮游动物、小鱼、头足类为食。

【识别特征】体长 50cm 左右。**蓝紫色的身体底色上，从背鳍前端下方开始的一条宽黄带，一直延伸到整个尾鳍。相似种类有梅鲷科的黄尾梅鲷、黄蓝背梅鲷、黄背梅鲷（参见相关部分）。**

【科普常识】食用鱼类，在产地为海钓人气鱼种。“若梅鲷”从名字看是非常像“梅鲷”，但他们分属不同的科，外表竟能如此相像，只能赞叹大自然的鬼斧神工。

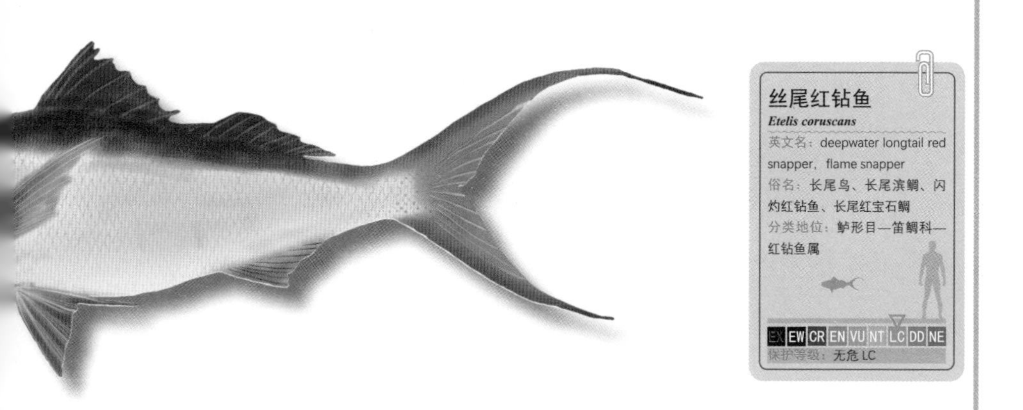

梅鲷科（Caesionidae）

鲈形目的1科，全球有4属23种。体形外观跟笛鲷科的某些种类相似度较高，甚至达到以假乱真的程度。大部分种类的尾鳍上下叶尖端黑色，或顺着尾鳍分叉方向有黑带纹，该特征在其他鱼类中罕见。

71. 黄尾梅鲷

【生态习性】分布于印度洋—西太平洋海域，我国分布于东海、南海海域。通常栖息于较深的岩礁底质海域，喜欢集群，白天成群结队游泳于海洋中层水域，游泳速度快。以浮游动物为食。

【识别特征】体长35cm左右。鱼体侧扁，侧面呈长椭圆形，口吻部略尖突。**身体大部分为蓝色，背部自背鳍前端略后的位置至尾柄以及整个尾鳍为黄色，体侧的黄色主要在侧线以上。**与前述黄背若梅鲷相比，二者的主要区别是体形和背部黄色带的起始位置不同。**其他相似鱼类有黄背梅鲷、黄蓝背梅鲷。**

【科普常识】可食用鱼类，肉质品味上乘，但产量不高。

72. 黄背梅鲷

【生态习性】分布于西太平洋与印度洋海域，我国分布于南海海域。栖息于岛礁或岩礁区，常白天聚集于岩礁对峙的峡谷处，摄食水流带来的浮游生物。繁殖习性不详。

【识别特征】体长约35cm。**背部的黄带向前一直延伸到头部，**但幼鱼时黄带向前延伸不够，头胸部的蓝色更加明显。

73. 黄蓝背梅鲷

【生态习性】分布于西太平洋与印度洋海域，我国分布于南海海域。栖息于岛礁或岩礁区，集大群在水流通畅的中层水域摄食浮游生物。繁殖期为5—8月，满月时分集群产卵。

【识别特征】体长约35cm。**从背鳍前部到尾柄下部的斜线，将体侧腹部以上的颜色分为上黄下蓝2部分**，其中蓝色部分的辨识度很高，且面积大于黄色部分。

74. 褐梅鲷

【生态习性】分布于印度洋和太平洋的热带海域，中国分布于东海南部、台湾岛及南海诸岛周边海域。喜欢集群栖息于潟湖或岩礁区外围陡坡的水域中上层，常与笛鲷科鱼类混在一起。白天觅食，以甲壳类和小鱼为食，夜间则在岩礁间休息。

【识别特征】体长 20 ～ 25cm。体形类似鲐鲹鱼类。鱼体背部深蓝色，**体侧自眼上缘至尾鳍有 1 条黄褐色纵带，尾鳍红黄色，上下叶沿分叉方向各有 1 条黑色条带**，胸鳍淡红色，基部有一黑斑，背鳍连续无缺刻。**相似种有同科的黑带鳞鳍梅鲷和金带梅鲷。**

【科普常识】褐梅鲷有规模化的商业围网捕捞，为西沙群岛单鱼种产量最高的鱼类。在其他东南亚国家如印度尼西亚、菲律宾等的鱼市场上，褐梅鲷很常见。

75. 金带梅鲷

【生态习性】分布于西太平洋与印度洋海域，我国分布于南海海域。喜欢绕珊瑚礁群游，以浮游动物为食。繁殖习性不详。

【识别特征】体长约 20cm。**体侧有 1 条从眼球上方到尾柄的金黄色纵带，尾鳍尖端部有黑色斑纹。**

76. 黑带鳞鳍梅鲷

【生态习性】分布于西太平洋与印度洋海域，我国分布于南海海域。白天常集大群盘旋于礁区的中层水域，觅食浮游动物，夜间于礁体间隙休息。繁殖习性不详。

【识别特征】体长约 25cm。**体侧有 1 条从眼球上方到尾柄的黑色纵带，尾鳍上下叶沿分叉方向各有 1 条黑色条带。**

77. 双带鳞鳍梅鲷

【生态习性】主要分布于印度洋至太平洋西部的热带、亚热带海域，北至琉球群岛沿海，南至澳大利亚、新西兰沿海，中国分布于福建、台湾以南的南海海域。在浅海的珊瑚礁和岩礁区域集群生活。杂食性，以浮游动物等小型生物为主。

【识别特征】成鱼体长约 30cm。身体呈细长纺锤形，头部较小，体形跟鲐鲹鱼类差不多，**背部和体侧有 2 条金黄色纵线，其中体侧的金黄色细线位于侧线之下。**尾鳍是大分叉形，上下叶的叶尖部分黑色。**相似种类有马氏鳞鳍梅鲷。**

【科普常识】双带鳞鳍梅鲷是梅鲷科的代表性鱼种，味道非常鲜美。

78. 马氏鳞鳍梅鲷

【生态习性】分布于西太平洋与印度洋海域，我国分布于台湾及南海岛礁。喜欢绕珊瑚礁群游，以浮游动物为食。繁殖习性不详。

【识别特征】体长约 30cm。**体侧的黄色纵线与侧线重合，**且背部的黄线有时模糊，不够清晰明了，甚至无法辨认。

马氏鳞鳍梅鲷
Pterocaesio marri
英文名：bigtail fusilier
俗名：乌尾冬仔、赤腹乌尾鮗
分类地位：鲈形目—梅鲷科—鳞鳍梅鲷属
EX EW CR EN VU NT LC DD NE
保护等级：无危 LC

裸颊鲷科（Lethrinidae）

鲈形目的1科，全球有5属39种，中国分布4属33种。本科某些鱼类的体形外观，特别是口吻部前突上翘，状似吹笛的特征，跟笛鲷科的许多鱼类很相似。大部分鱼类脸颊部裸露无鳞，因而得名“裸颊鲷科”。

79. 红鳍裸颊鲷

【生态习性】主要分布于西太平洋的热带、亚热带海域，北至日本本州中部，南至中国南海北部沿海，中国分布于东海、南海海域，以甲壳类、鱼类、棘皮动物、软体动物等为食。春季到近岸集群繁殖，产卵期5—6月。有性转换现象。

【识别特征】体长可达50cm，体重2.5kg。体色呈淡青灰色，背部较深，腹部乳白色，**鳃盖边缘红色**，幼鱼时体侧有许多不规则的暗色斑块，成鱼后淡化模糊，**除尾鳍外各鳍浅红色，其中背鳍边缘部分红色较深。相似种有阿氏裸颊鲷。**

【科普常识】裸颊鲷属的英文名意为“皇帝”，而红鳍裸颊鲷的英文名意为“中国皇帝”，其他裸颊鲷也都命名为不同的皇帝，不知其源于什么特征。东亚国家通常认为，真鲷是海水鱼之王。或许在英文圈里认为，裸颊鲷才是海水鱼中皇帝般的存在。

80. 阿氏裸颊鲷

【生态习性】为暖水性中下层鱼类。分布于西太平洋和印度洋海域，我国分布于台湾周边海域，栖息于岩礁、沙砾底质海区，以小鱼及小型底栖无脊椎动物为食。春季产卵。

【识别特征】体长约50cm。**各鳍淡黄色或橘红色，边缘有深红色的抹边**，其中尾鳍呈显著的黄色，与其橘红或深红色的后缘抹边对比特别明显。

81. 星斑裸颊鲷

【生态习性】主要分布于印度洋至西太平洋的热带至温带海域，中国分布于福建、台湾以南的南海海域，喜欢在浅海的珊瑚礁和岩礁区域生活，以小鱼、小虾、贝类和头足类为食。产卵期 2—11 月，几乎常年繁殖，只在冬季暂停一下。寿命可达 20 年以上。

【识别特征】体长可达 90cm，是裸颊鲷科鱼类中最大的。体色呈草黄色，腹部乳白色，体侧各鳞具晶蓝色斑点，宛若群星闪烁。**从眼部到口吻部有数条钴蓝色线纹**，胸鳍外缘也有 1 条蓝色条，口腔内是鲜红的朱红色。幼鱼时体侧会有许多黑白斑块。

【科普常识】星斑裸颊鲷作为裸颊鲷科鱼类的大哥大，味道也是上流水平，在海南、广东和广西有一定的产量，是重要的食用鱼类。

82. 灰裸顶鲷

【生态习性】分布于印度洋到西部太平洋的热带至温带海域，中国分布于东海和南海海域，栖息于水深超过60m的泥沙底质或岩礁区，以小型鱼类和甲壳类为食。产卵期为夏秋季节。

【识别特征】体长40cm左右。翘嘴不明显，其灰褐色的体色与若干条不太明晰的黑褐色横纹，猛一看很容易与鲷科的黑棘鲷搞混，不同的是灰裸顶鲷**有1条通过眼睛的黑褐色横纹**。另外，裸顶鲷属鱼类鳃盖和脸颊部有鳞，头顶部无鳞。

【科普常识】灰裸顶鲷是北部湾、南海北部地区底拖网重要捕捞对象之一。据称新鲜的灰裸顶鲷味道绝对胜过真鲷，只是底拖网捕捞的灰裸顶鲷鲜度较差，特别是其眼睛的臭味影响了人们对其美味的认识。

石鲈科（Pomadasyidae）

鲈形目的1科，也称仿石鲈科Haemulidae，全球有17属145种。成鱼多为黑色调，所以多有“包公鱼”的叫法。

83. 斜带髭鲷

【生态习性】分布于我国东海、南海以及朝鲜半岛和日本南部沿海，我国多见于福建及台湾沿海一带。主要生活于水深50m以内的温带海域，属底栖肉食性鱼类，以小鱼及甲壳类为食。

【识别特征】体长可达40cm。体长椭圆形，高而侧扁，头部背缘几乎呈直线状，**体侧具3条黑色斜带，颏部有一簇痕迹状的小髭。相似种类有横带髭鲷、纵带髭鲷。**

【科普常识】食用鱼，渔民以流刺网或手钓捕获。其色彩鲜艳、肉质细嫩，尤其是产卵前的成鱼，肉质特别鲜美，市场售价颇高。目前为福建一带网箱养殖鱼类。

84. 横带髭鲷

【生态习性】分布于西北太平洋海域，我国四大海域均产。典型的岛礁性鱼类，主要栖息于多岩礁的海区，肉食性鱼类，以小鱼及甲壳类为主。繁殖期为夏季。

【识别特征】体长约 25cm。**体侧带状纹路的走向为横向。**

横带髭鲷
Hapaloyenys mucronatus
英文名：belted beard grunt
俗名：十六枚、海猴、黑鳍髭鲷、打铁皮、金鼓
分类地位：鲈形目—石鲈科—髭鲷属
EX EW CR EN VU NT LC DD NE
保护等级：无危 LC

注：鱼体头尾方向为纵向，背腹方向为横向。

85. 纵带髭鲷

【生态习性】分布于西太平洋海域，我国分布于东海和南海海域，常栖息于泥沙底质海区，以虾蟹类以及小型鱼类为食。繁殖期为 6—9 月。

【识别特征】体长约 30cm。**体侧带状纹路的走向为纵向。**

纵带髭鲷
Hapalogenys kishinouyei
英文名：lined javelinfish
俗名：岸上氏髭鲷、打铁婆
分类地位：鲈形目—石鲈科—髭鲷属
EX EW CR EN VU NT LC DD NE
保护等级：无危 LC

86. 花尾胡椒鲷

【生态习性】分布于印度洋至西太平洋海域，由琉球群岛经中国沿海，至斯里兰卡和阿拉伯海，中国分布于黄海、东海、南海海域，通常栖息于岩礁区，以底层的小鱼、甲壳类及头足类等为食。3龄性成熟，产卵期4—5月。

【识别特征】体长可达60cm。体上部灰褐色，下部色较淡，**体侧有3条黑色宽斜带**，猛一看与前述的斜带髭鲷很像，但花尾胡椒鲷的**尾鳍及体背后半部分，包括背鳍的后半叶密布有黑胡椒样斑点。相似种类有暗点胡椒鲷、斑胡椒鲷。**

【科普常识】花尾胡椒鲷不仅味道不错，而且其风味几乎不受季节变化的影响，其离水死亡后品质下降的速度也较缓慢，所以很受海鲜料理店和普通消费者的欢迎。现为福建一带网箱养殖鱼种。

鲈形目 PERCIFORMES

87. 暗点胡椒鲷

【生态习性】分布于太平洋和印度洋海域，我国分布于台湾及以南的南海海域。栖息于岩礁浅海区。以底栖无脊椎动物和鱼类为食。春夏季节产卵。

【识别特征】体长可达 50cm。成鱼体侧，包括背鳍后半叶和臀鳍，遍布有黑胡椒样斑点，但没有明显的斑纹，与花尾胡椒鲷很容易区分。但胡椒鲷在 10cm 以下时，整个身体在黑底色的基础上分布有 3 条宽度不等的黄白色纵纹。到 20cm 左右时，纵纹破碎，在头部以及侧线以上的背部形成黑白相间、接近矩形的大斑块，然后从尾部开始向背部方向出现黑色小斑点。至成鱼后，斑块完全被黑色小斑点替代。

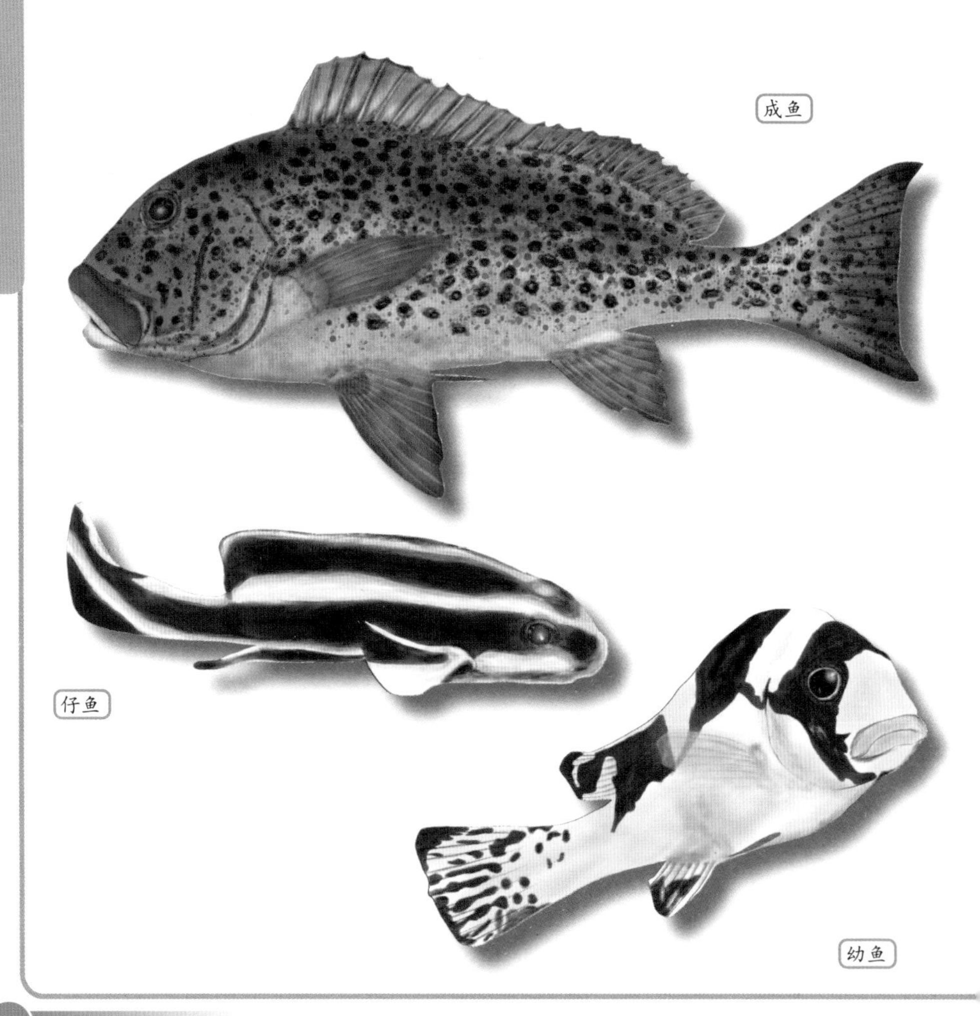

88. 斑胡椒鲷

【生态习性】分布于西太平洋和印度洋海域，我国分布于台湾及以南的南海海域，栖息于岩礁浅海区，以甲壳类、多毛类和鱼类为食。5—6 月为产卵期。

【识别特征】体长约 35cm。除腹部外身体遍布黑色圆点（圆点尺寸比暗点胡椒鲷大）。仔鱼时期在暗底色上分布有边缘清晰的大圆白斑块。随着成长白斑块边缘趋于模糊，暗底色则被分割成许多黑色小斑块，成鱼后大白斑块完全消失，除腹部外被黑色小斑块占满，黑色小斑块的大小也趋于均匀。

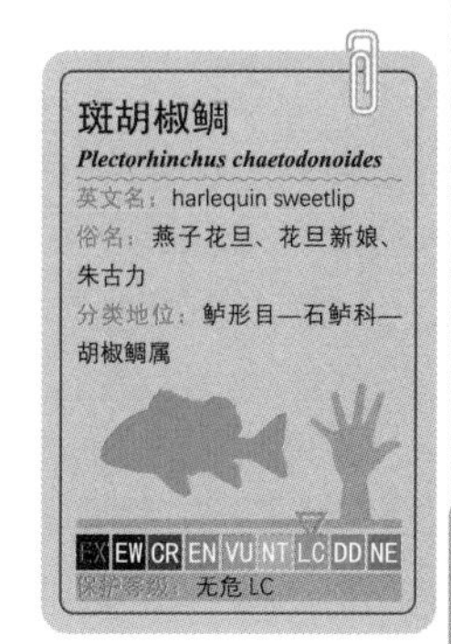

89. 三线矶鲈

【生态习性】分布于西北太平洋海域，包括东海、朝鲜半岛南部、日本南部沿海，属暖水性鱼类。一般栖息于面海的沿岸岩礁区，几乎不会进入内湾。以浮游动物为食。

【识别特征】体长 40cm。幼鱼时体侧有 3 条宽幅暗褐色纵带，此纵带随着鱼的成长逐渐消失，背部变成暗褐色。背鳍前后叶分界比较模糊，几乎是平行一体的，但与鲷科（前高后低）、鯥科（前低后高）鱼类又有明显不同。

【科普常识】东海以南具有代表性的岩礁鱼类，但几乎没有岩礁鱼类特有的土腥味，属于“人吃人爱”的类型。目前为南方的网箱养殖鱼种。英文名意为“鸡鸣”，据说三线矶鲈被钓起后会发出类似“咕咕”的声音，和鸡群平常发出的“咕咕”的声音有些相似。

鲈形目 PERCIFORMES

90. 单斑石鲈

【生态习性】分布于西太平洋海域，我国分布于南海海域，栖息于近海泥沙底质海区，肉食性凶猛鱼类，以突袭方式捕食底栖甲壳类、各种小型鱼类和头足类。繁殖生态不详。

【识别特征】体长约 30cm。**项背部有一深褐色鞍斑**，向下止于侧线，**背鳍鳍棘部分的前部有一紫红色大斑。**

91. 大斑石鲈

【生态习性】分布于印度洋和太平洋西部海域，西起红海，东至菲律宾，北至琉球群岛，南至澳大利亚，我国产于东海和南海，其中北部湾数量较多。以小鱼虾、甲壳类或沙泥地中的软体动物为食。3—6 月到近岸产卵。

【识别特征】体长 20cm 左右。典型的石鲈科鱼类，体形呈鲷形，**背鳍前后叶之间的缺刻呈明显的断崖形，但实际上是连在一起的。**这一点与髭鲷属鱼类相似，也是区别于鲷科鱼类（背鳍连续无缺刻）和笛鲷科鱼类（背鳍缺刻部位圆滑连续）的重要特征。成鱼**体侧有 4 ~ 5 个指印状黑褐色斑，背鳍鳍棘部有一大黑斑。相似种类有单斑石鲈、四带石鲈。**

【科普常识】大斑石鲈为福建、台湾、广东沿海常见经济种类。

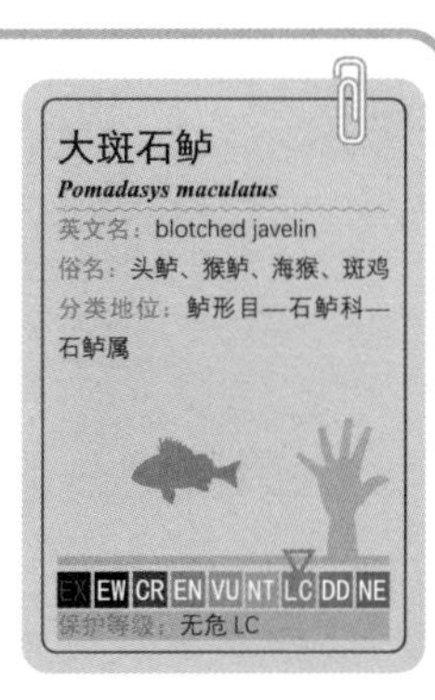

92. 四带石鲈

【生态习性】分布于西太平洋海域，我国分布于台湾及以南的南海海域，常栖息于泥沙底质的浅海，捕食底栖无脊椎动物和小鱼等。繁殖习性不详。

【识别特征】体长约 10cm。体形与大斑石鲈差不多，**灰银色的体侧有 4 条金黄色纵线**。与前述四带笛鲷不同的是，四带笛鲷体侧为黄色底色上有 4 条蓝色纵线。

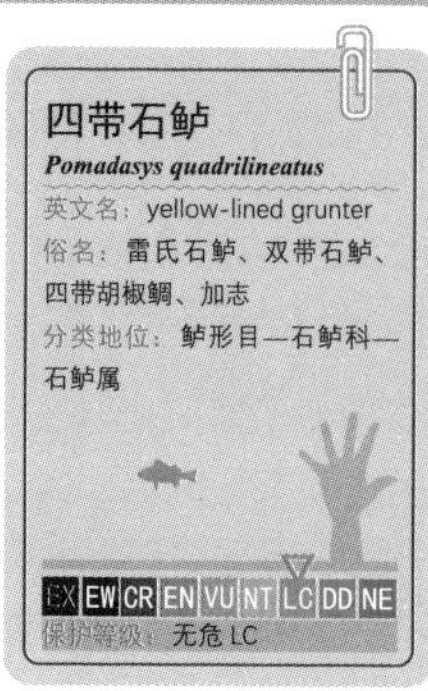

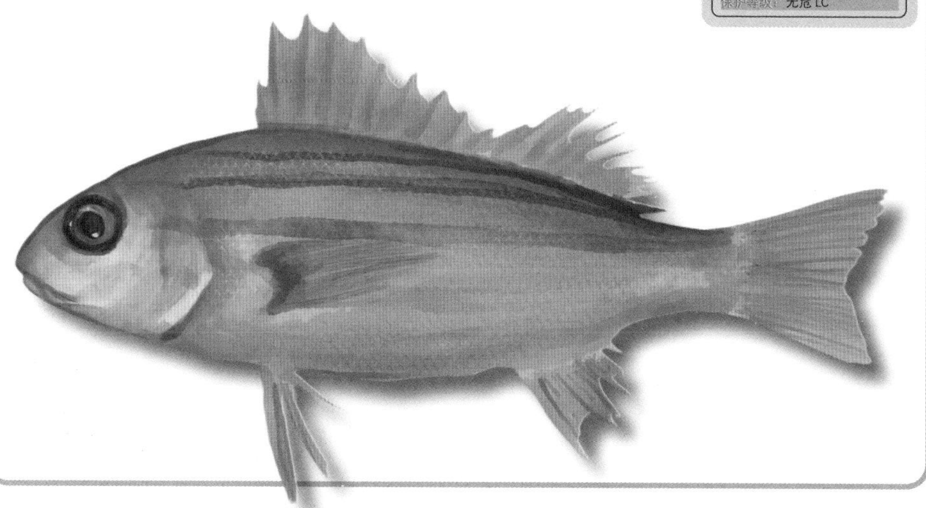

93. 短尾大眼鲷

【生态习性】分布于西太平洋至东印度洋一带，中国主要分布于东海、南海海域，栖息水深超过 70m，北部湾海域全年均产。有昼夜垂直移动习性，昼沉夜浮。杂食性，主要摄食小乌贼和浮游甲壳类，其次是小鱼和短尾类。

【识别特征】体长 25cm 左右。外观长卵圆形，眼睛特大，鱼体背部呈鲜桃红色，到腹部颜色渐渐变淡，腹部呈银白色，**在腹鳍、背鳍和臀鳍上分布有许多黄色斑点。相似种类有长尾大眼鲷。**

【科普常识】鳞片细小，不好去鳞，带鳞炙烤是一个不错的选择，既有烧烤的香味，又有蒸鱼的鲜味，两得其美。

94. 长尾大眼鲷

【生态习性】分布于西北太平洋海域，中国分布于东海南部至南海海域，栖息于周围沙泥的礁石附近。夜行性鱼类，主要以小鱼、甲壳类和小型头足类为食。繁殖期为 3—8 月，通常南早北晚。

【识别特征】体长约 25cm。**尾鳍上下叶向后延长呈丝状，在腹鳍上分布有许多黑色斑点。**

大眼鲷科（Priacanthidae）

鲈形目的 1 科，全球共记录 4 属 18 种，栖息于珊瑚礁区或较深海域，底栖夜行性中小型鱼类。眼睛比较大，且眼睛虹膜具有反射层，看上去会发出明亮的光辉。

短尾大眼鲷

Priacanthus macracanthus

英文名：red bullseye，red bigeye

俗名：大眼鲷、大棘大眼鲷、大目、大眼鸡、红目鲢

分类地位：鲈形目—大眼鲷科—大眼鲷属

EX EW CR EN VU NT LC DD NE

保护等级：无危 LC

95. 金目大眼鲷

【生态习性】分布于夏威夷以西的太平洋至红海以东的印度洋海域，北至日本本州，南至澳大利亚东南沿海，中国主要分布于东海、南海海域。一般栖息于岩礁外斜坡、环礁湖口的深处等区域，昼伏夜出，白天常躲在岩架下或珊瑚头附近，夜间出来觅食，以小鱼、甲壳类动物和其他小型无脊椎动物为食。

【识别特征】体长 40cm 以下。成鱼**全身呈大红色或橘红色**，没有杂色。**尾鳍后缘内凹**。幼鱼期在浅水区生活，完全没有成鱼的样子，不仅没有大红袍加身，而且在整体灰绿色的底色上，分布着 7 条左右的暗色条斑。**相似种类有斑鳍大眼鲷。**

【科普常识】金目大眼鲷食用口感上乘，商业上底拖网偶尔可兼捕到，休闲海钓时也有捕获，但整体数量不多，属于珍贵和珍稀鱼类。

金目大眼鲷
Priacanthus hamrur
英文名：moontail bullseye, lunartail bigeye
俗名：红目鲢、橘辣鲷、大眼鲷、宝石大眼鲷
分类地位：鲈形目—大眼鲷科—大眼鲷属
EX EW CR EN VU NT LC DD NE
保护等级：无危 LC

96. 斑鳍大眼鲷

【生态习性】分布于太平洋、印度洋和大西洋的热带海域，我国分布于台湾及以南的南海海域，栖息于珊瑚礁区。夜行性鱼类，以小鱼和小型甲壳类为食。繁殖期为 7—8 月。

【识别特征】体长约 20cm。幼鱼时，身体及各鳍覆盖着褐色到红色的斑块，成鱼后整体变成与金目大眼鲷相同的鲜红色，仅在**各鱼鳍上有许多褐色小斑点。尾鳍后缘接近截形（幼鱼期外突明显）。**

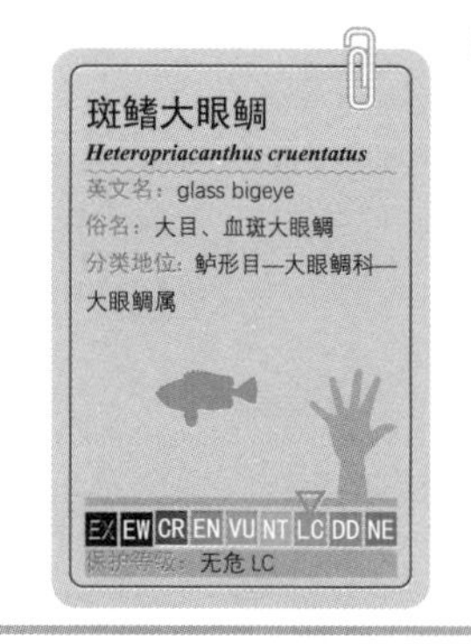

97. 日本牛目鲷

【生态习性】分布于全球各大洋的热带及温带海域，中国主要分布于东海南部至南海海域，生活在 40m 以上水深的岩礁区，以底栖甲壳类和小型鱼类为食。繁殖季节为 5—9 月，平均寿命 9 年。

【识别特征】体长 30cm 左右。除了一身大红袍之外，最显著特征是**鱼鳍宽大，特别是腹鳍、背鳍和臀鳍，其中腹鳍伸展可超过臀鳍的前缘**。幼鱼期在浅色体表上分布有许多红色斑块，随着成长，底色由淡白色变成淡红色，红色斑块逐渐连成横带状，成鱼后变淡直至消失。

【科普常识】日本牛目鲷鱼肉比较紧实，适合各种料理，在大眼鲷科鱼类中属于顶级的存在。如果做生鱼片食用的话，需要薄切，据说能吃出河豚的口感。

日本牛目鲷
Cookeolus japonicus
英文名：longfinned bullseye
俗名：红目鲢、严公仔、大眼鸡
分类地位：鲈形目—大眼鲷科—牛目鲷属
EX EW CR EN VU NT LC DD NE
保护等级：无危 LC

98. 日本锯大眼鲷

【生态习性】分布于印度洋至西太平洋的热带至温带海域，西起东非、红海，东至菲律宾，北至日本本州中部，南迄澳大利亚中部，中国主要分布于黄海、东海至南海海域，成鱼栖息水深超过80m，以底栖甲壳类和小型鱼类为食。

【识别特征】体长20cm左右。个体较小，近乎圆形的鱼体外披一身大红袍，**背鳍前部的形态像锯齿状，尾鳍几乎截形。**未成年前有数条淡白色的横带，尾鳍圆形外突，随着成长，尾鳍内敛，横带逐渐消失，鱼鳍的黑边或有或无。**相似种类有同属的麦氏锯大眼鲷。**

【科普常识】幼鱼期的斑纹有些特色，在某些水族馆会将其作为展示鱼种。虽然个头不大，但味道相当不错，渔民通常会挑出来自己享用。如果在鱼市场上的杂鱼堆里发现这条鱼，不动声色地买回来，一定是个惊喜。

日本锯大眼鲷成鱼

日本锯大眼鲷幼鱼

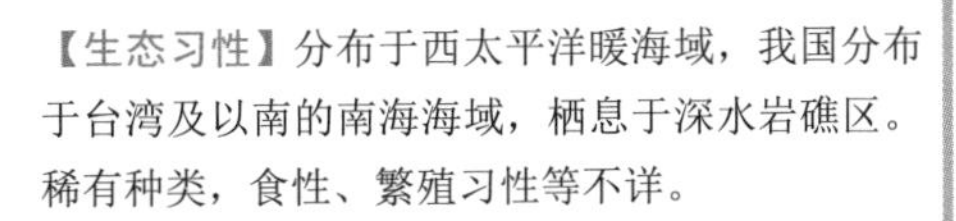

99. 麦氏锯大眼鲷

【生态习性】分布于西太平洋暖海域，我国分布于台湾及以南的南海海域，栖息于深水岩礁区。稀有种类，食性、繁殖习性等不详。

【识别特征】体长约 20cm。**体侧的浅白色横向细条纹分布比较密集，条纹实线与虚线交互，**且从幼鱼至成鱼一直清晰明了，尾鳍、背鳍及臀鳍软条部上的黑边也一直保持到成鱼，不会模糊或消失。

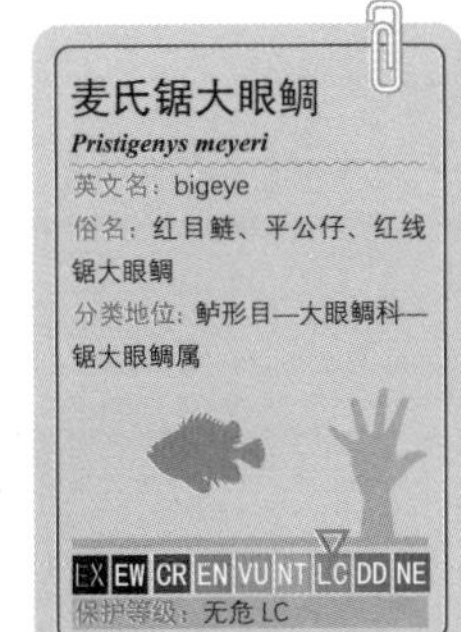

弱棘鱼科（Malacanthidae）

鲈形目的1科，全球共记录5属约40种。单一长背鳍，有多个软棘，尾鳍截平或双凹形。

100. 日本方头鱼

【生态习性】分布于日本、朝鲜半岛、中国东海等海域，属暖温性中下层鱼类，通常栖息在水深30m以上的沙泥底质的大陆架，成群结队在海底各自挖巢穴居住，猎食过往的鱼虾类，相互之间有领地行为。雄鱼比雌鱼略大。

【识别特征】体长可达40cm左右。常见的方头鱼属鱼类有3种，另2种为斑鳍方头鱼和银方头鱼，共同特征是**身体长而侧扁，头部形状接近方形**，故称方头鱼。

【科普常识】日本方头鱼是方头鱼类中数量最多、渔获量最大的一种。银方头鱼生活水深最浅、个头最大、味道最棒，可惜数量较少。斑鳍方头鱼栖息于更深的海底，个头居中，味道不如另2种。

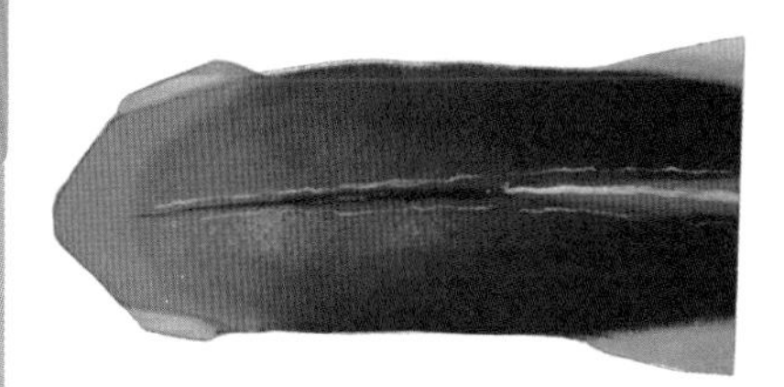

背鳍前缘到头部的正中黑线（日本方头鱼）

101. 斑鳍方头鱼

【生态习性】分布于西太平洋暖温海域，中国分布于东海和南海海域，栖息于泥沙底质海区。主要摄食多毛类、长尾类及短尾类等底栖动物。繁殖期为5—6月。

【识别特征】体长约35cm。

102. 银方头鱼

【生态习性】分布于西太平洋暖海域，我国分布于东海南部和南海海域，在泥或泥沙底质海区营巢栖息。主要摄食多毛类、长尾类及短尾类等底栖动物。繁殖期为5—6月。

【识别特征】体长约40cm。

日本方头鱼

斑鳍方头鱼

银方头鱼

鱼种	身体色泽	背鳍到头部的正中黑线	眼后下缘银白色斑纹
日本方头鱼	红	有	有
斑鳍方头鱼	黄	有	无
银方头鱼	银白	无	无

103. 侧条弱棘鱼

【生态习性】分布于印度洋、太平洋的热带岛礁区，中国分布于南海海域，喜欢在珊瑚礁外缘沙质底单独或成对一起营巢生活。幼鱼和成鱼外观差别很大，幼鱼期从外观到行为都模仿裂唇鱼，通过为大鱼清除寄生虫而获得口粮。成鱼以后改为营巢生活，靠捕食底栖动物为生，身体外观也放弃了拟态裂唇鱼，而变成自己独特的模样。

【识别特征】体长可达 45cm。幼鱼期体侧有一条贯穿前后的黑条纹，在头部经过眼睛下方，条纹宽度与其体高的变化有些相仿。随着成长，黑条纹从头部开始褪色直至鳃盖后缘，黑条纹与背部间的白色区域，也被黑条纹蔓延覆盖而变得模糊，尾鳍下半部分会出现一个大白斑块。

【科普常识】可食用鱼，但因体色独特而显眼，是水族养殖业宠物之一，特别是幼鱼期作为观赏鱼的商业价值较高。

唇指鲶科（Cheilodactylidae）

鲈形目的 1 科，全球现存 5 属 22 种，我国分布有 1 属 3 种。本科鱼类的显著特征是口小、唇厚，头后部呈钝角形上拱，与斜带髭鲷等石鲈科髭鲷属鱼类相对圆滑隆起的前背部有比较明显的区别。

104. 四角唇指鲶

【生态习性】分布于西太平洋暖海域，我国分布于台湾及以南的南海海域，栖息于浅海岩礁区。以一游一停的方式游泳，主要摄食底栖无脊椎动物。秋冬季产卵。

【识别特征】体长约 35cm。**尾鳍上叶黄色，下叶黑色，无斑点分布。**

105. 花尾唇指䱨

【生态习性】主要分布在日本列岛、朝鲜半岛南部、中国黄海以南的沿海海域，中国主分布区在南海，东海至黄海也有少量分布。主要生活于浅水的岩礁区，食性以甲壳类为主。一般通过流刺网或手钓捕获。

【识别特征】体长可达 40cm。眼后背部隆起，到背鳍起点处达到最高，**体侧有多条斜向后方的暗色斑纹，尾鳍分布有许多白色圆斑，上下叶无色差。相似种类有四角唇指䱨和斑马唇指䱨。**

【科普常识】广东一带有“鹦鹉嘴，斑马身，梅花鹿尾三刀王，清蒸好，煎封可，甘香鲜滑皆可尝”的说法，来形容花尾唇指䱨的美丽和美味，市场价格较高。前述的千年笛鲷俗称“三刀”，与花尾唇指䱨的“斩三刀”容易混淆。

花尾唇指䱨

四角唇指䱨

106. 斑马唇指鲻

【生态习性】分布于西太平洋暖海域，我国分布于台湾周边海域，栖息于近岸岩礁区。主要摄食底栖甲壳类动物，或啃食海藻。繁殖期为6—7月。

【识别特征】体长近30cm。尾鳍跟四角唇指鲻很相似，**尾柄上有数个不太明显的白斑。嘴唇呈现明显的鲜红色。**

斑马唇指鲻
Cheilodactylus zebra
英文名：redlip morwong
俗名：斑马隼鲻、斑纹唇指鲻、咬破布、三康、金花、万年瘦
分类地位：鲈形目—唇指鲻科—唇指鲻属
EX EW CR EN VU NT LC DD NE
保护等级：无危 LC

天竺鲷科（Apogonidae）

鲈形目的1科，全球有23属273种，我国有14属91种。夜行性动物，是珊瑚礁区最大的“夜猫族”，有“大目侧仔”的俗称。大部分的种类均有“口内孵卵”行为，不少种类还有发光器的构造。

107. 细条天竺鲷

【生态习性】在我国海域都有分布，还分布于朝鲜半岛、日本中部以南海域。寿命一般为2年。夏季产卵，由雄鱼进行口内孵化。

【识别特征】体长约6cm的小型鱼类。鱼体淡灰色，体侧有10条左右较窄的褐色横带，头部后侧的第1条和第2条横带有时清晰度较差，常被数成9条，第一背鳍边缘呈黑褐色，尾鳍略向外弯曲或直形，绝不内弯或分叉。

【科普常识】食用鱼类，但需注意头部的耳石磕牙。“天竺”是印度的古称，但作为鱼的名字，应该和印度没有关系，主要取其地理位置位于南方热带的意思。

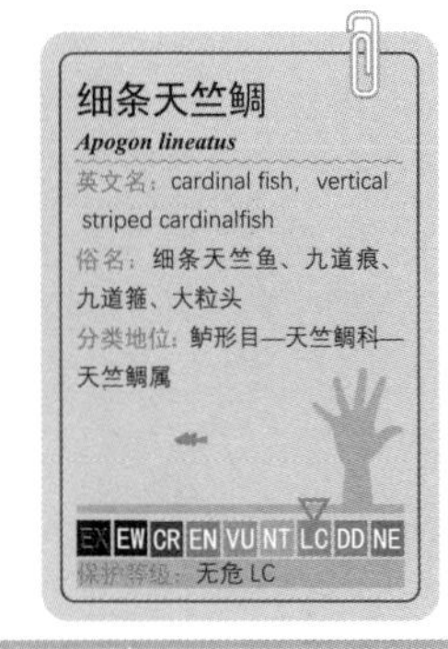

细条天竺鲷
Apogon lineatus
英文名：cardinal fish, vertical striped cardinalfish
俗名：细条天竺鱼、九道痕、九道箍、大粒头
分类地位：鲈形目—天竺鲷科—天竺鲷属
EX EW CR EN VU NT LC DD NE
保护等级：无危 LC

108. 半线天竺鲷

【生态习性】分布于西太平洋热带与亚热带海域，我国分布于东海以南海域，常成群栖息于珊瑚礁或岩礁区域。以浮游生物和底栖无脊椎动物为食。有雄鱼口中孵卵的习性。

【识别特征】体长约 12cm。鱼体呈略透明的肉红色，头部有 2 条不等长的黑纵带，其中都 1 条通过眼睛中央至鳃盖后缘。成鱼鳃盖后缘有 1 个明亮的黄斑，尾柄有 1 个黑色圆斑。

【科普常识】既可食用，也可作为观赏鱼。日本称其“念佛鲷”，源于其在繁殖期间求爱，口中不断发出“咘嗒咘嗒”的声音，类似和尚念佛。

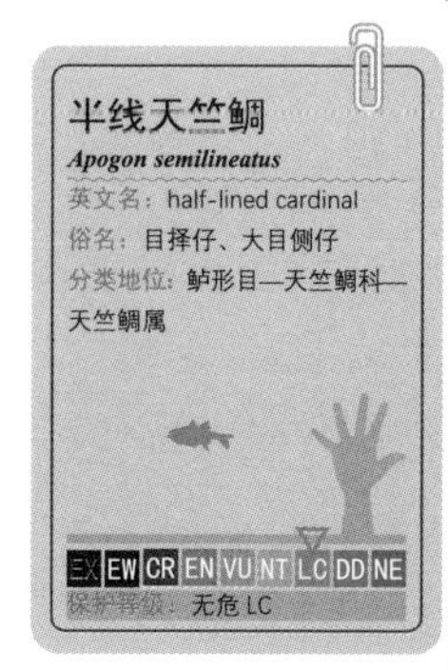

109. 环尾天竺鲷

【生态习性】分布于印度洋至西太平洋的热带海域，我国分布于东海南部至南海，通常栖息于礁区的洞穴或浅水域暗礁的下方，聚成一小群生活。以多毛类或其他底栖无脊椎动物为食。雄鱼口中孵卵。

【识别特征】体长约6cm。有**通过眼部的2条蓝色横线**，这也是其被称为“蓝眼鱼”的原因所在，但离水死亡后，蓝线会很快褪色。另一特征是有**环绕尾柄的黑色斑纹，黑色在尾柄中部内凹。相似种类有斑柄天竺鲷。**

【科普常识】环尾天竺鲷和斑柄天竺鲷都是可食用鱼，或作鱼饲料用，同时也是观赏鱼。

110. 斑柄天竺鲷

【生态习性】分布于太平洋和印度洋暖海域，我国分布于台湾及以南的南海海域，栖息于沿岸浅海。以多毛类或其他底栖无脊椎动物为食。繁殖期为5—11月，雄鱼口中孵卵。

【识别特征】体长约12cm。斑柄天竺鲷和环尾天竺鲷整体上极其相像，也有2条通过眼部的蓝色横线，而且尾柄部的大黑斑，也几乎覆盖了整个尾柄上下，足以“以假乱真”。二者主要区别是，斑柄天竺鲷在**尾柄上的黑斑，黑色在尾柄中部外突。**

111. 五带巨牙天竺鲷

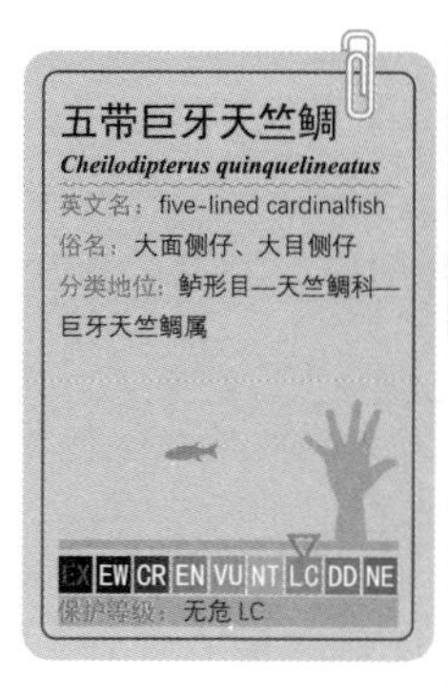

【生态习性】主要分布于台湾以南的热带海域，栖息于珊瑚礁或沿岸岩礁区域，栖息水深可达 40m，单独、配对或成一小群生活，以小鱼、甲壳类等为食。雄鱼口中孵卵。

【识别特征】体长约 9cm。体侧有 5 条清晰的黑色纵向细带，尾柄处有 1 个黑色小斑点，斑点的周围呈黄色。类似身体侧面有黑色纵纹或横纹的天竺鲷科鱼类有很多，通常会根据纵纹条数的多少，以及是否到达尾柄或尾鳍边缘进行命名。

【科普常识】可食用鱼类，也经常见于海水水族箱，作为宠物鱼饲养。

雀鲷科（Pomacentridae）

鲈形目的1科，全球有28属300多种，中国产6属约60余种，在热带珊瑚礁鱼类中，种类及数量独占鳌头。

112. 尾斑光鳃鱼

【生态习性】分布于西北太平洋沿海，包括中国东海南部至南海北部、朝鲜半岛南部、日本南部至琉球群岛，是雀鲷科鱼类中为数不多的耐低温种类。喜欢聚集于15m以内的岩礁或珊瑚礁区域，以浮游动物为食。有雄鱼护卵的习性。

【识别特征】体长10cm左右。大部分雀鲷科鱼类都具有绚丽的色彩，本种鱼算是一个特例。通体呈灰褐色至暗灰色，**胸鳍根部有1个大黑斑，背鳍基底后端下方有一个白点**。背鳍、臀鳍及尾鳍为暗色，胸鳍、腹鳍灰色，尾鳍黑褐色。

【科普常识】之所以又被称为雀鲷，是因为其个体较小，且喜欢集群，但又不是很大的群，让人联想到陆地上的麻雀。虽然在雀鲷科鱼类中其貌不扬，但也常见于水族馆。

113. 克氏双锯鱼

【生态习性】广布于印度西太平洋海域的珊瑚礁区，我国分布于东海南部至南海，是“小丑鱼”中最常见、数量最多的品种，与海葵有着明显的伴生关系。一般生活于光线能到达的浅水潟湖及外礁斜坡处，寿命可超过10年。

【识别特征】体长10～15cm。体呈椭圆形，侧扁，尾鳍截形或微内凹形。背部暗黑，腹部橙亮，**体侧有2条白色的横纹，眼睛后方和肛门附近各1条，背鳍橙黄色，尾柄白色**。克氏双锯鱼雌雄鱼的分辨：雌鱼腹鳍第1鳍棘为黑色，尾鳍橙色；雄鱼则腹鳍为黄色，尾鳍白色。

【科普常识】著名观赏鱼。中文俗称“小丑鱼”，应该是译自英文名，自其形象与西方艺术中的小丑脸谱很相似。但小丑鱼无论是形象还是行为非但不丑，还非常可爱。

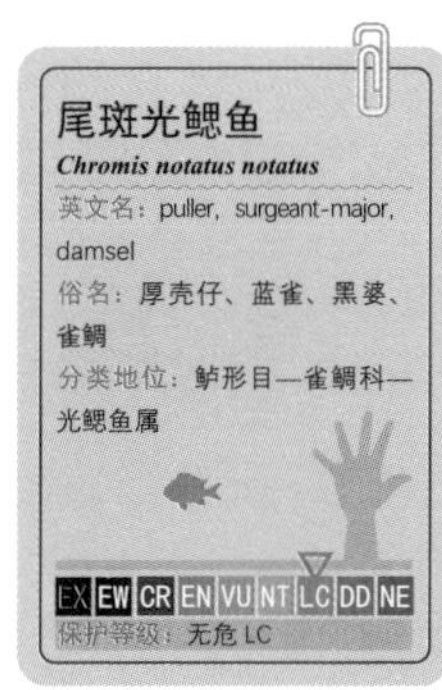

海鲫科（Embiotocidae）

鲈形目的 1 科，全球有 13 属 23 种，是鱼类中罕见的胎生繁殖类型，一般是雄鱼用臀鳍前缘的突起将精子输至雌鱼体内，受精卵在雌鱼体内发育成小鱼后产出体外。

114. 海鲫

【生态习性】主要分布于渤海、黄海、朝鲜半岛和日本沿海，喜欢在有海藻分布的浅海岩礁地带栖息。营定居生活，一年四季中只在近海的深、浅水之间转移生活，以软体动物和水蚤等水生昆虫为食。胎生，雌鱼于秋冬季排卵、交尾，4—5 月产仔。其子宫分隔成多室，每胎产小鱼 30 ～ 50 尾。

【识别特征】体长 20cm 左右，体侧扁，椭圆形，体色灰褐色或褐色。因体形、色泽等像淡水中的鲫鱼而得名。**尾鳍较黑，口角下方有 1 个小黑斑。**

【科普常识】在某些地区，海鲫可作为产妇的营养食品，而在另一些地区则以此鱼怀胎时小鱼胎儿是臀位（鱼头朝向与母体相同）而成了孕妇的禁忌食品。

鮠科（kyphosidae）

鲈形目的1科，全球有3属18种。草食性鱼类，上下颌前端具有门牙，适合啃食或咬嚼海草和藻类，肠内具有相应的细菌，用于发酵消化藻类。

115. 斑鲵

【生态习性】主要分布于中国东海、朝鲜半岛南岸、日本北海道至九州，南海北部、琉球列岛也有分布。多生活于岩礁海岸，尤其是幼鱼时在沿岸礁石区内常可见，属杂食性沿岸鱼类，稍微偏好啃食藻类。在春季时会成群活动，在上层水域产卵。

【识别特征】成鱼体长可达40cm。整体上有鲷科鱼类的特征，只是头背部不像鲷科鱼类那般隆起，背腹比较对称。尾鳍后缘稍凹陷，体侧上半部分黑色，下半部分略淡，带灰色。斑鲵有一**双青蓝色的眼睛，且位置非常靠前，与口吻部距离很近。**中文名中的“斑”字来源不详，可能是因为其在幼鱼或成鱼早期暗黑色的体侧有许多浅色斑块或条纹，成鱼或离水死亡后色斑消失。**相似种类有绿带鲵、黑鲵。**

【科普常识】终生岩礁性，且偏好啃食岩礁上附着的藻类及其他生物，所以许多个体会有浓浓的海腥味，特别是夏季腥味较重，料理时最好处理一下。

斑鲵

Girella punctate

英文名：greeenfish，nibbler，rudderfish，largescale blackfish

俗名：黑铜盆、黑已鱼、黑毛、菜毛、瓜子鱲

分类地位：鲈形目—鮠科—鲵属

EX EW CR EN VU NT LC DD NE

保护等级：无危 LC

116. 绿带鮀

【生态习性】分布于西太平洋暖海域，我国分布于东海和南海海域，栖息于沿岸岩礁区。日行性杂食鱼类，冬季啃食藻类，其他季节摄食中小型无脊椎动物。繁殖习性不详。

【识别特征】体长约 40cm。**身体中部有 1 条明显的黄绿色纵带**，该纵带在鱼鲜活状态时很鲜艳，死后很快消失。

117. 黑鮀

【生态习性】分布于西北太平洋海域，我国分布于东海及台湾周边海域，栖息于沿岸岩礁区。日行性杂食鱼类，摄食甲壳类和藻类。繁殖期为 11—12 月。

【识别特征】体长近 60cm。**尾柄幅窄而尾鳍幅宽**，斑鮀正好相反。

118. 低鳍鮠

【生态习性】分布于印度洋至西太平洋的温带至热带海域，北至日本本州北部，南至澳大利亚中南部，中国分布于东海、南海海域，幼鱼期随流藻生活或栖息于浅水藻场，栖息水深一般 30m 以内。草食性，通常冬季以啃食褐藻类食物，夏季也捕食小型无脊椎动物。

【识别特征】成鱼体长可达 70cm。低鳍鮠体形丰满、上下对称，与鮀属的几种鱼类相似。主要识别特征是，**从吻端到尾柄末端有许多条暗黄色细条纹，走向与鳞片排列一致**。另外，嘴巴稍微前突，以便啃食岩礁上的藻类。**其他相似种类有双峰鮠、长鳍鮠。**

【科普常识】低鳍鮠与斑鮀都是终生岩礁性鱼类，且偏好啃食藻类，特别是夏季海腥味较重，许多人不喜欢。但足够新鲜时，耐心将其内脏、血液处理干净，并冷藏熟化 24 小时，不仅清蒸非常美味，生鱼片也不在话下。

119. 双峰鮠

双峰鮠
Kyphosus bigibbus
英文名：southern drummer
俗名：白毛、南方鮠鱼
分类地位：鲈形目—鮠科—鮠属
EX EW CR EN VU NT LC DD NE
保护等级：无危 LC

【生态习性】分布于太平洋和印度洋暖海域，我国分布于以台湾和中心的东海南部至南海北部海域，栖息于浅海岩礁区。日行性杂食鱼类，摄食甲壳类和藻类。繁殖期为 6—10 月。

【识别特征】体长约 50cm。**背鳍中部有缺刻，貌似有双背鳍的模样。**

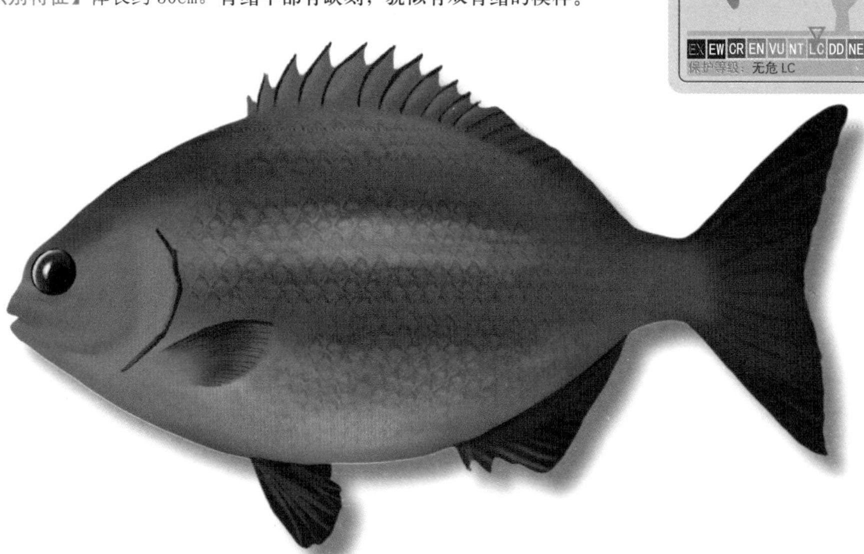

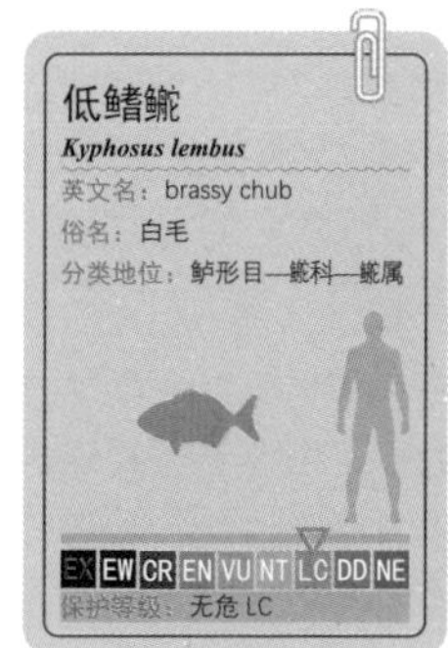

120. 长鲳鮀

【生态习性】分布于太平洋和印度洋暖海域，我国分布于台湾及以南的南海海域，栖息于珊瑚礁或岩礁区。日行性杂食鱼类，摄食甲壳类和藻类。春季繁殖。

【识别特征】体长约 50cm。**背鳍和臀鳍后部明显隆起并向后延展。**

121. 细刺鱼

【生态习性】广泛分布于中西太平洋的温带至亚热带海域，北至日本本州中部，南至澳大利亚，其中赤道两侧的热带海域没有分布，中国分布于黄海、东海至南海。夜行性杂食鱼类，以底栖无脊椎动物为食，或者啄食生长在礁岩上的海藻类。

【识别特征】体长 20cm 左右。细刺鱼非常侧扁，体高很高，背部和腹部相对平坦，身体底色为黄灰色，其上**排列了 5 条向后下方倾斜的黑色纵带，最下 1 条通过眼睛和上嘴唇，背鳍的上半部分也被染成黑色。**

【科普常识】食用鱼、观赏鱼。当细刺鱼混在其他鱼类中一起被渔民捕捞时，市场上通常作为杂鱼处理。在观赏鱼圈内有较高的人气，有些人甚至自己到海边用小抄网捞一些幼鱼回来饲养。

细刺鱼
Microcanthus strigatus
英文名：stripey
俗名：五色鸡、米桶、米统仔、花身婆、斑马、条纹蝶
分类地位：鲈形目—鯻科—细刺鱼属
EX EW CR EN VU NT LC DD NE
保护等级：无危 LC

金线鱼科（Nemipteridae）

鲈形目的 1 科，全球共有 5 属 62 种。大多有一游一停的习性。鲜活时色彩鲜明，但标本固定后颜色尽褪，造成本科鱼类难以从外观色彩上分辨种类。

122. 深水金线鱼

【生态习性】分布于西太平洋暖海域，我国分布于东海和南海海域，栖息于泥底质海区。主要以底栖动物为食，也摄食浮游生物。繁殖期为 2—6 月。

【识别特征】体长约 35cm。体高比金线鱼丰满，**从嘴角下的腹部到尾柄部左右各有 1 条较宽的黄带**，从侧面看腹底是黄色的。

123. 金线鱼

【生态习性】分布于西太平洋区，中国产于黄海南部、东海和南海海域，以南海产量较多。栖息在沙泥底质海域，肉食性，以甲壳类、头足类等为食。随着成长从浅海逐渐向深水区移动。产卵期为初夏至秋季。

【识别特征】体长可达 40cm。**体侧有 6 ~ 8 条金黄色纵纹线，尾鳍上叶尾端伸长呈线状。**活体或鲜度非常好的时候，在侧线起始处（鳃盖后部上端）有 1 个红色小斑块。

【科普常识】体色比较喜庆，是中国南方的人气鱼种。但鱼肉含水量稍高，没有真鲷那般结实的口感，但肉质细腻，味道绝不输给真鲷。

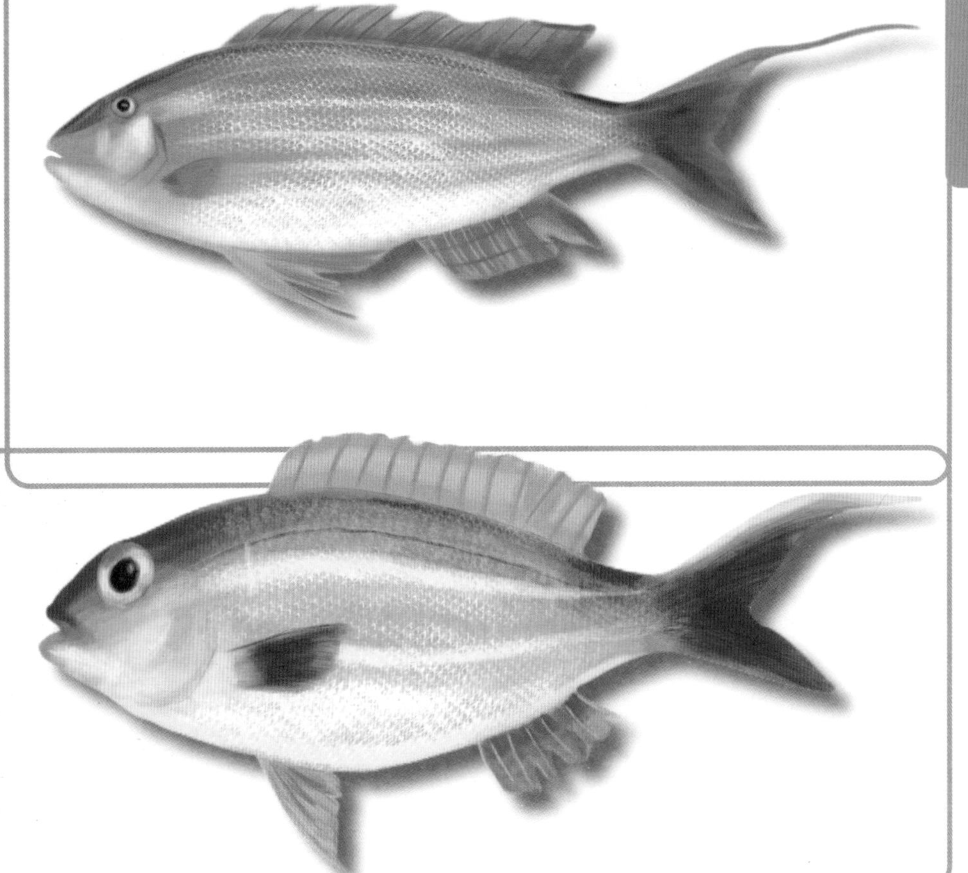

124. 日本金线鱼

【生态习性】分布于太平洋和印度洋暖海域，我国分布于东海和南海海域，栖息于沙泥底质海区。主要摄食甲壳类、头足类或其他生物。繁殖期为5—6月。

【识别特征】体长约25cm。体高介于金线鱼和深水金线鱼之间，体侧的金黄色横纹线与深水金线鱼相似，区别是日本金线鱼在**侧线起始处之下有1个红色斑块**，该斑块比金线鱼要大很多，而深水金线鱼无此红斑。

125. 伏氏眶棘鲈

【生态习性】广泛分布于太平洋西部至印度洋海域，我国主要分布于东海南部和南海海域。栖息在具沙泥底质的珊瑚礁海域，肉食性，主要以小型底栖无脊椎动物为食。栖息水深一般在30m以内。

【识别特征】平均体长15cm。**鳃盖部有1条上下走向的弧形白色带**，利用这个特征辨别几乎可以一锤定音。体侧大部分棕褐色，尾柄淡色，各鳍黄色。幼鱼期长相完全不像它们的父母，体侧经常有一些特殊的纹路或斑块，通常为白色。我国分布的眶棘鲈属鱼类有十几种，共同特征是**眼下骨有1根明显的硬棘**。

【科普常识】伏氏眶棘鲈可食用，亦可作观赏鱼。

126. 双线眶棘鲈

【生态习性】分布于印度洋—西太平洋海域，西起印度尼西亚，东至瓦努阿图，北至日本南部，南至澳大利亚，我国分布于台湾及其以南的南海海域。通常栖息于珊瑚礁水域的沙砾区域。

【识别特征】平均体长 20cm。**从头部向后背部有 2 条深褐色线条，与此方向对应的背鳍部分、与该背鳍部分对应的臀鳍部分，也被染成深褐色。**鱼体从上深褐色线条开始向前呈暗色，该暗色部分中有 2 白色线条，从眼眶上侧至背鳍前部（但不达背鳍）。其中上面的 1 条左右对称，下面的 1 条在额前左右连接在一起。**相似种类有单带眶棘鲈、齿颌眶棘鲈、三带眶棘鲈。**

【科普常识】几种眶棘鲈皆可食用，幼鱼亦可作观赏鱼。

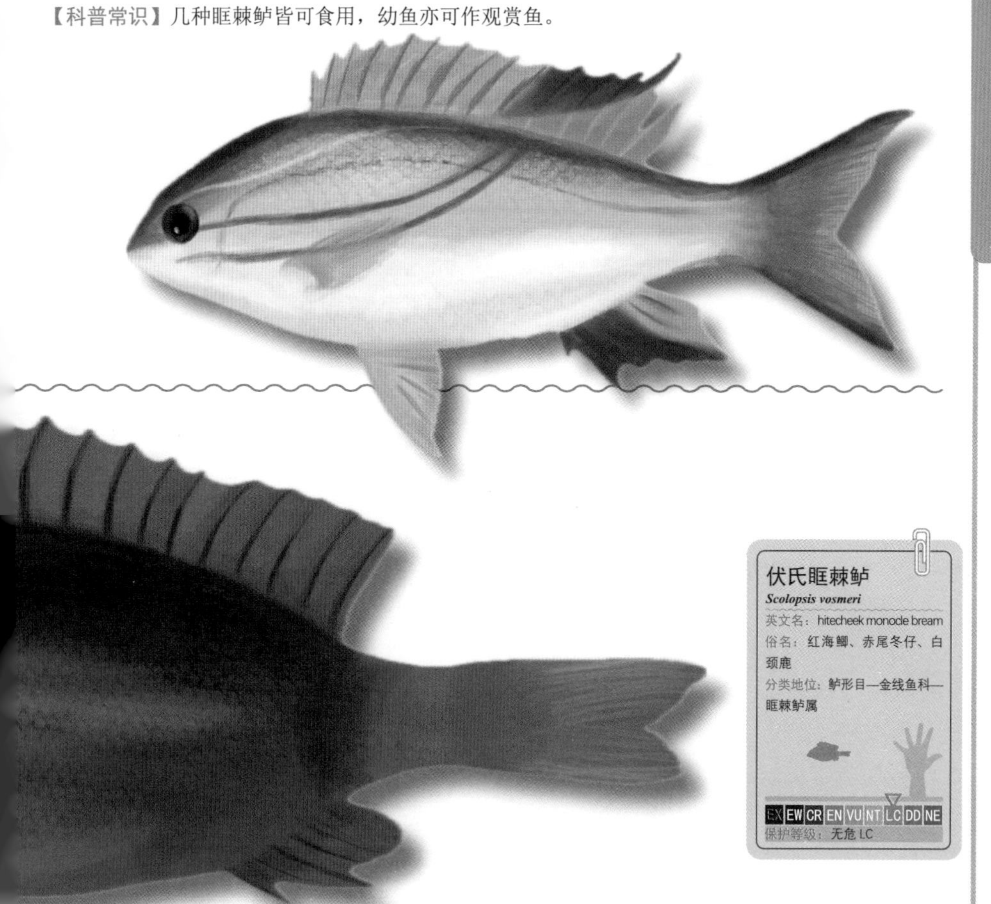

127. 单带眶棘鲈

【生态习性】分布于西太平洋至印度洋暖海域，我国分布于台湾及以南的南海海域，栖息于珊瑚礁区泥沙底海域。一游一停，主要摄食甲壳类。繁殖习性不详。

【识别特征】体长约 25cm。身体淡色，**自胸鳍后上方一定距离开始到尾柄有 1 条黑色纵带**，有时在这条黑带上方具有 1 条较短、较模糊的纵带，尾鳍黄色，上叶有丝状延长。

128. 齿颌眶棘鲈

【生态习性】分布于西太平洋和印度洋暖海域，我国分布于台湾及以南的南海海域，栖息于珊瑚礁与沙底质海区。一游一停，主要摄食小鱼虾或软体动物。繁殖期为 5—7 月。

【识别特征】体长约 13cm。**体侧靠近背鳍中部附近有 1 条白色纵带。**

129. 三带眶棘鲈

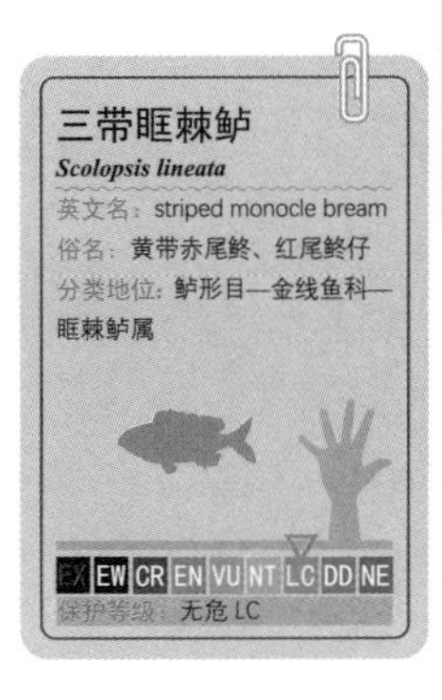

【生态习性】分布于西太平洋和印度洋暖海域，我国分布于台湾及以南的南海海域，栖息于珊瑚礁浅海。一游一停，摄食小型底栖无脊椎动物。繁殖期为4—5月。

【识别特征】体长不足25cm。**背部有2条黄白色纵带，中线上有1条宽幅的淡色纵带。**幼鱼期位于中线的淡色纵带与淡白色的腹部浑然一体，所以只能看到背部的2条纵带。

羊鱼科（Mullidae）

鲈形目的1科，全球共有6属约55种。体表大都带有丰富的色彩，俗名“秋姑”。因它们下颌的1对肉质状长触须形似山羊而得名“羊鱼科”。

130. 日本绯鲤

【生态习性】分布于印度洋至西太平洋的热带和亚热带海域，我国分布于黄海、东海和南海海域，并以南海居多，摄食底栖无脊椎动物。在深水区和浅水区之间进行生殖洄游。

【识别特征】体长不超过20cm。下颌有1对肉质状长触须，**尾鳍上叶具有红白相间的带纹，而下叶没有。相似种类有四带绯鲤、多带绯鲤、纵带绯鲤、黑斑绯鲤、摩鹿绯鲤。**

【科普常识】以绯鲤为代表的羊鱼科鱼类，在中国及东亚国家都没什么知名度，但在欧洲市场上却是妥妥的高档鱼类。绯鲤的鱼皮有特别的香气，带皮盐烤时特别明显。由于特殊的觅食行为和丰富的体色，有时作为水族馆的展示品种。

131. 四带绯鲤

【生态习性】分布于西太平洋和印度洋的热带和亚热带海域，我国分布于东海海域，栖息于近岸泥沙质底质海域。摄食海底的甲壳类、软体动物。繁殖习性不详。

【识别特征】体长约17cm。**尾鳍只在上叶有纵向带纹，下叶为1条黄色斜带纹，体侧有4条橘黄色纵带。**

132. 多带绯鲤

【生态习性】分布于西太平洋至印度洋暖海域，我国分布于台湾及以南的南海海域，栖息于沙泥底质浅海。杂食性鱼类，食物包括藻类和小型甲壳类、软体动物等底栖生物。繁殖习性不详。

【识别特征】体长超过 20cm。**尾鳍上下叶皆有带纹，但下叶为粗大的黑白横带纹，且体侧具 4 条黄色纵带。**

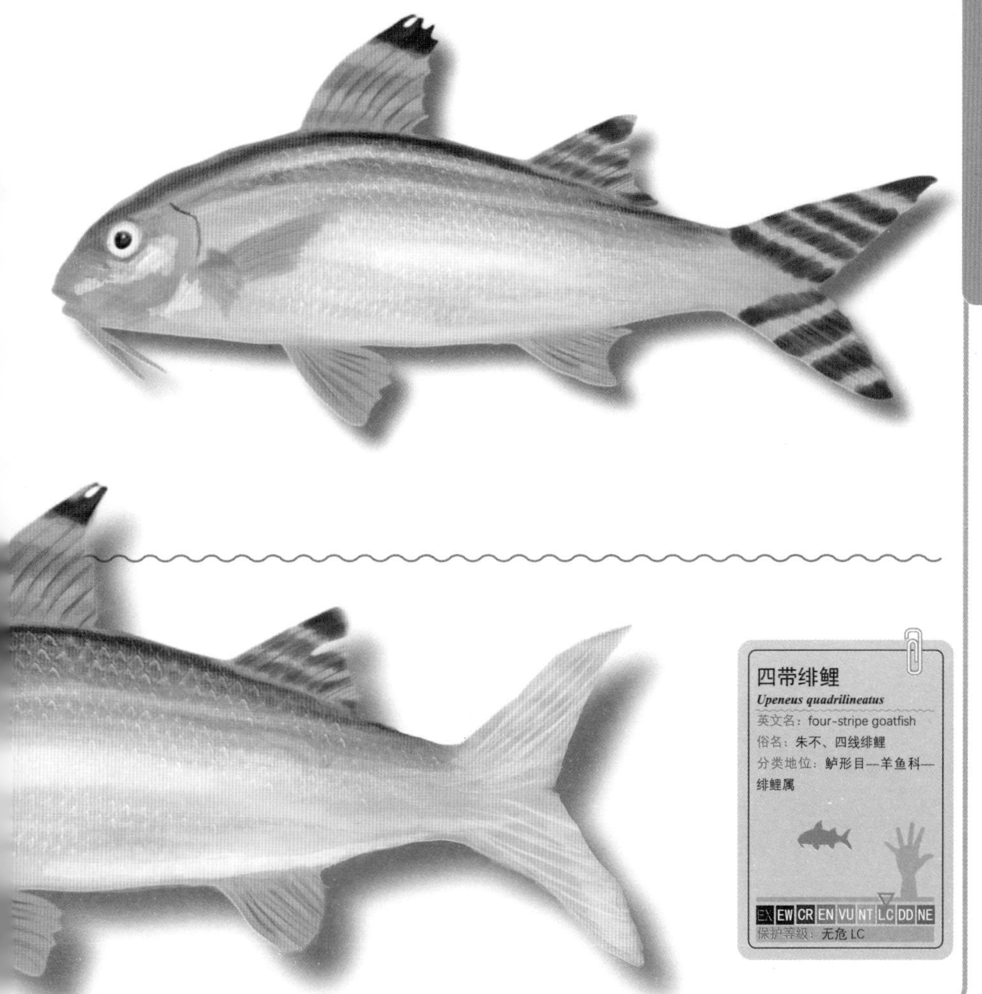

133. 纵带绯鲤

【生态习性】分布于西太平洋暖海域，我国分布于台湾及以南的南海海域，栖息于沙泥底质浅海。以小型甲壳类动物、软体动物等底栖生物为食。繁殖习性不详。

【识别特征】体长约20cm。**尾鳍上下叶皆有带纹。**

134. 黑斑绯鲤

【生态习性】分布于太平洋至印度洋暖海域，我国分布于台湾及以南的南海海域，栖息于沙底质浅海和岩礁海区。杂食性鱼类，食物包括藻类和小型甲壳类、软体动物等底栖生物。繁殖习性不详。

【识别特征】体长约30cm。除了**尾鳍上下叶皆有带纹外，体侧分散分布有许多麻子状斑点。**

135. 摩鹿绯鲤

【生态习性】分布于西太平洋暖海域，我国分布于东海和南海，栖息于水深100m以上的泥沙、泥底质海区。根据海域不同，产卵期为4—8月，或9月至翌年3月。

【识别特征】体长不足20cm。**尾鳍上下叶的带纹较狭窄，体侧自眼球到尾柄末端有1条金黄色纵带。**

发光鲷科（Acropomatidae）

鲈形目的1科，全球共有8属30多种，其中发光鲷属鱼类在胸鳍下方的腹部至臀部之间具有共生的发光细菌，能发出类似萤火虫的荧光。

136. 日本发光鲷

日本发光鲷

Acropoma japonicum

英文名：lanternbelly，glowbelly

俗名：大面侧仔、目斗仔

分类地位：鲈形目—发光鲷科—发光鲷属

EX EW CR EN VU NT LC DD NE

保护等级：无危 LC

【生态习性】分布于印度洋北部沿岸，东至印度尼西亚，北至朝鲜半岛和日本，中国主要分布于黄海南部、东海和南海海域，主食桡足类、糠虾及少量底栖端足类等。

【识别特征】体长一般不超过15cm，个体不大，而且从鱼体形状到身体斑纹几乎毫无特色。唯一可说的是，其**肛门位置非常靠前，位于腹鳍基部与腹鳍延长点之间差不多正中的位置，且肛门周围呈现黑色。**

【科普常识】鱼体小，产量也不大，经济价值不高，多作为杂鱼处理，或作腌干品，或作鱼粉的原料，也可作钓鱼饵料等。

137. 赤鯥

【生态习性】分布于西太平洋至东北印度洋海域，中国分布于黄海、东海的外海深水区。喜欢沙泥底质的海底，肉食性，以甲壳类和软体动物为食。

【识别特征】体长20cm左右，最大可达40cm，在发光鲷科鱼类中算顶级大个头了，但生长缓慢，长到40cm需8～10年。背部大红色，腹部淡红色，如果是新鲜的个体，其大红色甚至让人联想到红宝石，**尾鳍末端边缘黑色**（这一点与真鲷相同）。**鱼喉黑色。**

【科普常识】与日本发光鲷相比，具有较高的食用价值，一般被底拖网或延绳钓捕获。由于其生长缓慢，资源量补充速度跟不上捕捞数量的增加速度，导致种群数量急剧下降。

鲑科（Pomatomidae）

鲈形目的 1 科，全球只记录有 2 属 3 种。“鲑”字本意是指中国古代神话鱼，除本科以外，前述发光鲷科中还存在赤鲑属，分类学上差别较大，但分布区域和外观体形却又很相似。

138. 牛眼青鲑

牛眼青鲑
Scombrops boops
英文名：gnomefish
俗名：牛眼鲑、牛尾鲑、牛目仔
分类地位：鲈形目—鲑科—青鲑属
EX EW CR EN VU NT LC DD NE
保护等级：无危 LC

【生态习性】分布于印度洋至西太平洋海域，西起非洲东部，东至日本，我国黄海、东海、南海均有分布，通常生活在 200m 以上的大陆架斜坡，喜欢栖息于岩礁地带，主要以鱼类及甲壳类为食。

【识别特征】最大体长超过 50cm，**暗褐色的身体，加上牛眼一样的大眼睛**，是本种鱼的主要特征。同属的吉氏青鲑，在很长一段时间都被当作同一种鱼类，在商业处理上也不加区别。要识别它们需要清点它们的鳃耙数，或者动用分子生物学手段，作为普通公众就当它们是一种鱼好了。

【科普常识】数量稀少，却是超级高档的鱼类。

139. 鯥

【生态习性】分布在东太平洋以外的热带及温带海域，在亚太地区分布在中国南海至东南亚、澳大利亚中南部沿海，在沿岸和外海之间洄游。猎食小型鱼虾类和头足类，自身又是鲨鱼、金枪鱼和海洋哺乳动物等的捕食对象。鯥还有同类相残的现象。

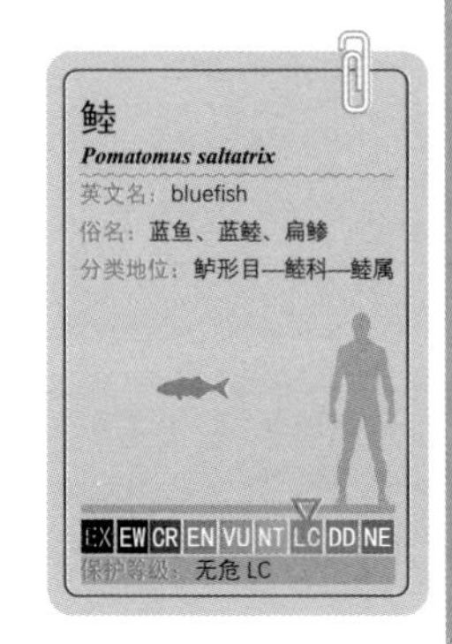

【识别特征】体长 60 ～ 70cm。鯥整体呈现淡蓝色调，无明显的斑纹，体形跟花鲈或竹筴鱼、蓝圆鲹等鲹科鱼类相似，但个头要大不少。**尾柄外侧没有棱脊鳞**（区别于鲹科鱼类），**体形上下比较对称**（区别于花鲈）。

【科普常识】鯥具有很高的商业价值，但也有不足之处，因其肉质变化较快，离水后若不立即处理，其肉很快变软及变灰，所以鯥通常在产地附近被消费，较少进入市场流通。

鲭科（Scombrida）

鲈形目的 1 科，全球有 16 属约 60 种鱼类，大众消费常见的马鲛鱼（鲅鱼）、鲐鱼（鲭鱼）、鲣鱼（炮弹鱼），以及高档消费的金枪鱼等，都属于本科。

140. 蓝鳍金枪鱼

【生态习性】高度洄游鱼类。主要分布于北太平洋（太平洋蓝鳍金枪鱼）、地中海至中部大西洋（大西洋蓝鳍金枪鱼）和南太平洋至南印度洋（南方蓝鳍金枪鱼）海域，我国只产太平洋蓝鳍金枪鱼，分布于东海至南海一带。幼时集群，成年后分散索饵洄游，捕食鱼类、头足类和甲壳类等。寿命一般可达 30 年。

【识别特征】体长可达 3 ～ 4m，体重 300 ～ 400kg，鲜活的蓝鳍金枪鱼背部深蓝色，死后变成暗黑色，除尾鳍大而强壮有力外，其他鱼鳍都很短小，其中**胸鳍仅达到第一背鳍的中部附近**，在金枪鱼属鱼类中是最短的。幼鱼期后腹部有成横向排列的圆形小斑点，第二背鳍为黄色。

【科普常识】是生鱼片市场的顶级存在，经济价值极高。日本东京鱼市场每年元旦都要挑选 1 条最大的蓝鳍金枪鱼进行头彩拍卖活动，动辄拍出千万元以上的天价。日本已经突破了蓝鳍金枪鱼全人工养殖技术，我国生鱼片市场上号称蓝鳍金枪鱼的，一大部分是日本进口的养殖产品。

141. 大眼金枪鱼

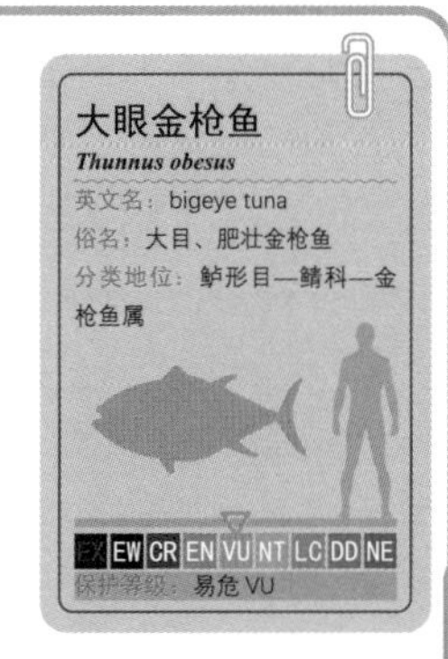

【生态习性】分布于全世界热带和温带海域，中国主要分布于南海，东海也有少量分布。主要以头足类、虾类及飞鱼等小型鱼类为食。在太平洋的热带海域周年产卵，随着纬度的升高，产卵期变为4—9月。寿命约15年。

【识别特征】体长可达2m，体重150kg以上。眼睛较大，胸鳍较长，幼年时腹部有许多条横向白虚线，成鱼后消失。胸鳍的长度可作为关键识别特征之一，**体长1m以下的幼鱼，其胸鳍可达到第二背鳍前端，1m以上的成鱼，胸鳍略短，达到第一和第二背鳍之间的空隙处。**

【科普常识】生鱼片的主要原料，我国日料店里的金枪鱼生鱼片，如果不特别指明一般是大眼金枪鱼，价格稍低的也可能是后述的黄鳍金枪鱼。

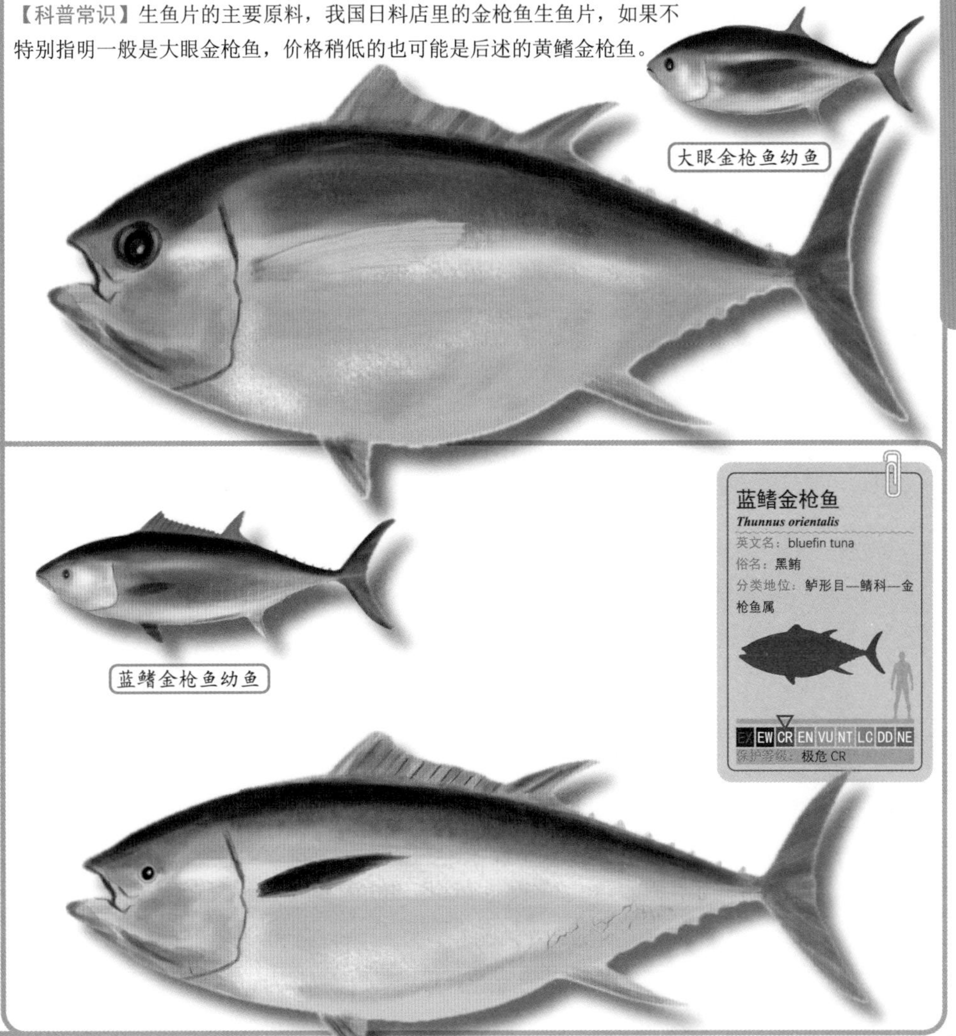

142. 黄鳍金枪鱼

黄鳍金枪鱼
Thunnus albacares
英文名：yellowfin tuna
俗名：鱼串子、黄鳍鲔
分类地位：鲈形目—鲭科—金枪鱼属
EX EW CR EN VU NT LC DD NE
保护等级：近危 NT

【生态习性】分布于世界三大洋的温热带海域，我国产于东海南部至南海海域。肉食性，主要摄食大洋性甲壳类、鱼类、头足类等，有时会高高跃出海面追逐猎物。

【识别特征】体长通常不足 1m，体重 40kg 以下，在金枪鱼类中属于中等水平，但也有接近 200kg 的大型个体。**上下对应的第二背鳍和腹鳍呈镰状显著伸长，并呈现明显的黄色。**但在幼鱼期，第二背鳍和腹鳍的长度与其他金枪鱼类差不多，且腹部有明显的点线纹状。胸鳍在成鱼前可达到第二背鳍中部附近，成鱼后略短，达到第一和第二背鳍之间的空隙处。

【科普常识】黄鳍金枪鱼幼鱼常作为罐头原料被捕捞，成鱼则主要作为生鱼片原料。

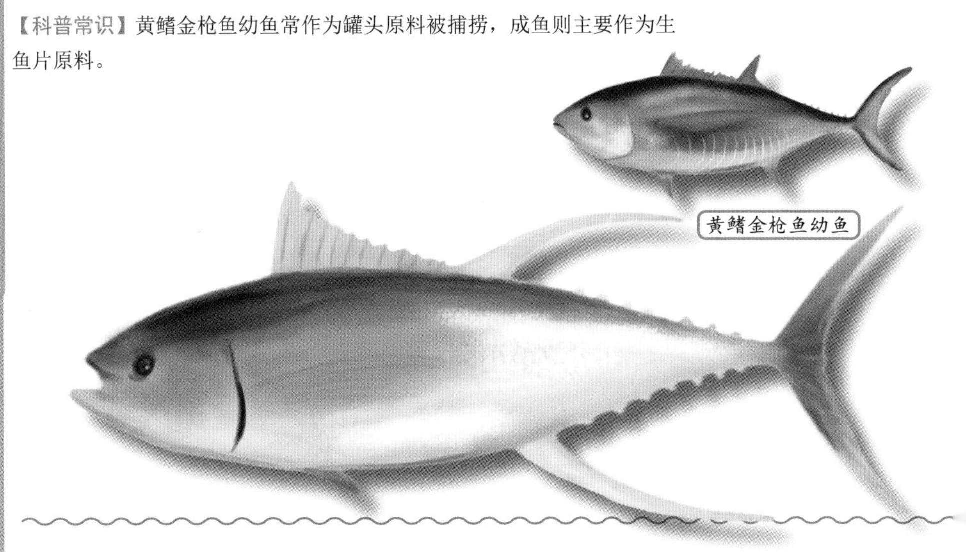

143. 长鳍金枪鱼

【生态习性】分布于三大洋的温热带海域，我国产于东海至南海海域，一般栖息于大洋的中表层水域，摄食沙丁鱼、飞鱼以及大型甲壳类和小型头足类等，有时会跃出海面追逐猎物。长鳍金枪鱼在热带海域可常年产卵，高纬度海域主要在夏季产卵。

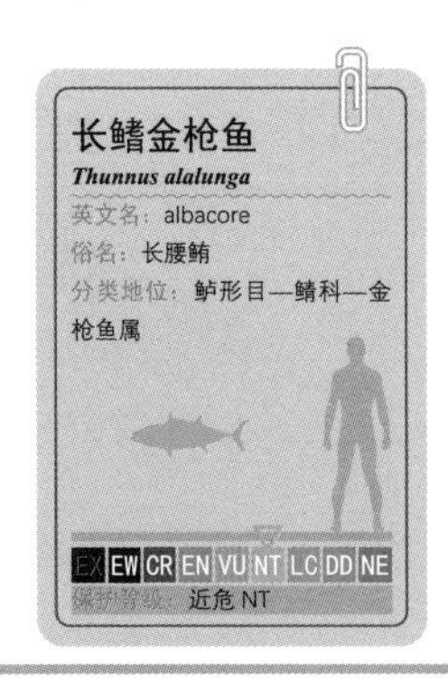

【识别特征】体长可超过 1m，体重 40kg 左右。**胸鳍特别延长，**是金枪鱼类中最长的，可以**超过第二背鳍的后缘，到达背鳍与尾鳍之间的分离小鳍。**

【科普常识】味道相对较淡，通常不适合作为生鱼片食用，多被捕捞作为罐头原料。长鳍金枪鱼的罐头产品，口味类似鸡肉，在欧美大量消费，同时也是宠物食品的重要原料。

144. 青干金枪鱼

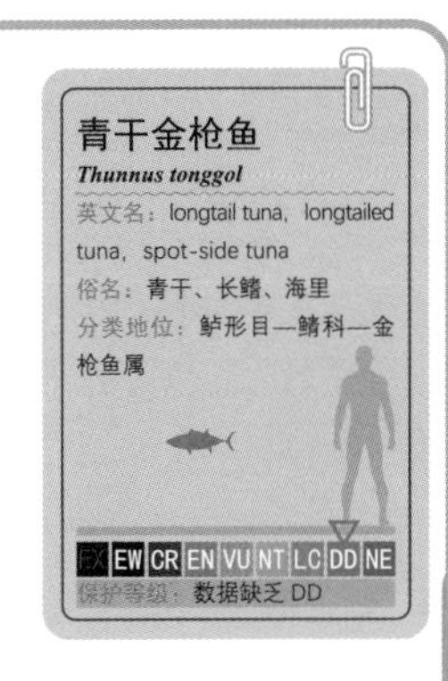

【生态习性】分布于印度洋和太平洋西部，我国产于东海和南海海域，通常在外海水域的表层集群洄游摄食，捕食小型鱼类、甲壳类、头足类等。

【识别特征】一般体长 40 ～ 70cm，体重 2 ～ 5kg，属于小型金枪鱼类。**腹部（特别是臀鳍附近）有椭圆形的白色斑纹。**胸鳍较长，幼鱼时其长度甚至可达第二背鳍后端，但达不到小鳍的位置，随着成长逐渐缩短，成鱼后退缩到第二背鳍前端附近。第二背鳍为白色。

【科普常识】种群数量不多，个体较小，在商业上常常作为大型金枪鱼的幼鱼处理，经济价值不高。该鱼肉质细嫩，富含脂肪，鲜鱼生食味道绝佳，在广东、海南一带的鱼市场上非常常见，如果了解这条鱼的价值，可以到市场上去捡便宜。

145. 鲣

【生态习性】广泛分布于全球温热带海域，我国分布于东海和南海海域，以沙丁鱼等小型鱼类、甲壳类或头足类为食。因为被鲣鱼群追捕的小鱼无处遁逃只能跃出水面，所以鱼群出没海域也常常引来海鸟群捕食，渔民则能据此发现鱼群。常常会跟其他金枪鱼类的幼鱼混群。

【识别特征】体长一般 40 ～ 50cm，大者可达 1m。身体为纺锤形，蓝色，粗壮，无鳞，体表光滑，尾鳍非常发达。主要特征是**体侧腹部有数条纵向暗色条纹。**

【科普常识】在世界主要金枪鱼类中，鲣的渔业产量是最高的，大部分来自围网渔业。鲜鱼可做生鱼片，冷冻品一般制成罐头，市面上的所谓金枪鱼罐头，基本是鲣罐头。在日式烹饪中经常用到的柴鱼高汤，原料为鲣熟干品。

146. 白卜鲔

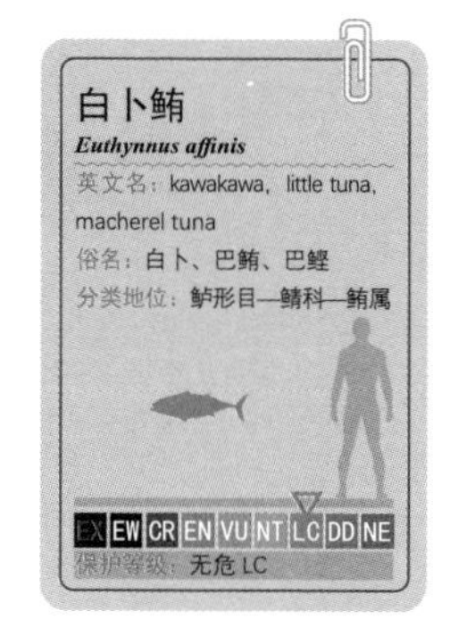

【生态习性】是分布于印度洋至太平洋暖温海域的一种小型金枪鱼类，我国主要产于东海南部、南海海域。栖息水深一般在沿岸 50m 以内，有时发现于内湾中，不喜集群行动，数百条以上的鱼群极为罕见。

【识别特征】体长可达 1m，体重 10kg，市场上常见的体重为 3kg 以下。背部纹路类似于鲐鱼，侧面观很像鲣的体形，典型特征是**胸鳍和腹鳍之间有 3 ～ 5 个黑斑点。**

【科普常识】从初春到秋季在海南鱼市场上很常见，但没有规模性渔业，即使混在其他鲣鱼类中被捕获，一般也不单独处理。本种鱼的肉质鲜嫩，脂肪含量高且均匀，在日本是一种高档的生鱼片原料，现有小规模人工养殖。

147. 扁舵鲣

【生态习性】广泛分布与各大洋的温热海域，属大洋远洋洄游物种，生活在浅海与大洋性海域的表层带，以小鱼和无脊椎动物为食，我国产于东海和南海海域。平时栖息于外海，产卵时游到 30 ～ 50m 深的浅海沙地岩礁、水质澄清之处。浙江沿岸周年有所渔获。

【识别特征】体长可达 60cm。体棕黑色，侧线上方有不规则的黑色带纹，与鲐鱼的背部带纹有些相似，体形较扁（横截面）。**相似种类有圆舵鲣。**

【科普常识】重要的商业经济鱼类，资源丰富。由于其肌肉富含肌红蛋白，脂质中不饱和脂肪酸比例高，鱼肉极易发生肉色褐变和脂质氧化反应，严重降低了其商品价值。随着生鱼片市场需求的快速扩大，其商品价值的提高指日可待。

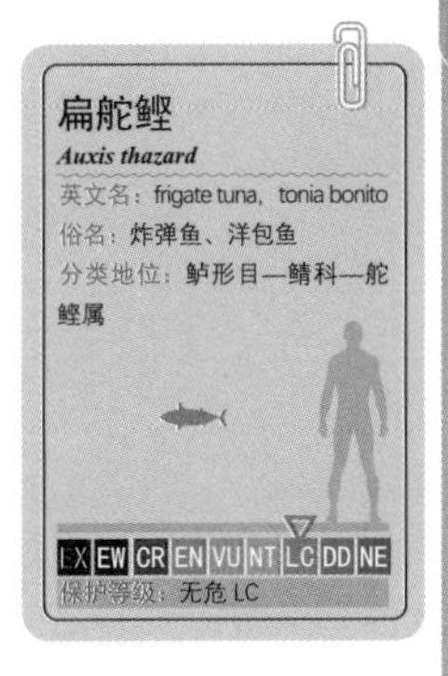

148. 圆舵鲣

【生态习性】分布于太平洋、印度洋、大西洋温热带海域，我国分布于黄海、东海、南海海域。中上层鱼类，以小鱼和无脊椎动物为食。繁殖期为3—9月。

【识别特征】体长约55cm。体形较圆润(横截面)，体形较小，黄海亦可见到。

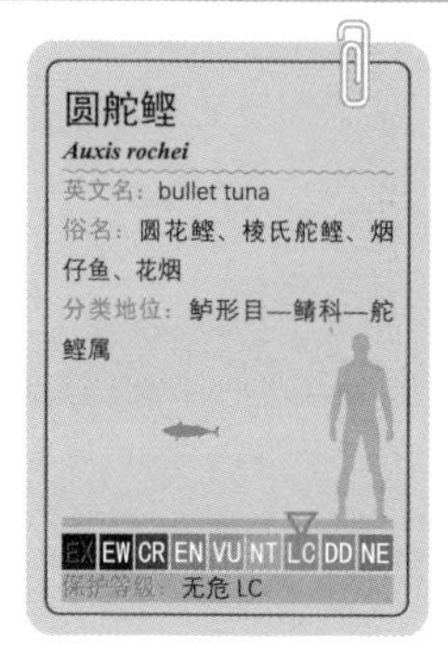

149. 东方狐鲣

【生态习性】分布在印度洋、太平洋温带及热带沿岸30m以浅海域，我国见于东海、南海海域，常成群在沿岸表层洄游，多见近岸礁区附近，肉食性，以小鱼为食，幼鱼期常跟鲣等混群。每年渔汛在夏季至秋季。

【识别特征】体长可达1m。本种鱼的显著识别特征是，其侧面中线以上的背部密布自胸鳍上部到尾柄的细线条。而其幼鱼阶段，这些线条并不连续。**相似种类有裸狐鲣。**

【科普常识】“狐鲣”的称呼源于其头部的形状，从前面看状似狐狸，牙齿锋利。

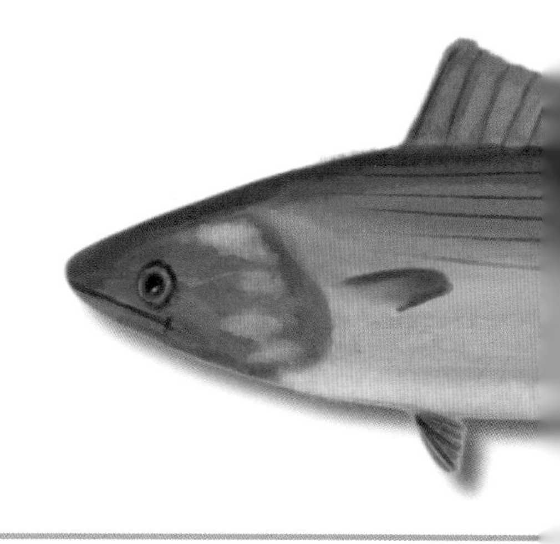

150. 裸狐鲣

【生态习性】分布于中西太平洋和印度洋暖海域，我国分布于台湾及以南的南海海域，栖息于珊瑚礁海区。主要以贝类、虾类和小鱼为食。繁殖季节雄鱼在海底挖掘洞穴，吸引雌鱼前来产卵。

【识别特征】体长可达 2m。体形与东方狐鲣差不多，背部无线条，2 个背鳍几乎连在一起，第二背鳍和腹鳍外端呈白色，侧线多弯曲，且鳞片只分布在侧线上。

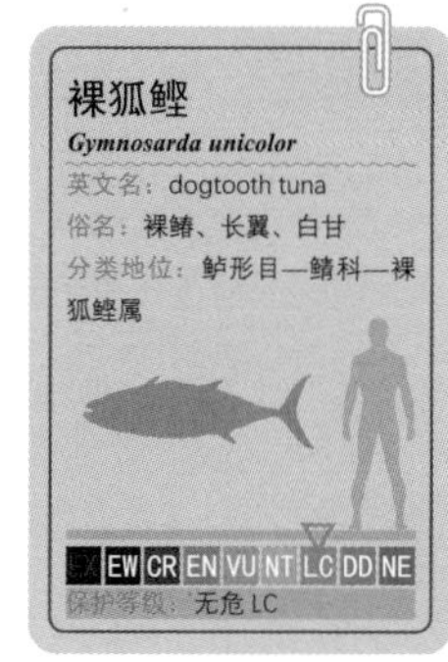

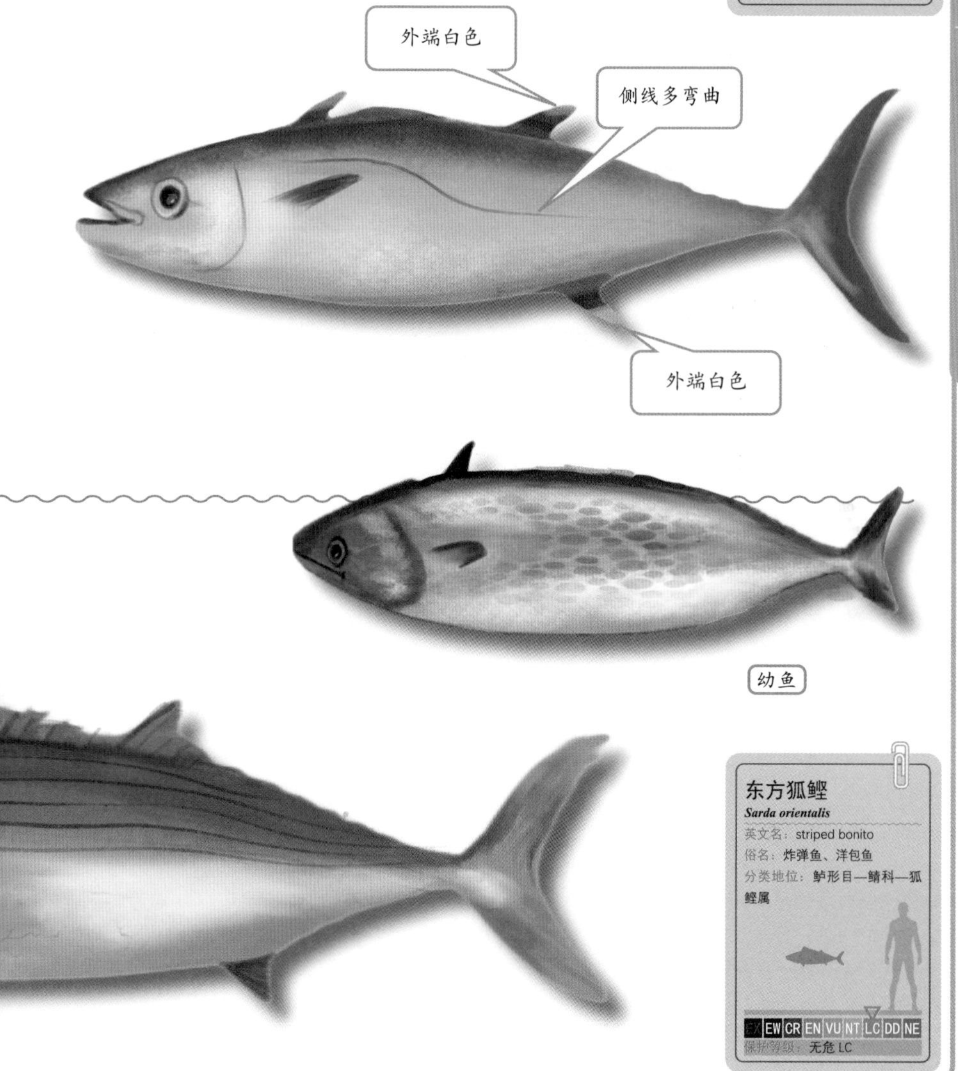

151. 蓝点马鲛

【生态习性】分布于北太平洋西部，中国渤海、黄海、东海均产，是我国重要的商业捕捞鱼种。主要渔场有山东沿海、连云港外海、舟山。属暖温性中上层鱼类，常结群作远程洄游。主要捕食鳀等小型鱼类及头足类、甲壳类。产卵期4—7月。

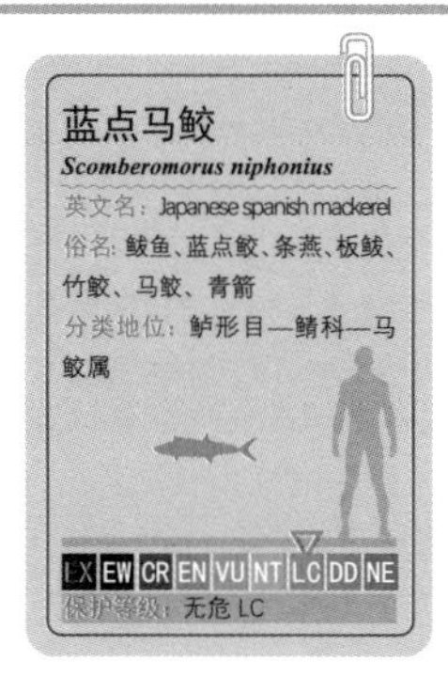

【识别特征】体长可超过1m，体重20kg以上。身体修长，呈纺锤形，口吻部稍尖突，胸鳍短小体背侧蓝绿色，腹侧银白色。与蓝点马鲛相似的鱼类有同属的朝鲜马鲛、中华马鲛、康氏马鲛、刺鲅属的刺鲅。可从体侧的斑点模样、成体大小、体高与头长之比等特征来识别。

【科普常识】有拖网和流刺网2种商业捕捞方式，其中鳃盖后面有勒痕的为流刺网捕捞，无勒痕的为拖网捕捞，这在鱼市场上可以明显区分开。山东青岛有“鲅鱼跳，丈人笑”的习俗，即每年春季鲅鱼上市时，女婿要第一时间给岳父岳母送大鲅鱼。

152. 中华马鲛

【生态习性】分布于西太平洋区，由日本本州至中南半岛、澳大利亚北部，我国分布于黄海至南海海域，尤其台湾周边较多。

【识别特征】体长可轻松超过1m，甚至有体长超过2m、体重超过100kg的超大型个体，是马鲛属鱼类中最大的，寿命可达30～40年。除个体超大以外，与蓝点马鲛、朝鲜马鲛相比，**眼睛前部的吻端上翘，胸鳍为圆形，侧线在第一背鳍的中部到末端急剧下降。**如果在市场上遇到个头大、体形粗壮的大鲅鱼，可根据吻端是否上翘以及体侧斑点的特征来判断具体种类。

【科普常识】数量较少，市场上一般以大鲅鱼出售。

153. 朝鲜马鲛

【生态习性】分布于西太平洋温热带海域，近海暖温性中上层鱼类，主要栖息于近沿海大陆架，有时会出现于潟湖区，甚至河口水域。游泳敏捷，性凶猛，成小群游动。主要捕食小型群游鱼类和甲壳类。

【识别特征】体长可达 1.5m。体背蓝灰色，腹部银白色，**体侧有数列褐色斑点**。胸鳍为三角形，第一背鳍黑色，其他鳍暗灰色。

【科普常识】与中华马鲛一样，个体较大，但数量较少，市场上一般不加区分，以大鲅鱼出售。

154. 斑点马鲛

【生态习性】近海暖水性中上层鱼类，分布于西太平洋海域，包括中国、印度尼西亚、印度、马来半岛、澳大利亚海域，中国分布于南海、台湾海峡、东海海域，栖息深度一般为 15 ～ 200m。虽然个体不大，但性情凶猛，主要摄食鱼类和较大型甲壳类。

【识别特征】成鱼体长可达 80cm，通常在 40cm 左右，在马鲛属鱼类中是个体最小的。头及体背侧蓝黑色，腹部银灰色。**体侧沿侧线上下具 2 ～ 3 行相对较大的不规则黑色斑点**。两背鳍黑色，腹鳍、臀鳍黄色，胸鳍淡黄色，尾鳍灰褐色。

【科普常识】年产量只有数千吨，属于小众鱼类，但在福建、台湾、广东一带也算较为常见，在市场上经常与蓝点马鲛的幼鱼混在一起。

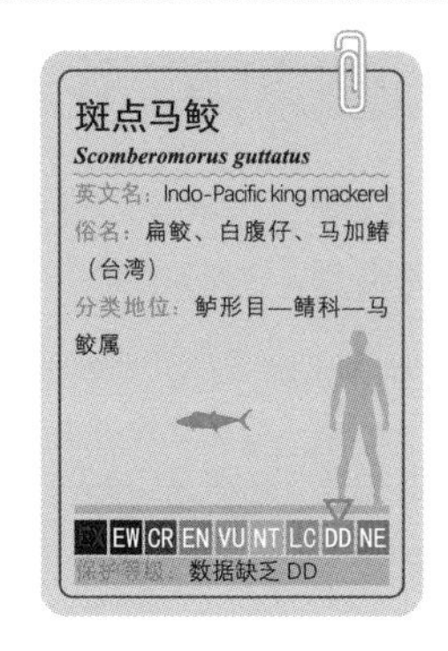

155. 康氏马鲛

【生态习性】分布于北太平洋西部，印度洋—西太平洋热带海域。东亚地区产于日本九州以南、朝鲜半岛南部，我国产于黄海南部、东海以及南海海域，以海南文昌铺前附近海域所产最为著名，黄海和东海较为少见。肉食性，追逐海洋表层飞鱼类、沙丁鱼、头足类等为食。

【识别特征】体长 50cm 左右，大者可超过 1m。**体侧暗色横纹与后述的刺鲅相比较细**，头吻部向前尖突的程度与其他马鲛属鱼类差别不大。**相似种类有刺鲅。**

【科普常识】蓝点马鲛等马鲛鱼主要以整条鱼的形式出现在市场上，而康氏马鲛、刺鲅体形较大，基本上为鱼段或半加工品。康氏马鲛和刺鲅的味道和市场价格差别较大。

156. 刺鲅

【生态习性】分布于日本本州以南、黄海、东海、南海等西太平洋以及其他各大洋的温、热带海域，中国以南海居多，其他海域不常见。刺鲅的生活史和其他生活习性不详。

【识别特征】体长可达 2m。体侧暗色横纹明显较粗，头吻部明显向前尖突。

【科普常识】南方市场上说的马鲛鱼通常指康氏马鲛，由于刺鲅跟康氏马鲛很像，在市场上经常混充康氏马鲛，但味道相对清淡，香气不足，与康氏马鲛差别较大。

鱼种	体侧模样	最大体长	体高 / 头长（体形）
蓝点马鲛	数列圆形斑点	1m	<1（修长）
朝鲜马鲛	不成列，斑点近圆形小而密	1.5m	>1（粗胖）
中华马鲛	2 列不明显大黑点	>2m	>1（粗胖）
斑点马鲛	较大圆形斑点，排列不规则	<0.8m	≈ 1（适中）
康氏马鲛	浓灰色横向暗纹（细）	2m	略 <1（修长）
刺鲅	深褐色横纹（粗），成鱼消失	2m	<1（修长）

康氏马鲛

Scomberomorus commerson

英文名：narrow-barred spanish mackerel

俗名：鲭鱼、鲅鱼、竹鲛、土魠鱼（闽南语）

分类地位：鲈形目—鲭科—马鲛属

EX EW CR EN VU NT LC DD NE

保护等级：无危 LC

157. 日本鲐

【生态习性】分布于北太平洋西部，包括中国、朝鲜半岛、日本及俄罗斯远东地区海域，最北可达鄂霍次克海，为北太平洋西部主要经济鱼类之一。日本鲐为远洋暖水性鱼类，有每年进行远距离洄游的习性。

【识别特征】一般体长 20 ～ 40cm，体重 150 ～ 400g。背部有鲭属鱼类特有的花纹模样，但日本鲐的背部花纹与其他种类相比较模糊，边缘不够清晰。**相似种类是同属的澳洲鲐和进口的大西洋鲐。**

【科普常识】食用鲜度稍差，部分人群会在食后 0.5 ～ 3h 内产生过敏性食物中毒反应，食用时需注意。

日本鲐

大西洋鲐

158. 澳洲鲐

【生态习性】全球性分布，分布于西太平洋的新西兰、澳大利亚、菲律宾、中国、日本及夏威夷等海域，及东太平洋墨西哥附近、北印度洋和红海。我国多见于东海，生态习性与日本鲐相似，但分布上日本鲐偏北，澳洲鲐偏南，经常混群栖息。产卵期为12月至翌年6月，3—4月为产卵盛期。

【识别特征】体长40cm左右。与日本鲐相比，澳洲鲐的背部花纹比较明显，花纹的边缘清晰。大西洋鲐的背部花纹清晰，明暗对比度高。

【科普常识】商业市场上，日本鲐和澳洲鲐通常不刻意区分。

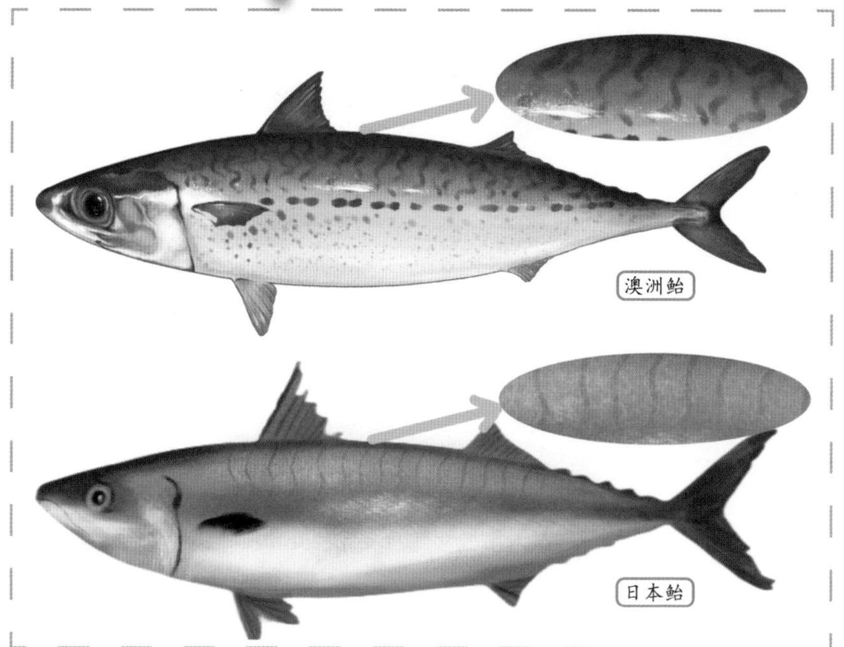

日本鲐和澳洲鲐的背部花纹比较

剑鱼科（Xiphiidae）

鲈形目的1科，全球仅有1属1种。广泛分布于世界各大洋的温热带海域。剑鱼的长颌延长呈剑状，因而得名。

159. 剑鱼

【生态习性】中国分布于东海南部和南海海域，通常在海面附近活动，有时跃出水面，也会下潜到500m以深的深海去追逐猎物，主要以鲐鱼、鲱鱼和乌贼类等为食。夏、秋、冬三季在赤道南北两边的广大热带海域产卵。寿命可达9年。

【识别特征】体长可达5m，体重超过600kg。**第一背鳍很短，呈三角形，离第二背鳍很远。**具有类似体形特征的是旗鱼科鱼类，它们之间的最大区别是第一背鳍，**旗鱼科鱼类的第一背鳍很长，离第二背鳍很近。**

【科普常识】剑鱼肉质味美，有很高的食用价值，特别是其肉色是白色，略微透点红，生鱼片市场上所谓“白金枪鱼”指的就是该种鱼，但用棘鳞蛇鲭或异鳞蛇鲭替代的生鱼片，肉色纯白细腻，毫无透红感，食用时需仔细鉴别。

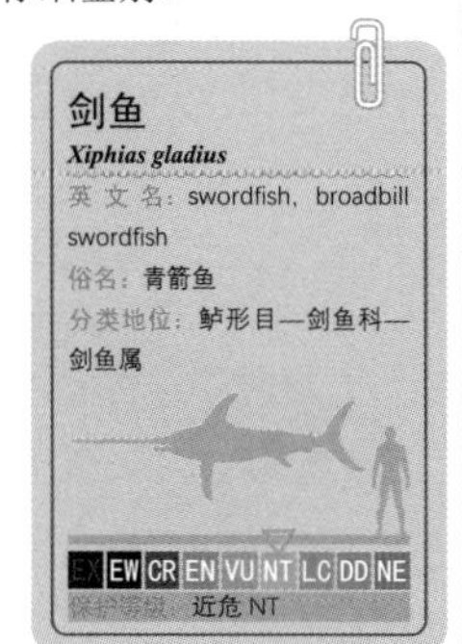

部位	剑鱼	旗鱼
吻部	长，扁平剑状，约占身体1/3	较短，尖长喙状，圆形断面
鱼鳞	无鳞	针状小鳞
腹鳍	无腹鳍	腹鳍呈狭长棒（针）状
尾鳍	半月形	深叉形
尾柄隆起脊	每侧1条	每侧2条

旗鱼科（Istiophoridae）

鲈形目的 1 科，全球有 3 属 10 种，我国分布有 3 属 5 种。旗鱼科和剑鱼科鱼类在商业上都归到金枪鱼类，在联合国海洋法公约中统属高度洄游性鱼类，在欧美国家，通常将这类具有尖长嘴的大型鱼类统称为 bill fish（尖嘴鱼）。

160. 平鳍旗鱼

【生态习性】广泛分布于三大洋的热带和亚热带海域，中国分布于东海、南海海域，尤其以台湾周边数量较多，常成群出现于岛屿周围，围猎沙丁鱼等鱼群。游泳速度快，主要摄食鱼类、甲壳类及头足类等。

【识别特征】体长接近 4m。第一背鳍的高度极其夸张，像一张拉满的风帆，几乎没有模仿者。

【科普常识】与其招摇的外形相比，其食用口感的评价要低一个层次，在剑鱼和旗鱼类中属于中等水平。头部和巨大的背鳍占了较多的体重，整体出肉率低，对其经济价值有一定影响。由于上岸数量少，通常直通料理店，在一般的鱼市场或超市出现的概率较低。

161. 印度枪鱼

【生态习性】广泛分布于太平洋、印度洋的热带、亚热带海域，主要栖息在外大洋，中国分布于黄海、东海和南海海域。属大型肉食性鱼类，喜欢摄食鲐鱼、鲣鱼、金枪鱼幼鱼等鲭科鱼类、鲹科鱼类、飞鱼等。本种雌鱼可以长得很大，而雄鱼却长不大。

【识别特征】最大体长可超过 4.5m。第一背鳍由高到低为旗鱼 > 四鳍旗鱼 > 枪鱼。按照民间的"三剑客"分类法，对包括剑鱼的这类鱼，分为剑鱼（第一背鳍短而小）、枪鱼（第一背鳍长而低）、旗鱼（第一背鳍长而高）这 3 类。**相似种类是同属的蓝枪鱼和条纹四鳍旗鱼。**

【科普常识】印度枪鱼的胸鳍向外直立平展，活动范围很小，更是不能贴到身体上，故又称立翅旗鱼。

162. 蓝枪鱼

【生态习性】分布于太平洋和印度洋海域，我国分布于东海和南海海域，栖息于海洋上层水域。凶猛鱼类，以鱼类、甲壳类、头足类等为食。繁殖期为 4—5 月。

【识别特征】体长约 4.5m。与印度枪鱼比较，体侧有 15 条由圆点和短线组成的淡蓝色横纹。

163. 条纹四鳍旗鱼

【生态习性】分布于太平洋和印度洋海域，我国分布于台湾及以南的南海海域，在海洋上层水域洄游。凶猛鱼类，以鱼类、甲壳类、头足类等为食。无明确的繁殖期，全年都有成鱼产卵。

【识别特征】体长约 3.8m。体侧横纹为白色，平鳍旗鱼的体侧横纹只由淡蓝色圆点组成，没有短线。

164. 小吻四鳍旗鱼

【生态习性】广泛分布于三大洋的热带至温带海域，我国分布于东海和南海，栖息于大洋温跃层之上的海洋中层水域。游泳速度快，主要猎食秋刀鱼、飞鱼等中小型鱼类和鱿鱼、甲壳类等。冬季繁殖。

【识别特征】体长通常 2m 以下，是剑鱼、旗鱼类中最小的 1 种。口吻部的长度也是剑鱼、旗鱼类中最短小的，上颌只比下颌长出一点，猛一看头部和身体像是大号的带鱼或秋刀鱼。

【科普常识】不仅个头小，食用口感也在剑鱼、旗鱼类中属于较差的，相反，同属的条纹四鳍旗鱼却是剑鱼、旗鱼类中的顶级存在，肉呈琥珀色，用来做生鱼片和煎烤都非常棒。

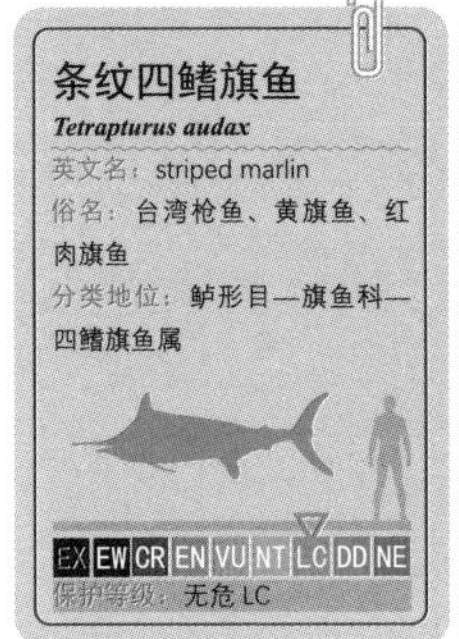

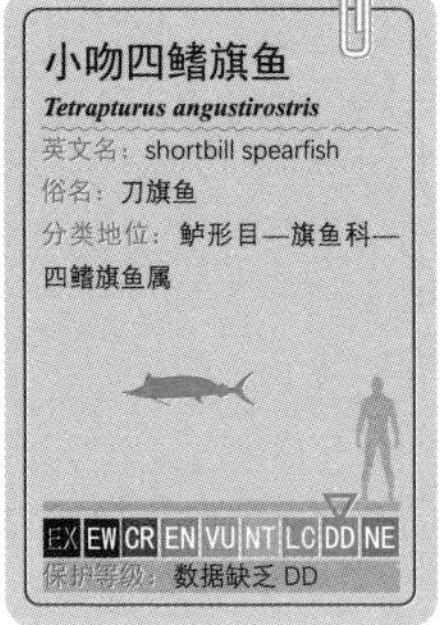

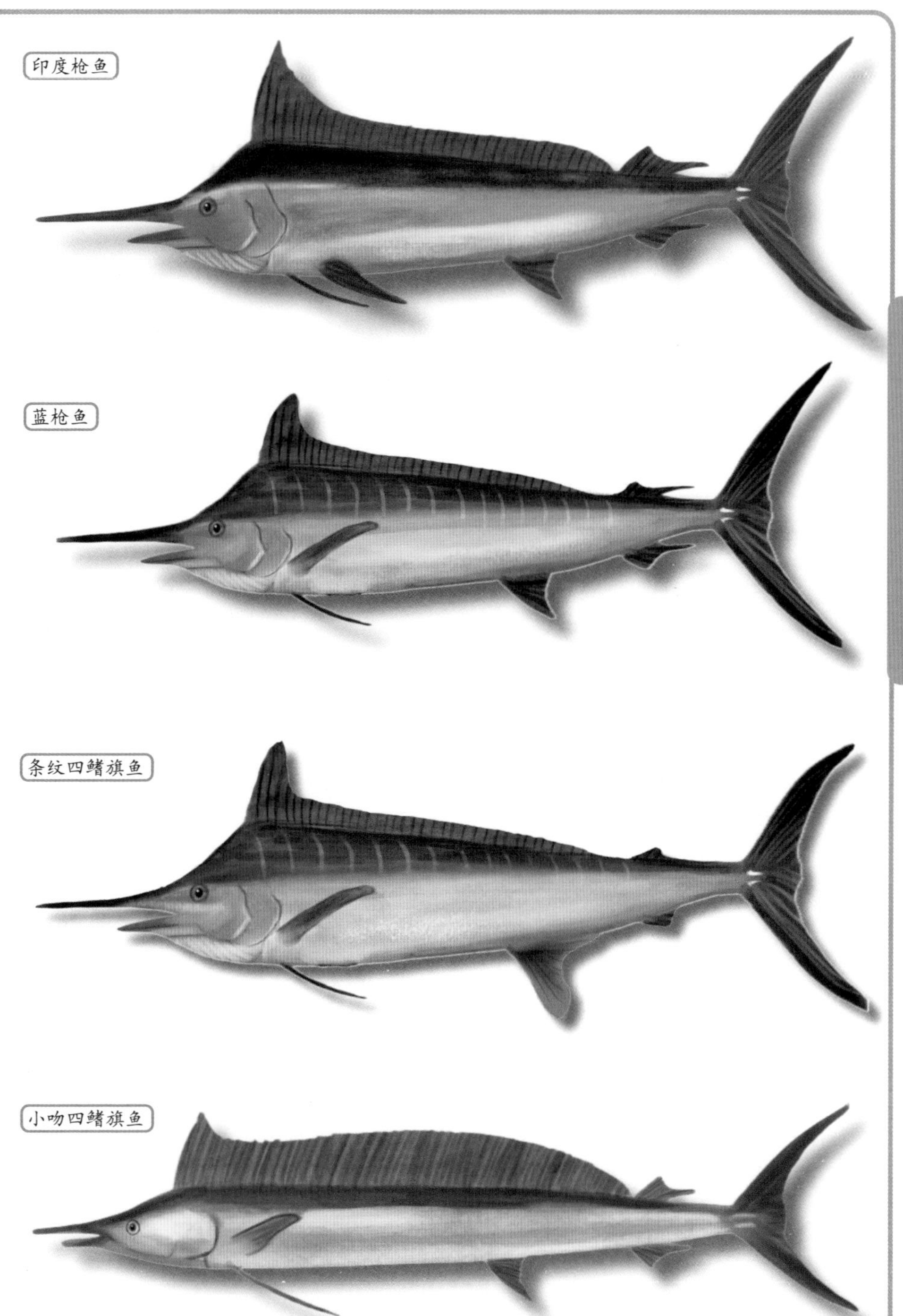
印度枪鱼
蓝枪鱼
条纹四鳍旗鱼
小吻四鳍旗鱼

马鲅科
（Polynemidae）

鲈形目的1科，全球有7属约33种。本科鱼类的典型特征是胸鳍下方有游离的丝状鳍条，可用来搜索泥沙中的贝类、甲壳类食物。

165. 多鳞四指马鲅

【生态习性】分布于中国、越南等西太平洋至印度洋、大西洋的暖温海域，中国主要分布于东海以南海域。对盐度的适应范围广，常栖息于沿岸浅水区和河口的沙底或泥底海域。食性杂，主要摄食底栖生物。

【识别特征】体长可超过1m。鱼体呈浅黄褐色，背部灰褐色，腹部浅色，鳃盖有一黑斑，各鳍浅黄褐色，末端带黑色边缘，尾鳍深叉形。我国所谓的四指马鲅，其实是多鳞四指马鲅。其他马鲅科鱼类，基本按照丝状游离鳍条的数量命名，5条为五丝多指马鲅（五丝马鲅、五指马鲅、午仔），6条则为六丝多指马鲅（六丝马鲅、六指马鲅）。

【科普常识】肉质细嫩鲜美，为高档食用鱼，在广东、福建、台湾和香港等地很受欢迎，也是我国南方地区、东南亚至印度一带的名贵养殖鱼类之一。

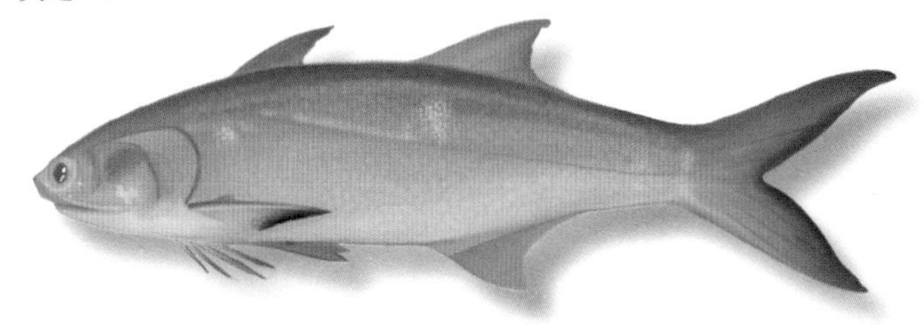

166. 军曹鱼

【生态习性】分布于大西洋、印度洋和西太平洋的热带、亚热带和暖温海域，我国分布于黄海、东海和南海海域，常见于红树林区域、珊瑚礁、靠外海的岩礁带海域，喜欢在漂浮物、人工构筑物等有阴影的区域活动。游泳速度快，摄食凶猛，食量很大，但不集群洄游。

【识别特征】体长可达1.5m。鱼体延长而断面接近圆柱形。鱼体背部深褐色，腹部淡而略带黄色，幼鱼体侧有3条银色纵带，成鱼后最上方的淡色纵带消失。

【科普常识】生长快，抗病力强，在我国广东、海南以及东南亚一带大量养殖。虽然味道不错，适合各种料理，但市场价格长期低迷。

167. 鲯鳅

鲯鳅科
（Coryphaenidae）

鲈形目的 1 科，全球仅 1 属 2 种。身体延长而侧扁，头额部随着年龄增长而逐渐突出，相貌极其特别。

【生态习性】为大洋性洄游鱼类，广泛分布于南北纬 30° 以内的温带、热带海域，常可发现成群出现于开放水域，但也偶尔发现于沿岸水域。一般栖息于海洋表层，喜生活于阴影下，故常可发现成群聚集于流木或浮藻处的下面。

【识别特征】体长可达 2m。体延长侧扁，前部高大，向后渐变细。雄鱼额部有一骨质隆起，随着成长而越加明显，头背几乎呈方形。体呈绿褐色，腹部银白色至浅灰色，且带淡黄色泽，体侧散布有绿色斑点。

【科普常识】鲯鳅的体色并不来自体表的色素细胞，而是源于能够反射光线的鱼鳞，能根据肌体的兴奋程度进行调节，所以鲯鳅能闪烁着彩虹般的光芒。出水死后，鳞片不受控制，显露出原本的银灰色。

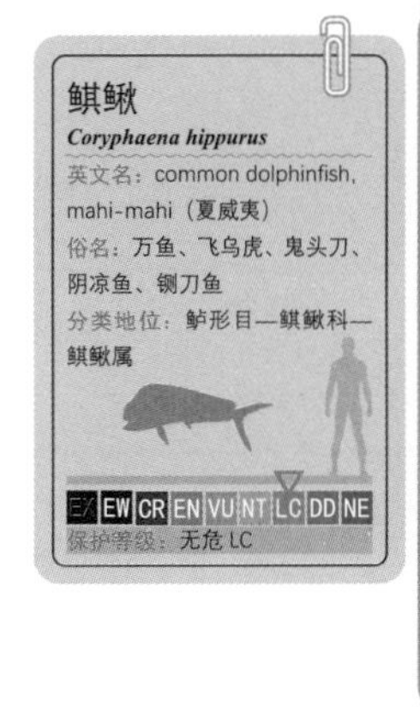

雄鱼

雌鱼

军曹鱼科
（Taxodiaceae）

鲈形目的 1 科，全球仅有 1 属 1 种。

蛇鲭科
（Gempylidae）

鲈形目的1科，全球共有16属23种，我国有10属11种。本科鱼类含有蜡脂，不能被人体消化吸收，多食容易引起腹泻，网络上曝料的“吃鱼拉油”事例，通常是本科鱼类在捣鬼。但此科鱼类可作为药用资源，可治疗便秘。

168. 棘鳞蛇鲭

【生态习性】广泛分布于三大洋的热带、亚热带的陆坡深海，昼沉夜浮，我国分布于东海外海和南海海域。凶猛肉食性鱼类，以小鱼及小型底栖无脊椎动物为食。

【识别特征】体长可超过1.5m，体重超过50kg。体形呈纺锤形，背鳍和臀鳍后面有一列小鳍，跟鲭科鱼类相似，但作为深海鱼类，具有**黝黑的大眼眶、黑色的体色。体表只有骨板棘鳞一种鳞片**，裸手摸上去粗糙扎手。**相似鱼类是异鳞蛇鲭。**

【科普常识】有些国家将其列为有毒鱼类，禁止流通和食用。我国没有相关规定，有商家将进口蛇鲭用“龙鳕鱼”“香油鱼”“白金枪鱼”等名号销售到市场上。特别是在日料店遇到“白金枪鱼”，如果鱼片通体雪白细腻，完全没有透红感，大概率是用棘鳞蛇鲭或异鳞蛇鲭替代的。

169. 异鳞蛇鲭

【生态习性】分布于太平洋、印度洋和大西洋温热带海域，我国分布于台湾及以南的南海海域，栖息于大洋深海。夜间上浮到上层水域捕食中上层鱼类、头足类和甲壳类动物。繁殖期为3—6月。

【识别特征】体长可达2m。**体表有异形鳞、栉鳞与圆鳞3种鳞片，几乎通体黑色，体表无明显的鳞片感。**

异鳞蛇鲭
Lepidocybium flavobrunneum
英文名：escolar
俗名：油鱼、玉梭鱼、白玉豚、细鳞仔、圆鳕
分类地位：鲈形目—蛇鲭科—异鳞鲭属
EX EW CR EN VU NT LC DD NE
保护等级：无危 LC

170. 黑鳍蛇鲭

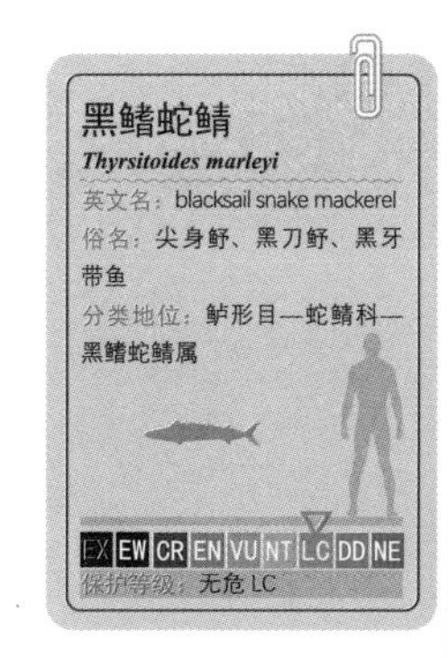

【生态习性】分布于印度洋—太平洋的热带至温带海域，我国主要分布于东海海域。肉食性鱼类，以鱼类、甲壳类、头足类为食。

【识别特征】体长可超过 1m。与棘鳞蛇鲭等纺锤形鱼类相比，黑鳍蛇鲭更加细长，介于纺锤形与长带形之间，头部形状与带鱼相似，而尾部（包括臀鳍及对应背鳍后方的一列小鳍）与鲭科的马鲛鱼类差不多。第一背鳍的鳍膜黑色，鳍膜与鳍棘交界处白色，背部褐色，腹部略呈银白色。**相似鱼类是本科的蛇鲭。**

【科普常识】黑鳍蛇鲭和蛇鲭都是可食用鱼类，据相关介绍说黑鳍蛇鲭还非常美味。只因通常藏身于大洋深海，且数量较少，在市场上轻易看不到。

171. 蛇鲭

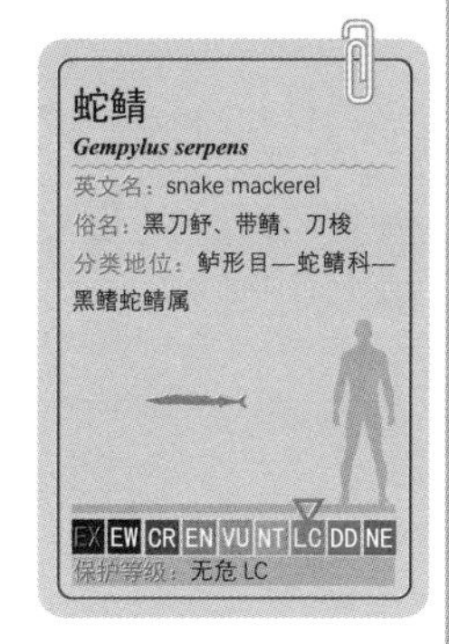

【生态习性】分布于太平洋、印度洋和大西洋热带及亚热带水域，我国分布于台湾及以南的南海海域，栖息于大洋深海。以小鱼和头足类为食。繁殖期为春夏季节。

【识别特征】体长可达 1m。体形比黑鳍蛇鲭更加细长，通体黑色。

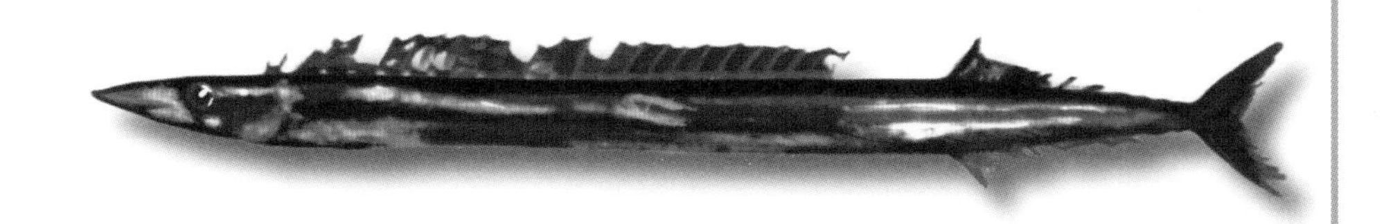

带鱼科（Trichiuridae）

鲈形目的1科，全球共有9属32种，中国有8属12种。形如其名，身体扁长如带状，其脊椎骨有100节以上。

172. 带鱼

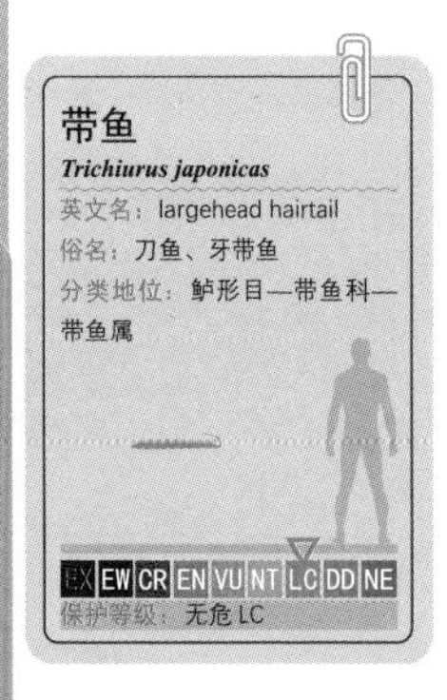

【生态习性】主要分布于西太平洋和印度洋，中国渤海、黄海、东海一直到南海都有分布。有集群洄游的习性，春季从外海到近岸，或由南至北进行生殖洄游，秋冬又游向水深处越冬。性凶猛，主要以毛虾、乌贼为食。

【识别特征】全长1m左右。体形侧扁如带，呈银灰色，背鳍及胸鳍浅灰色，带有很细小的斑点，尾部呈黑色，带鱼头尖口大，至尾部逐渐变细。**无腹鳍，臀鳍埋于皮下。相似种类有小带鱼、沙带鱼、中华窄颅带鱼、细叉尾带鱼、金线嵴额带鱼、鞭嵴额带鱼、皇带鱼。**

【科普常识】带鱼和大黄鱼、小黄鱼及乌贼并称为中国的四大海产。

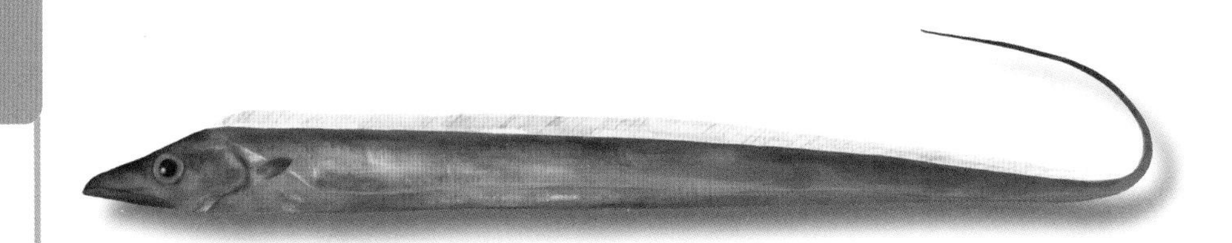

173. 小带鱼

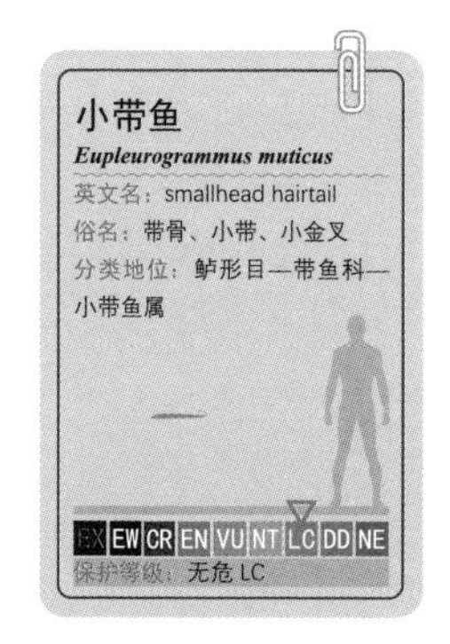

【生态习性】主要分布于西太平洋和印度洋海域，中国海域均有分布，栖息于近岸浅海、咸淡水水域。生态习性与带鱼相似。

【识别特征】体长约70cm。个体小于带鱼，**侧线几乎平直，腹鳍为一对圆形鳞状突起，臀鳍开始处有1个鳞状突起。**

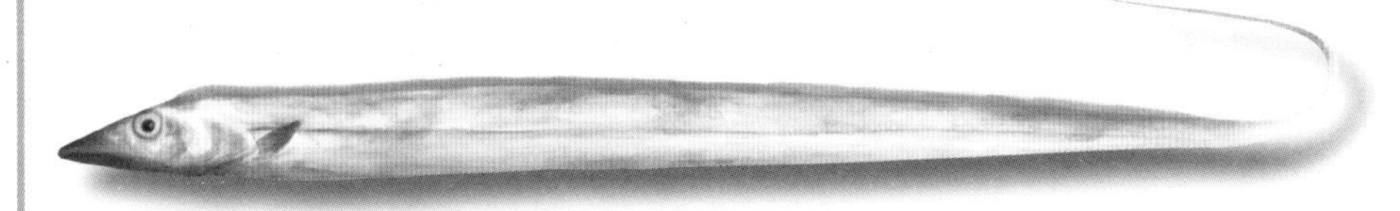

174. 沙带鱼

【生态习性】主要分布于西太平洋和印度洋暖海域，中国分布于东海和南海海域，栖息于泥沙底质海区。以甲壳类、乌贼和鱼类为食。繁殖期为4—6月。

【识别特征】体长约40cm。**无腹鳍，有臀鳍，且臀鳍第1棘发达。**

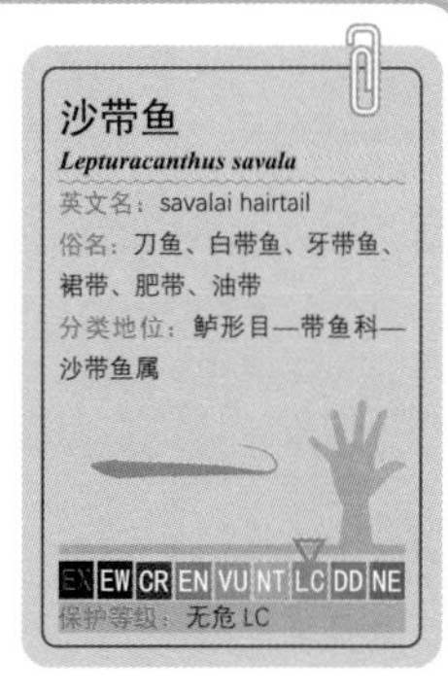

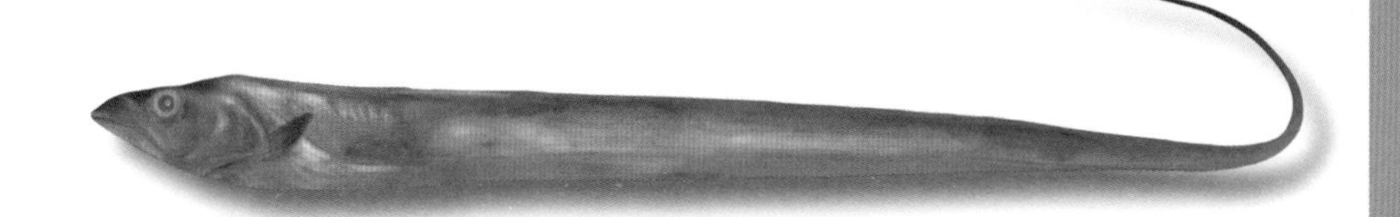

175. 中华窄颅带鱼

【生态习性】主要分布于西太平洋和印度洋暖海域，中国分布于东海和南海海域，栖息于泥沙底质海区。昼沉夜浮，捕食毛虾、乌贼及其他鱼类。繁殖期为3—8月。

【识别特征】体长约1m。**头部尖短，背部两侧有不规则的黑斑。**

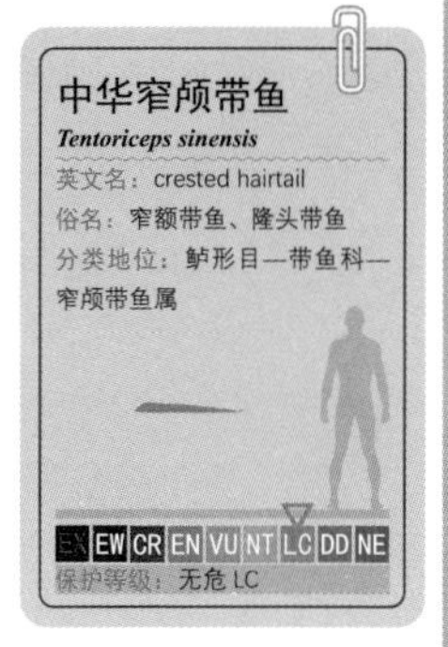

176. 细叉尾带鱼

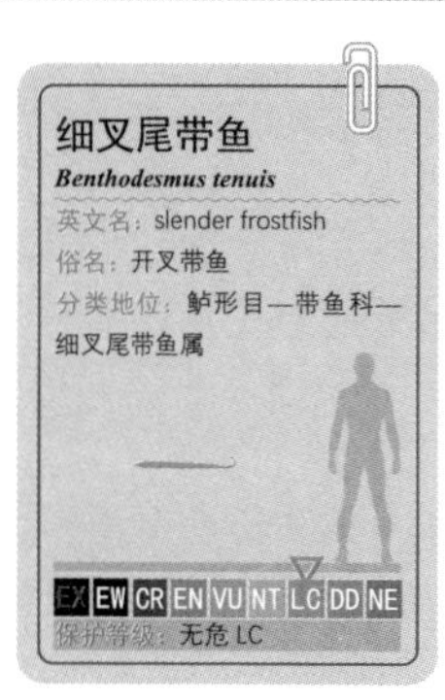

【生态习性】分布于太平洋、印度洋和大西洋温带和热带海域，我国分布于东海、南海海域，栖息于大洋中深层水体。群游性凶猛鱼类，以小鱼和甲壳类为食。繁殖期为 4—10 月。

【识别特征】体长约 1m。**尾部为燕尾形分叉**，其他部分与带鱼无异。

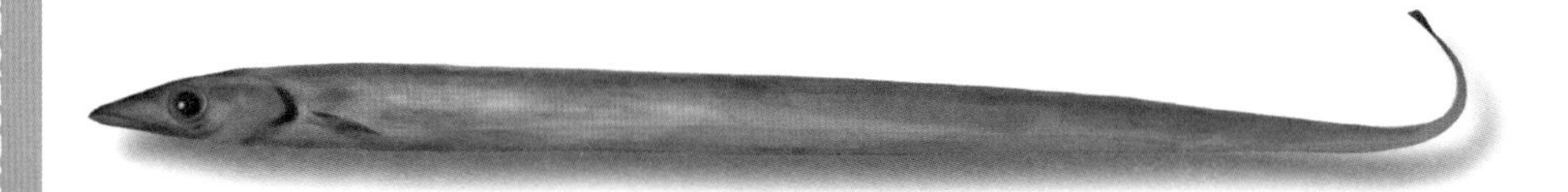

177. 金线峭额带鱼

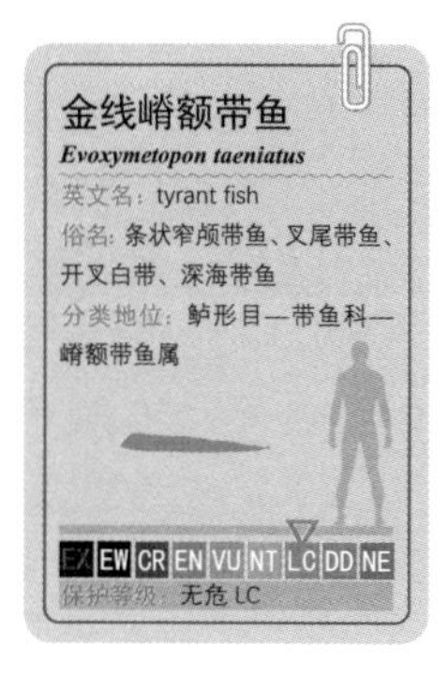

【生态习性】分布于西太平洋至印度洋暖海域，我国分布于东海和台湾周边海域，栖息水深超过 100m。白天垂直静立水中，夜晚上浮捕食灯笼鱼或其他小型鱼类，存在同类相食的现象。繁殖期为春季。

【识别特征】体长约 1.5m。尾部为燕尾形分叉，头部不尖突，背鳍的起始部分黑色且高起。

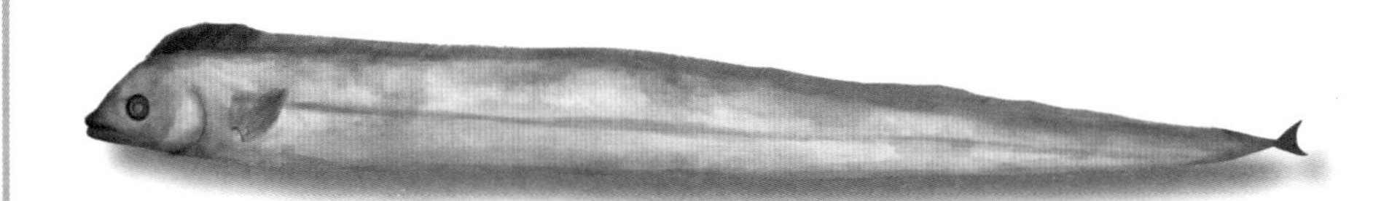

178. 鞭嵴额带鱼

【生态习性】分布于西太平洋至印度洋暖海域，我国分布于台湾周边，栖息于大洋中深层水体。贪吃杂食，捕食毛虾、乌贼及其他小型鱼类，甚至同类相食。为4—6月和9—11月双季繁殖。

【识别特征】体长可达2m。尾部为燕尾形分叉，头部不够尖突，背鳍第1棘特长。

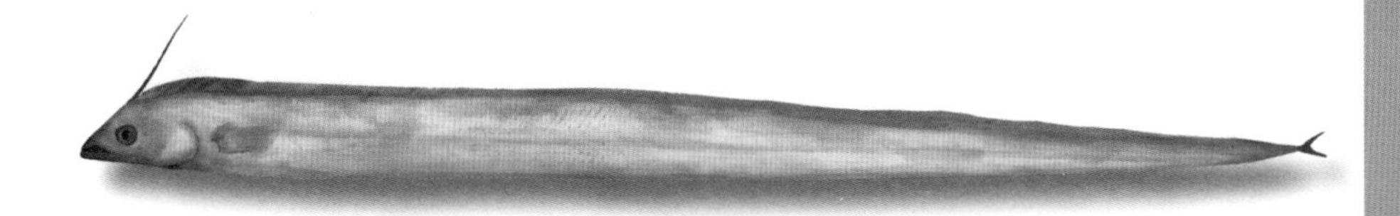

皇带鱼

【生态习性】分布于太平洋和印度洋暖海域，我国分布于台湾及以南的南海海域，栖息于海洋中深层水体。猎食中小型鱼类、乌贼、磷虾、螃蟹等，甚至同类相食。繁殖期为11月。

【识别特征】体长可达3m以上。头部上侧有2个长长的红色翎状物，下侧具有2条红色长须，为“鱼”极其高调。

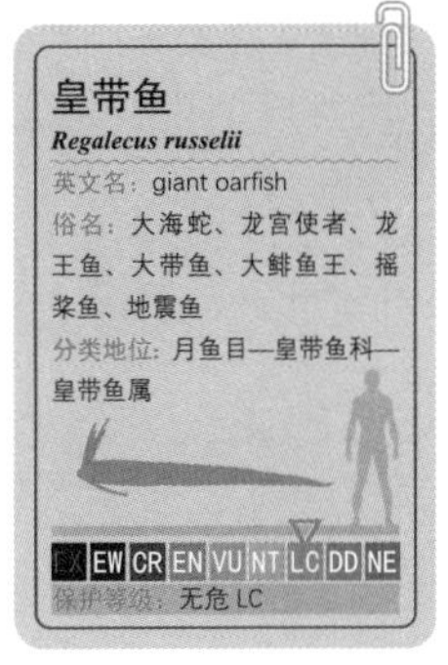

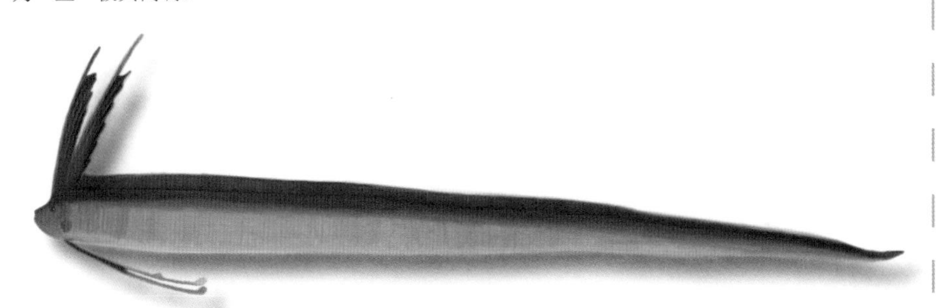

鲹科（Carangidae）

鲈形目的 1 科，全球记录有 32 属 150 多种。本科鱼类尾鳍分叉呈“V”字形，尾柄细长，两侧具棱脊。

179. 珍鲹

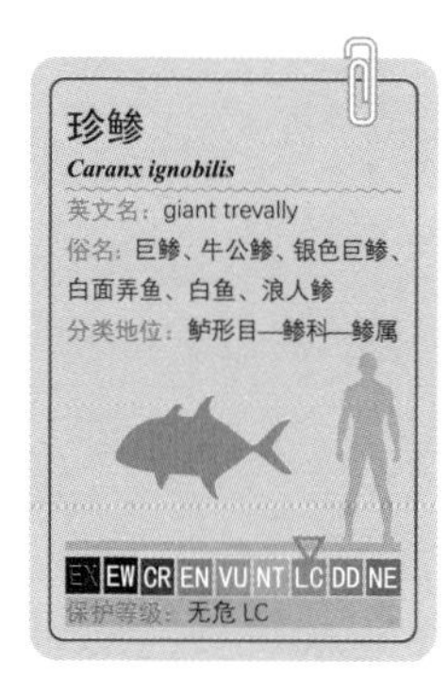

【生态习性】分布于印度洋、红海、日本、澳大利亚以及中国南海、台湾海峡等海域。主要在夜晚觅食，以甲壳类如螃蟹、龙虾等，鱼类及小型海鸟类为食。

【识别特征】体长可达 170cm，体重 80kg，是鲹科鱼类中最大的一种。除了体形巨大以外，其主要特征是具有陡峭的头部和强有力的尾部，身体呈灰色，分布许多小黑点。

【科普常识】我国海南已有水产公司蓄养该鱼的亲鱼进行人工繁殖，海南、广东一带已有人工养殖产品上市。

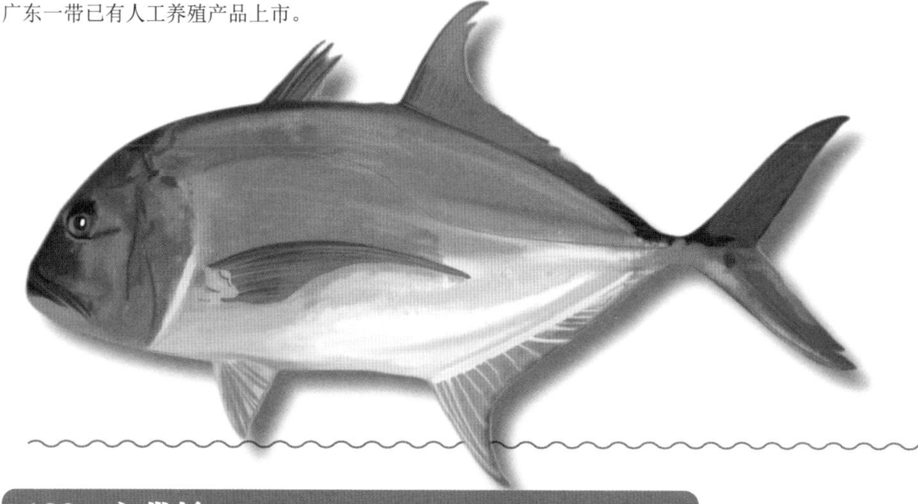

180. 六带鲹

【生态习性】广泛分布于印度洋和太平洋的热带—亚热带水域，中国主要分布于东海、南海海域，黄海也有少量分布。肉食性鱼类，主要以鱼类、甲壳类为食。喜集群游荡于河口、珊瑚礁及岩礁附近，常成群做漩涡状游泳，类似龙卷风，被称为“鱼群龙卷风”或“鱼群风暴”（jackfish storm）。

【识别特征】成鱼体长 30 ～ 60cm，大者可超过 1m。幼鱼时体侧有 5 ～ 6 条暗色横带，成鱼后变模糊。棱鳞明显，分布于侧线的整个直线部位。**相似种类有泰勒鲹。**

【科普常识】除了用于潜水观赏以外，也作为食用鱼，存在规模化的商业捕捞。

181. 泰勒鲹

泰勒鲹

Caranx tille

英文名：tille trevally

俗名：甘仔鱼

分类地位：鲈形目—鲹科—鲹属

EX EW CR EN VU NT LC DD NE

保护等级：无危 LC

【生态习性】分布于西太平洋和印度洋暖海域，我国分布于台湾及以南的南海海域，栖息于沿岸内湾或珊瑚礁区。摄食鱼类和甲壳类。繁殖期为5—6月。

【识别特征】体长约60cm。泰勒鲹体形比六带鲹略修长，个头也比六带鲹小一些。

鱼种	头背缘形状	鳃盖上方黑点大小	尾鳍色泽
六带鲹	直线，略突出	小于瞳孔	上下叶有黑边
泰勒鲹	弧状突出	大于瞳孔	上叶黑边，下叶略黄

六带鲹

Caranx sexfasciatus

英文名：bigeye trevally

俗名：甘仔鱼、红目瓜仔

分类地位：鲈形目—鲹科—鲹属

EX EW CR EN VU NT LC DD NE

保护等级：无危 LC

182. 沟鲹

【生态习性】分布于印度洋和西太平洋，我国产于渤海、黄海、东海和南海海域。沟鲹在夜间有趋光的习性，主要摄食小型鱼类、毛虾等。3 龄可达性成熟，产卵期在 6—8 月。

【识别特征】成鱼体长一般 15 ～ 20cm，大者可达 30cm。腹鳍较大，并呈现黑色。棱鳞部分延展很长，覆盖侧线后端的整个直线部分，直至尾柄末端。鱼体腹部有 1 条深沟，用以在快速游泳时容纳腹鳍，臀鳍前面的 2 枚游离棘也位于该深沟内。成熟的雄性个体，腹鳍和臀鳍软鳍条会显著伸长呈长丝状。

【科普常识】沟鲹虽然分布范围广阔，但整体生物量不大，通常在市场上不太多见。体形非常扁平，出肉率较低，作为食用鱼，在美食方面的信息也很少。

183. 大甲鲹

【生态习性】分布于印度洋和太平洋，中国产于南海和东海，以福建、广东沿海产量较大。主要栖息于近沿海表层，有集群洄游的习性。以小型鱼类为食。

【识别特征】成鱼体长通常在 30cm 左右，最大可超过 50cm，在鲹科鱼类中也算比较大个的。胸鳍特细长，**鳃盖后缘有 1 个大黑斑**，尾柄部分的棱鳞在直线部分高度很高、质地坚硬，故称“大甲鲹”。**第二背鳍和臀鳍后部有多个游离小鳍。**

【科普常识】大甲鲹血合肉（红肌）部分较多，正常部分的肉色也是鲹科鱼类中少见的褐红色，脂肪含量较低，味道一般，适合油炸等过油的料理法。在脂肪含量高的冬季，其脂肪主要集中在皮下，形成一个脂肪层，据吃货说这个脂肪层非常美味。

184. 黄条鰤

【生态习性】亚热带中底层鱼类，在太平洋、印度洋、大西洋三大洋的亚热带水域几乎都有分布。我国见于渤海和黄海海域。以鳀、玉筋鱼等小型鱼类及头足类、甲壳类为食。春夏之交产卵。

【识别特征】体长在1m左右，最大记录体长250cm、体重96.8kg，为鲹科鱼类中的最高纪录。鱼体呈纺锤形，背部蓝绿色，腹部银白色，胸鳍与腹鳍较短，尾柄细长，尾鳍深度分叉。身体两侧各有1条明显的黄色纵带，从吻部沿鳃直抵尾柄。**相似种类有五条鰤、高体鰤。**

【科普常识】鰤属鱼类无论是清蒸、红烧、熬汤等所有中式加热料理法，都会产生浓重的酸腥味，不招人喜欢。而在日本则主要以生鱼片为主，口感极佳，是高档生鱼片用鱼。我国已有从业者开始人工养殖，供应国内日料市场。

黄条鰤
Seriola lalandi
英文名：yellowtail
俗名：黄尾鰤
分类地位：鲈形目—鲹科—鰤属
EX EW CR EN VU NT LC DD NE
保护等级：无危 LC

185. 高体鰤

【生态习性】分布于全世界的温带、热带海域，我国分布于东海南部至南海海域，春夏季常集群活动于数十米深的浅水海域，摄食甲壳类、头足类和小型鱼类，秋冬季节洄游至深水区越冬。东海南部的产卵期为2—3月。

【识别特征】成鱼体长可达1.8m，体重80kg，是鲹科鱼类中体形最大的鱼之一。体形呈纺锤形，体色呈草绿色带褐紫色，体侧从吻端到尾鳍有一金黄色纵带，位置比眼睛略低，幼鱼期体侧有5条暗色横带，背鳍、臀鳍、腹鳍和尾鳍为黄绿色。

【科普常识】鰤属鱼类中的最高级品种。我国海南一带在秋冬季捕捞当年产的高体鰤幼苗，网箱培育到一定的规格后，出售给日本作为养殖苗种。野生的大型个体有时会携带雪卡毒素，食用后出现皮肤疼痛、皮疹、肌肉麻痹等症状。

高体鰤
Seriola dumerili
英文名：great amberjack
俗名：章红、红甘
分类地位：鲈形目—鲹科—鰤属
EX EW CR EN VU NT LC DD NE
保护等级：近危 NT

186. 五条鰤

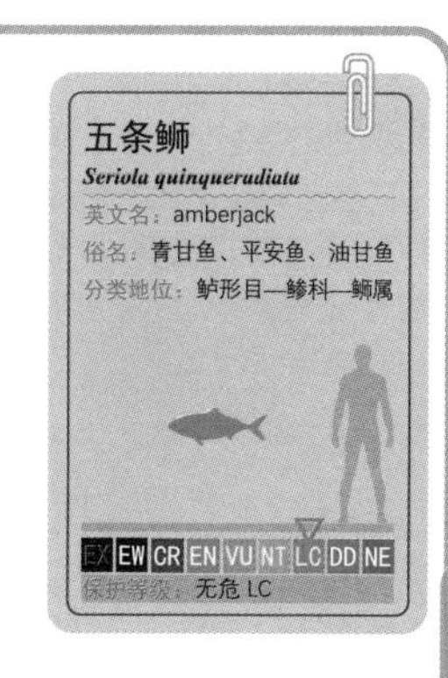

【生态习性】分布于地中海、红海、大西洋、印度洋、太平洋的暖热海域，中国沿海均产，但黄海以北少见，多见于东海至台湾一带海域，有季节性洄游的习性。以鱼类、头足类、甲壳类为食。东海的五条鰤2—3月产卵，寿命约7年。

【识别特征】平均体长1m左右，体重8kg。体呈纺锤形，背部暗青色，腹部银白色，胸鳍与腹鳍较短，几乎等长，尾柄细长，尾鳍深度分叉，各鱼鳍偏暗色。体侧有1条黄色纵带，但不十分明显。

【科普常识】冬至后的五条鰤含脂量高，是生食味道最好的时期，而且鱼体越大，含脂量越高，味道越好。养殖鰤鱼类一般在达到5～7kg时出售。

黄条鰤

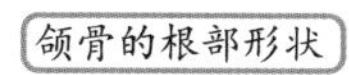

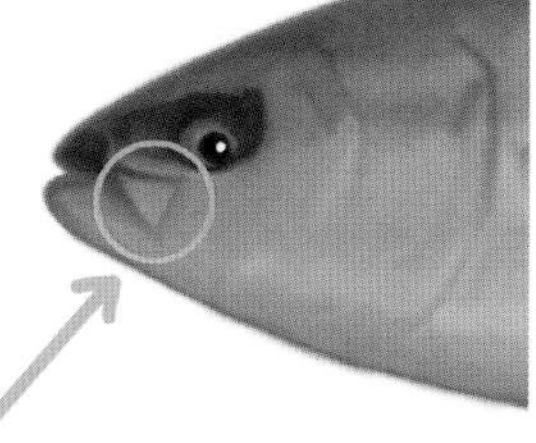

五条鰤

鱼种	体色	胸鳍比腹鳍	颌骨的根部
黄条鰤	背青腹白	短	圆润
五条鰤	背青腹白	几乎等长	直角
高体鰤	通体微紫红	短	圆润

187. 蓝圆鲹

【生态习性】分布于中国南海到日本南部，在东海主要分布于福建沿岸，有季节性洄游的习性。白天会集成大群上浮至海面，使海面呈现灰黑色，成鱼则常与竹筴鱼混栖。主要食物包括磷虾类、桡足类、端足类及小型鱼类。东海渔期为5—11月，产卵期4—8月。

【识别特征】体长20cm左右。鱼体背部蓝灰色，腹部银白色，鳃盖后上角与肩带部交界处有1个半月形黑斑。背鳍2个，第二背鳍尖端略呈白色，其下有1个黑斑。臀鳍与第二背鳍对称，前方有2枚游离的短棘。**第二背鳍和臀鳍后方各有1个小鳍，尾鳍黄色。相似种类有红尾圆鲹和竹筴鱼。**

【科普常识】大宗经济鱼类，主要捕捞方式为围网捕捞，市场上一般多为冷冻鱼。

188. 红尾圆鲹

【生态习性】分布于西太平洋暖海域，我国分布于东海和南海海域，栖息于海域中下层。以浮游生物和小鱼为食。繁殖期为4—6月。

【识别特征】体长约30cm。鳃盖后与肩带部交界处有1个圆形黑斑。**尾柄上下各有1个小鳍，尾鳍为淡红色。**

189. 竹筴鱼

【生态习性】广泛分布于我国沿海及朝鲜半岛、日本沿海等水域，我国的主分布区在东海和南海海域。幼鱼期常与水母类共栖，成鱼则常与蓝圆鲹混栖，有昼沉夜浮和季节性洄游的习性。杂食性，主要摄食桡足类、甲壳类、头足类和小型鱼类。春季繁殖。

【识别特征】体长可达35cm。鱼体呈长纺锤形，背部青绿色，腹部银白色，鳃盖右上角与肩带部的交界处有一黑斑，胸鳍、臀鳍、尾鳍黄褐色。侧线鳞全部为强大棱鳞，直线部棱鳞形成1条明显的棱脊，第一背鳍有1枚向前平卧的棘，臀鳍前方有2枚游离的短棘。

【科普常识】大宗经济鱼类，常与蓝圆鲹一起被围网捕获，利用方式也类似。

190. 高体鲹

【生态习性】广泛分布于印度洋和太平洋暖温海域，我国渤海到南海海域均有分布，东海以南为主分布区，一般分布于较深的泥沙底质海域，沿岸水域不多见。肉食性，捕食虾蟹类、小型鱼类，摄食时会发出“咕咕”的叫声。秋季产卵。

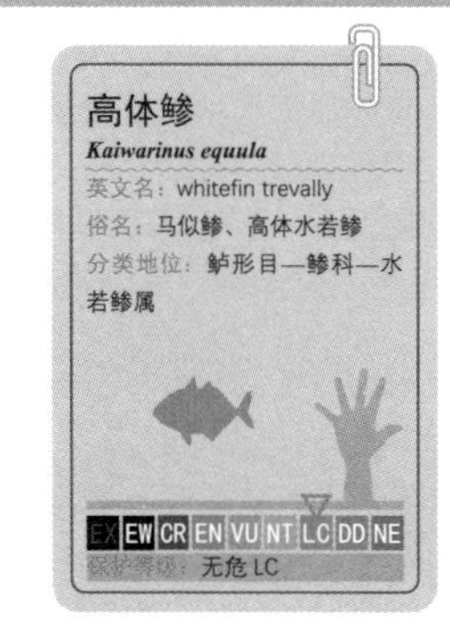

【识别特征】一般体长 15 ～ 20cm，大者 40cm。体侧扁，因体高甚高而得名。侧线前部弯曲，后部平直，其平直部分有棱鳞形成棱脊。幼鱼时体侧有暗色纵带，随成长逐渐消失。**常见相似种类有卵形鲳鲹、黄带拟鲹、乌鲹。**

【科普常识】大个体高体鲹的生鱼片，在鲹科鱼类中是仅次于黄带拟鲹的极品。

191. 黄带拟鲹

【生态习性】成鱼主要成群栖息于水深 80 ～ 200m 之间暖温海域的大陆架或陆坡区；幼鱼则被发现于水温相对较低的温带海域、沿岸水域、内湾或河口区。有依猎物分布的水层而做垂直洄游的习性，主要以底栖甲壳类、软体动物或鱼类为食。

【识别特征】体长可达 70cm。典型的鲹科鱼类体形，有 1 条贯穿头尾的黄色纵带，鳃盖后缘有 1 个黑斑。

【科普常识】大个体野生鱼在日本生鱼片市场属于“无价之宝”。人工养殖成功以后，市场价格有所下降，但仍然进不了超市，主要在料理店消费。中国也已经开始进行人工育苗和养殖。

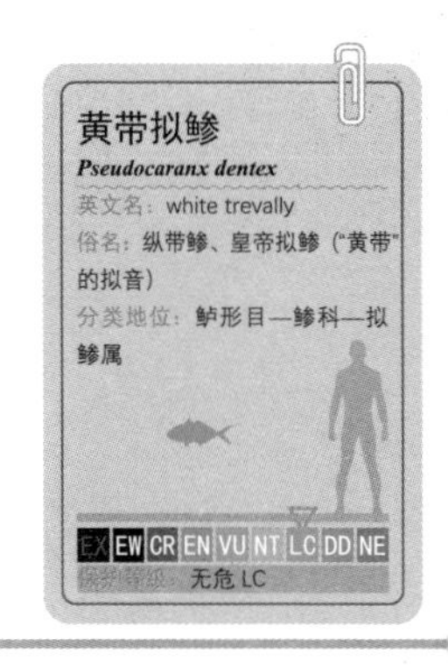

192. 卵形鲳鲹

【生态习性】暖水性中上层洄游鱼类，在地中海、西非沿海广泛分布，中国分布于南海、东海和黄海海域。肉食性，幼鱼期常栖息在河口海湾，集群性较强，成鱼时向外海深水域移动。以端足类、双壳贝类、软体动物、蟹类幼体和小虾、小鱼等为食。

【识别特征】体长可达50cm。体侧扁，头小，体甚高且状似鲳鱼，故得名"鲳鲹"。第二背鳍和臀鳍前部高耸后部绵长，位置和形状对称。第一背鳍只有7根小鳍棘，低调的几乎可以忽略。

【科普常识】该鱼肉无刺，肉质细嫩，味鲜美，体色艳丽，具有鲹科鱼类的特殊香气，为名贵食用鱼。目前为我国广东、广西、海南以及东南亚国家的重要网箱养殖鱼类。

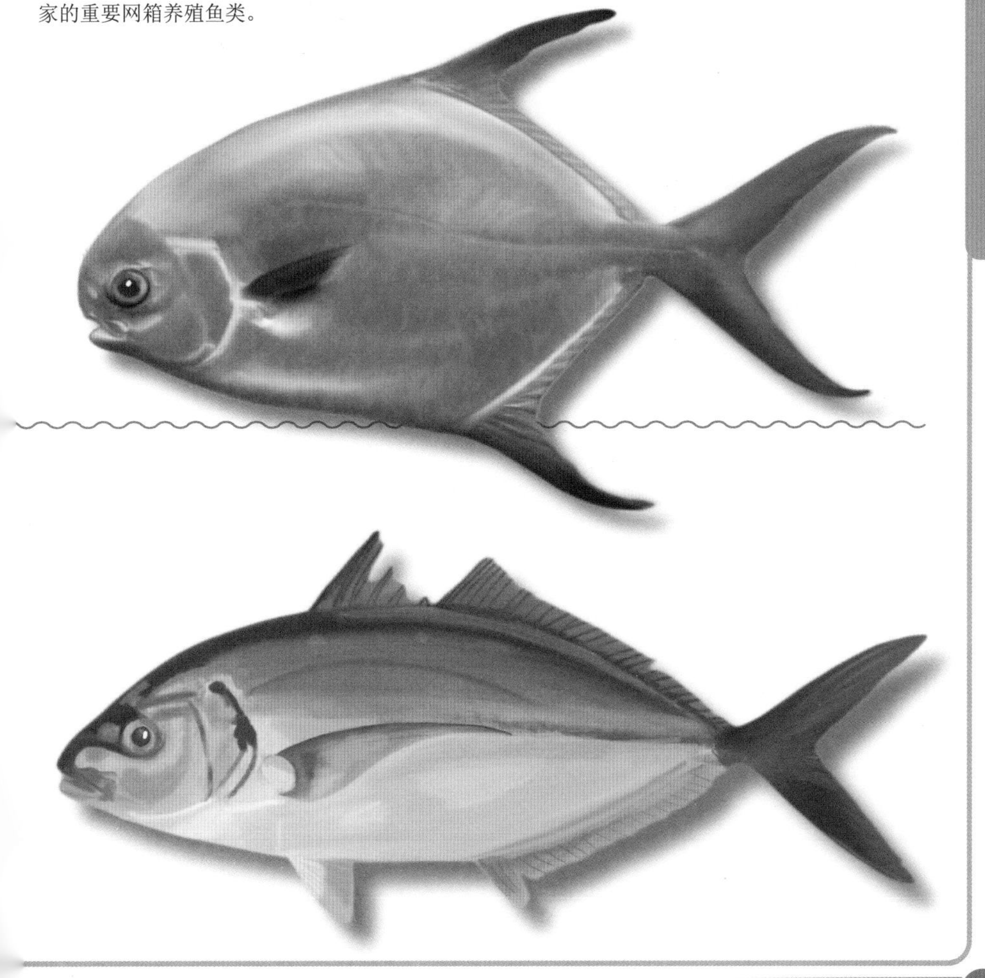

193. 乌鲳

乌鲳
Parastromateus niger
英文名：black pomfret
俗名：乌鲳、黑鲳、假鲳、铁板鲳、乌鳞鲳
分类地位：鲈形目—鲹科—乌鲹属
EW CR EN VU NT LC DD NE
保护等级：无危 LC

【生态习性】分布于印度洋—西太平洋近海，中国分布于黄海、东海大陆架水域和南海海域，以东海和南海居多，常集群栖息。一般在产卵季节游至水上层，天气恶劣时下沉到海底。每年1—2月从外海结群向近岸进行生殖洄游，5—6月产卵，7—8月又分散回到较深海区。

【识别特征】体长约40cm。体形外观酷似鲳鱼，所以其俗名都带“鲳”字。乌鲹拥有鲹科鱼类最明显的特征，即尾柄两侧具棱脊（棘状鳞），另外体色通体为乌黑色，而鲳鱼一般为银白色，尾柄无棱脊。乌鲹幼鱼阶段身体有横向斑纹，容易与高体鲹混淆。

【科普常识】乌鲹不仅外形很像鲳鱼，据说其制成的生鱼片，外观和味道也跟鲳鱼没大差别。也许它们本来就是一家人，人类把它们分成不同的科，只是一场误会而已。

194. 小斑鲳鲹

【生态习性】热带鱼类，广泛分布于西太平洋、印度洋的热带沿岸海域，中国分布于南海、东海南部海域。常分布于沿岸浅滩、珊瑚礁附近的沙砾底质水域，三五成群游来游去，捕食甲壳类和小型鱼类。

【识别特征】体长可达30cm。体形与卵形鲳鲹相似，体侧中部侧线上有2～3个明显的黑色斑点，但通常体长10cm以上时黑斑才会出现。10cm以下的幼鱼，体形比卵形鲳鲹更修长，背鳍和腹鳍更延长，尾叉也更深一些。

【科普常识】该种鱼在海南很常见，但整体上数量不多，一般在当地消费，极少批量流通。

195. 短吻丝鲹

【生态习性】分布于西太平洋至印度洋暖海域，我国分布于东海和南海海域，栖息于海域中上层。主要以甲壳类为食。繁殖期为 4—7 月。

【识别特征】体长约 50cm。幼鱼期腹鳍无长丝。成鱼体形仍有多角形特征，但各个角不如长吻丝鲹锐利，特别是头顶角部分比较圆滑，口吻端比较收敛。

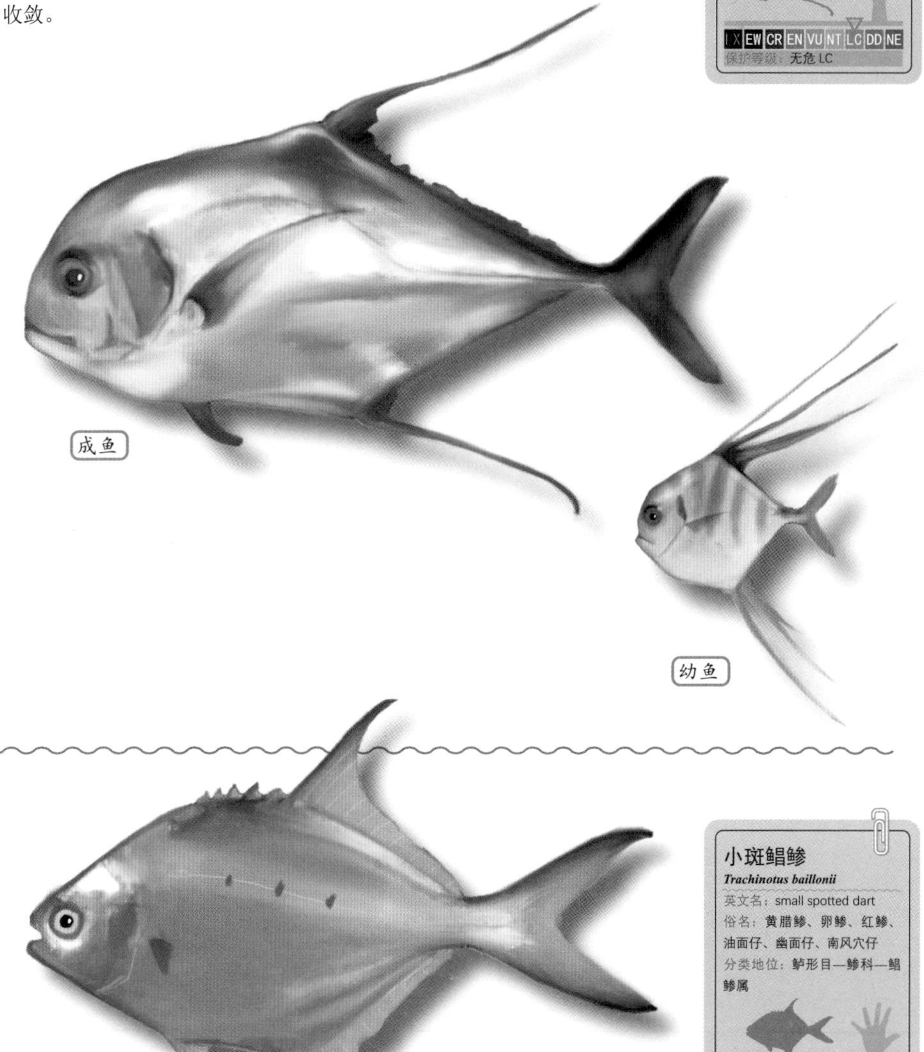

小斑鲳鲹

Trachinotus baillonii

英文名：small spotted dart

俗名：黄腊鲹、卵鲹、红鲹、油面仔、幽面仔、南风穴仔

分类地位：鲈形目—鲹科—鲳鲹属

EX EW CR EN VU NT LC DD NE

保护等级：无危 LC

196. 长吻丝鲹

【生态习性】广泛分布于印度洋—西太平洋近海，中国分布于东海、南海海域，常见于内湾底层。幼鱼游泳能力弱，常混杂在大型水母周围，或在近岸聚集捕食糠虾类。成鱼多在开阔水域中活动，性情凶猛，成群猎食小型动物。

【识别特征】是体长超过 1m 的大型鲹科鱼类。幼鱼期体形接近正四边形，体侧有多道明晰的横向纹路，背鳍和臀鳍拥有许多细长丝，为鳍条的衍生物，成鱼后消失，体形变成前后拉长的多角形，特别是尾柄显著修长，吻端特别是下颌前突。这种奇葩的外观在鱼类中极其罕见。**相似种类有短吻丝鲹。**

【科普常识】食用、观赏两用鱼类。在中式料理中无特别之处，如果做成生鱼片食用，注意鱼肚部分纤维较多难切，鱼皮与鱼肉连接紧密，去皮需要一定的技术。

197. 康氏似鲹

【生态习性】广泛分布于印度洋—西太平洋，西起非洲东岸，北至日本本州南部，南到澳大利亚海域，我国分布于台湾及以南的南海海域。主要栖息于沿海沙泥底质水域，但通常在潮下礁石岸带或海中独立礁石周边较多。一般以小群为单位群体生活，以鱼类、头足类为食。

【识别特征】体长可超过 1m。**体侧的偏上方有 1 列（6 ~ 8 个）蓝黑色大圆斑，尾柄两侧的棱脊和棱鳞缺失。嘴角向后延伸超过眼睛后缘的位置。相似种类有革似鲹、长颌似鲹。**

【科普常识】鳞片为匙形鳞，埋入较厚的皮下，表面看好像无鳞的样子，料理时也无法像其他鱼类那样刮鳞，要么带鳞料理，要么去皮料理。肉质较硬，油脂含量很低，适合用油煎食。

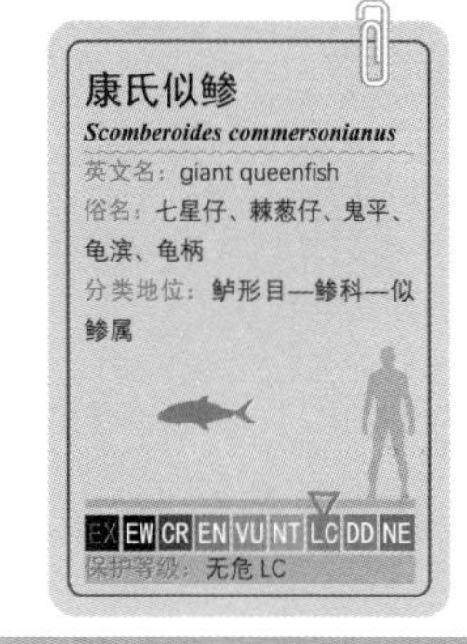

198. 革似鲹

【生态习性】分布于西太平洋暖海域，我国分布于黄海、东海和南海海域，栖息于海域中上层。肉食性，主要猎食鱼类。繁殖期为5—7月。

【识别特征】体长约30cm。体侧有1列暗黑色斑点，但斑点的形状多为上下拉伸的长椭圆形。背鳍外端为黑色。嘴角仅仅到达眼睛瞳孔的后缘。幼鱼阶段体侧的暗黑色斑点模糊。

199. 长颌似鲹

【生态习性】分布于西太平洋暖海域，我国分布于台湾及以南的南海海域，栖息于海域中上层。肉食性，主要猎食鱼类。繁殖期为4—10月。

【识别特征】体长约30cm。体侧沿侧线上下有2列浅灰色圆斑，斑点大小比上述2种鱼要小一些。背鳍外端为黑色。嘴角向后延伸程度与康氏似鲹差不多。

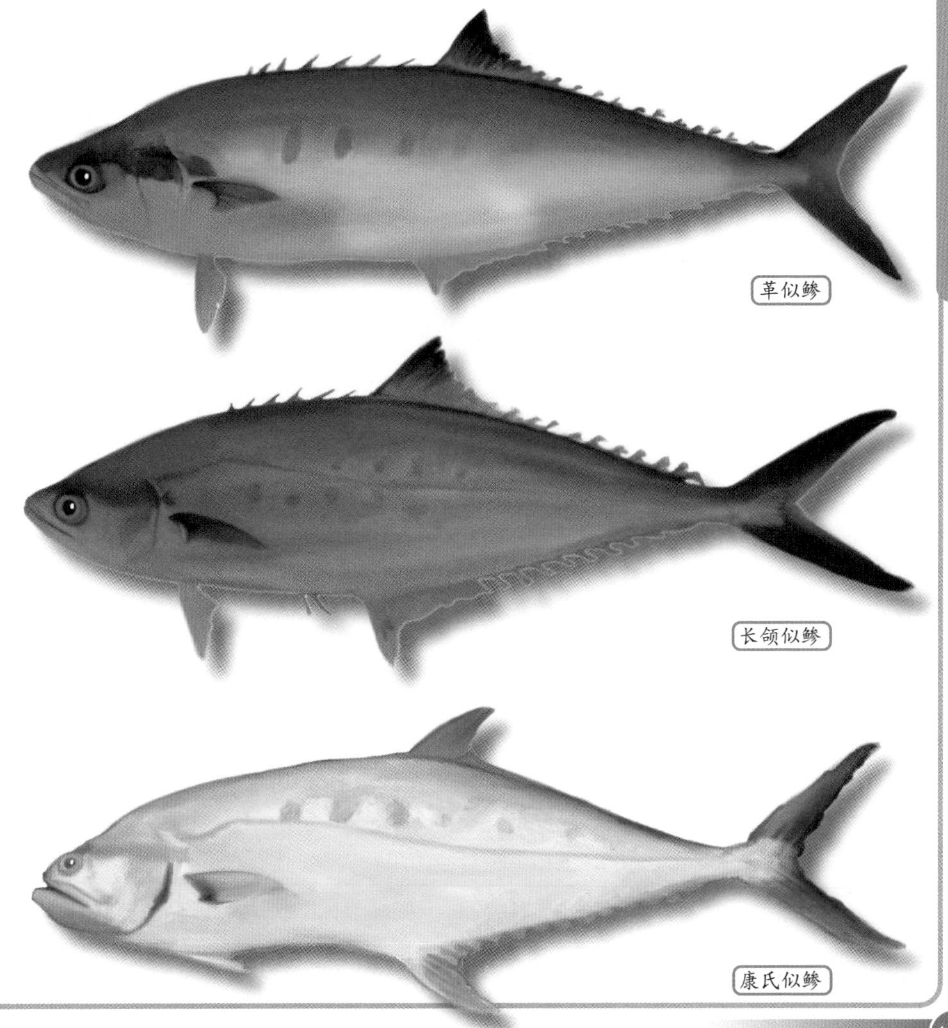

石首鱼科
（Sciaenidae）

鲈形目的 1 科，全球有 70 属 270 种，种类数在鲈形目鱼类中可排进前三。因鱼头中有“耳石”，中文取名“石首鱼”。有些种类的腹部呈亮丽的金黄色，俗名“黄花鱼”。

200. 大黄鱼

【生态习性】分布于西北太平洋区，主分布区在黄海南部至东海一带的中国沿海，有季节性洄游的习性。喜混浊水流，昼沉夜浮。主要以小鱼及虾蟹等甲壳类为食。

【识别特征】体长可达 60cm，属于石首鱼科里的大型种类。头大而钝尖，尾柄细长，从吻部到尾部的整个下半部分都呈现金灿灿的黄色。**相似种类有小黄鱼、棘头梅童鱼、黄姑鱼**（参照相关部分）。

【科普常识】福建、浙江一带的养殖鱼种。市场上看到的大黄鱼，基本都是养殖产品，野生大黄鱼价格极其昂贵。大黄鱼鳔能发声，在生殖期会发出“咯咯”的声音，鱼群密集时类似水沸声或松涛声。

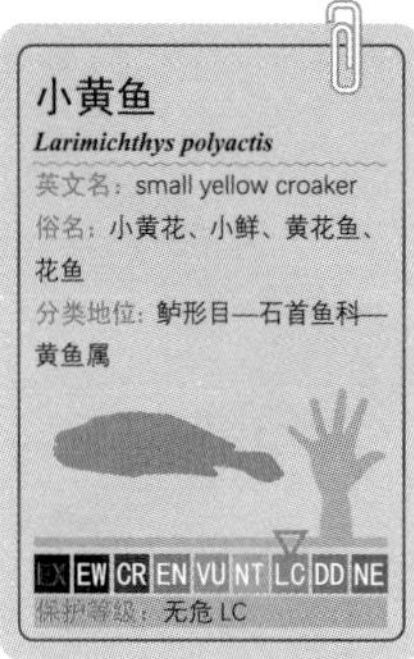

201. 小黄鱼

【生态习性】暖温性近底层鱼类，分布于中国的渤海、黄海、东海以及朝鲜半岛西部沿海，有集群洄游的习性。有昼夜垂直移动现象，白天常栖息于底层或近底层水域，黄昏时上升到中间水层，黎明时回到底层。主要食物为浮游甲壳类，也捕食虾蟹类和其他幼鱼。

【识别特征】体长 30 ～ 40cm。从吻部到尾部的整个下半部分都呈现金灿灿的黄色，与大黄鱼外观很相似，具体识别特征有，小黄鱼头较长，眼较小，鳞片较大，尾柄短而宽。另外还可以根据个体大小、产地来判断。

【科普常识】小黄鱼虽然深受国人喜爱，但因为个头不大，也只能是一般性的大众消费鱼类，说不上有特别之处。小黄鱼含有丰富的硒元素，能清除人体代谢产生的自由基，具有延缓衰老的功效。

202. 棘头梅童鱼

【生态习性】分布于中国渤海、黄海、东海以及朝鲜半岛、日本、菲律宾、越南等沿海。主要栖息于沙泥底质中下层水域，群聚性较弱。捕食底栖生物和小鱼虾，有同类相残现象。有春、秋 2 个产卵季节。

【识别特征】体长一般不超过 20cm。与小黄鱼、大黄鱼相比，棘头梅童鱼腹部的黄色略淡，尾部末端黑色。从体形上看，棘头梅童鱼更小，头部圆钝而尾柄拉长。**相似种类有黑鳃梅童鱼。**

【科普常识】从地域上说，棘头梅童鱼的主产地在东海，黑鳃梅童鱼在黄海较多，近年市场上多为棘头梅童鱼。与其个体不相符的是，产卵时的“咕咕”声较大，比较高调。

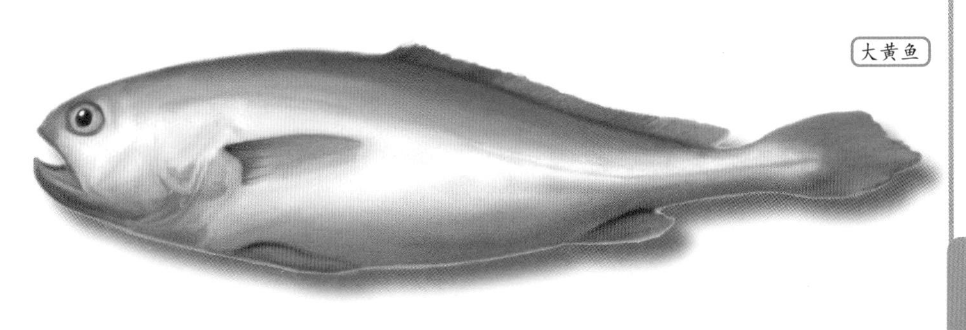

大黄鱼

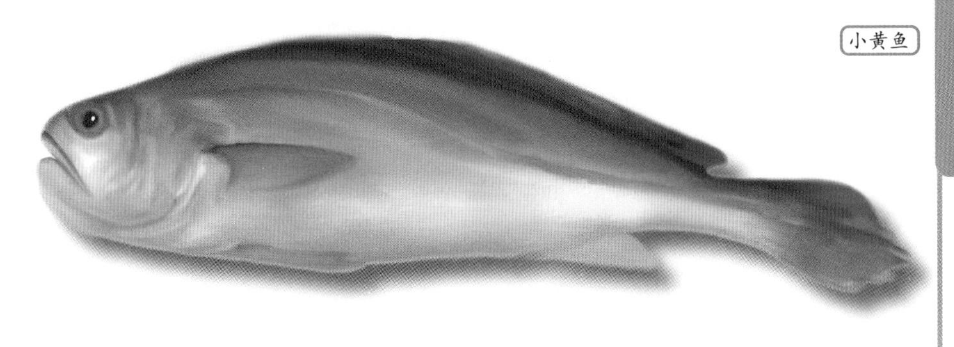

小黄鱼

棘头梅童鱼

203. 黑鳃梅童鱼

【生态习性】分布于西北太平洋暖温海域，我国分布于渤海、黄海和南海海域，栖息于近岸泥沙底质海区。主要捕食底栖动物、小鱼和糠虾等，也会同类相食。繁殖期为3—5月。

【识别特征】体长约15cm。身体腹部的黄色浅淡，**鳃盖部呈暗黑色。**

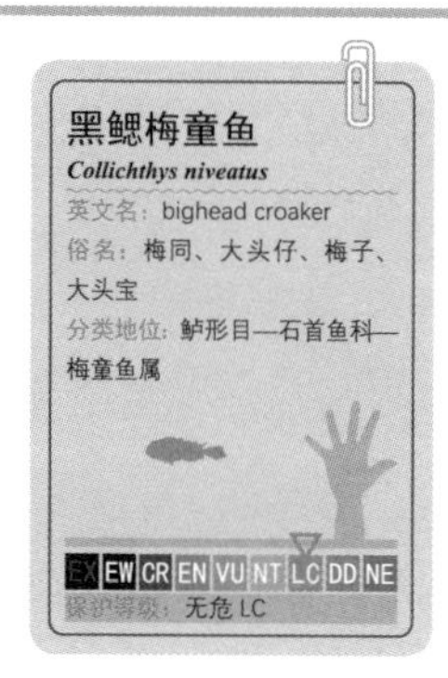

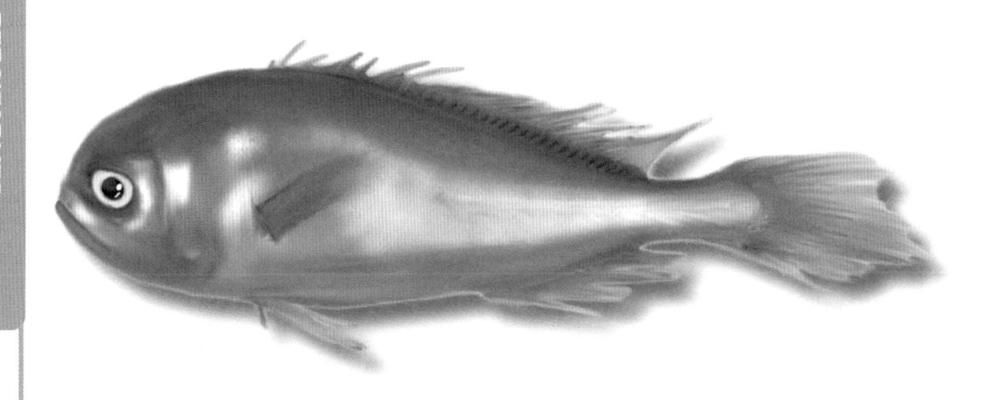

204. 黄姑鱼

【生态习性】分布于中国、朝鲜半岛、日本、越南等沿海，栖息水深70～80m。有明显季节洄游的习性，繁殖期发声。以小型鱼类、虾类和双壳类等底栖生物为食。

【识别特征】一般体长30cm左右，一般不超过45cm。与小黄鱼、大黄鱼、梅童鱼相比，黄姑鱼腹部的黄色非常浅淡，接近白色，仅胸鳍、腹鳍、臀鳍、尾鳍下沿呈黄色或橘黄色，背部略呈铁灰色，背鳍基部黑色。**相似种类有箕作黄姑鱼。**

【科普常识】黄姑鱼虽然也属于黄花鱼的类别，但腹部的黄色不明显，且肉质不及小黄鱼等细嫩，市场售价不高，曾经有不法商将腹部染成金黄色，作为正宗黄花鱼出售。

205. 箕作黄姑鱼

【生态习性】分布于西北太平洋暖温海域，我国分布于东海海域，栖息于近岸泥沙底质海区。主要摄食甲壳类、沙蚕等底栖动物和小鱼等。繁殖期为 5—7 月。

【识别特征】体长约 75cm。体形比黄姑鱼大，体侧有黑色斜带。

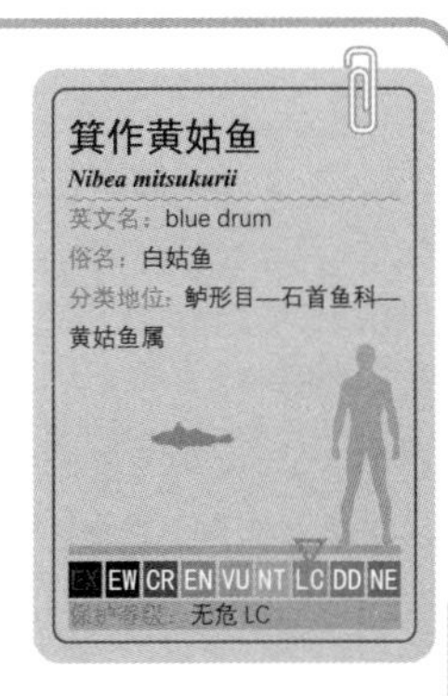

206. 白姑鱼

【生态习性】分布于太平洋西部和印度洋海域，中国海域均有分布，一般栖息于水深 40 ～ 100m 的泥沙底海区。食性较杂，主要摄食底栖动物及小型鱼类，如长尾类、短尾类、小型虾蟹类、虾虎鱼类等。

【识别特征】体长可达 40cm。体侧灰褐色，腹部银白色，胸鳍和尾鳍淡黄色。**尾鳍为上下对称的尖形。相似种类有皮氏叫姑鱼。**

【科普常识】大众消费鱼类，没有特别出众之处。白姑鱼晒干后做成鱼鲞，是东海一带的特产之一，也是沿海居民们喜爱的家常海产品。

207. 皮氏叫姑鱼

【生态习性】分布于太平洋和印度洋热带和亚热带海域，我国四大海域皆有分布，栖息于近岸泥沙底质岩礁区。主要摄食底栖动物和鱼类等。繁殖期为 6—9 月。

【识别特征】体长不超过 20cm。体长较小，**尾鳍为上短下长的楔形。**

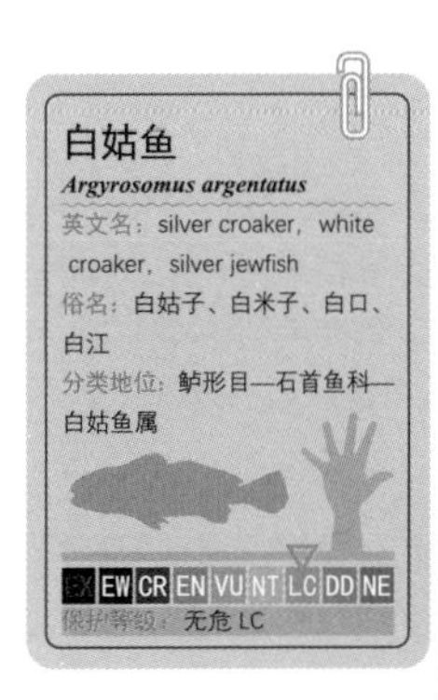

208. 鮸

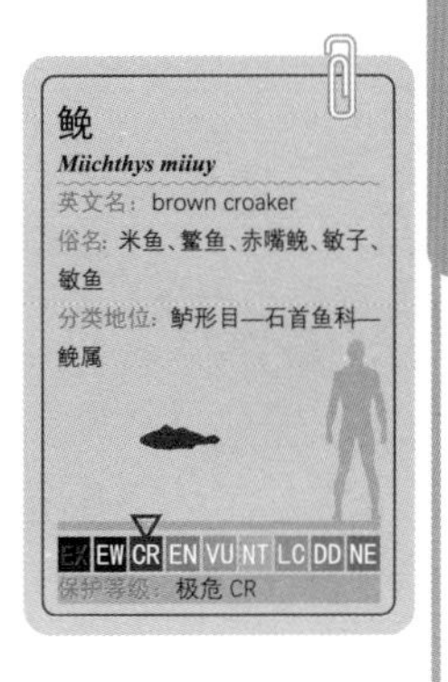

【生态习性】分布于中国、朝鲜半岛、日本、越南等海域，中国主要分布在黄海和东海海域，有昼沉夜浮的垂直移动习性。肉食性，同科的小黄鱼、白姑鱼等都在它的猎食菜谱上。舟山群岛 5—6 月、长江口外 7—8 月为繁殖期。

【识别特征】体长可达 80cm，是石首鱼科里的大个子。身躯硕大，身体呈褐色，腹部略淡，胸鳍后半部分黑色，其他各鳍皆呈与身体相同的褐色。幼鱼期与黑姑鱼很像，但黑姑鱼的胸鳍上半部分黑色。尾鳍楔形。

【科普常识】石首鱼科的顶级美味。含有丰富的硒元素，在中医上具有食补功效，耳石可作中药，鱼鳔更是不可多得的名贵中药材。

209. 日本黄姑鱼

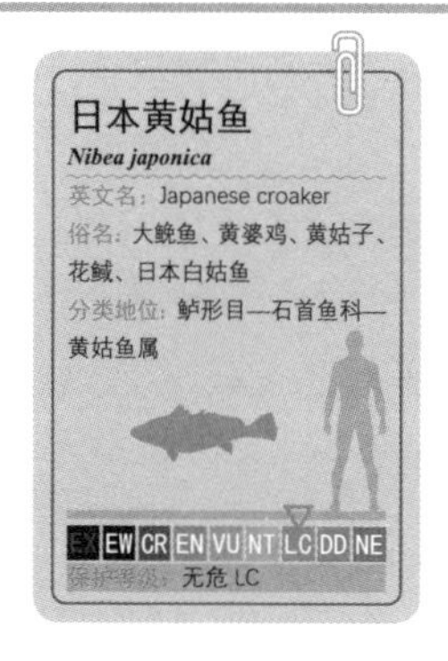

【生态习性】分布于中国、朝鲜半岛、日本南部海域，我国分布于黄海、东海和南海海域，成鱼常栖息于沿岸沙泥底质海域。凶猛肉食性鱼类，主要捕食底栖动物。

【识别特征】体长可达 1.5m，其个头是石首鱼科鱼类里的第一梯队。鱼体色泽有时呈淡黄色，有时呈金属白色，故有黄姑鱼和白姑鱼 2 个称呼。与其他石首鱼科鱼类的尾鳍通常呈尖形、楔形不同，日本黄姑鱼的**尾鳍呈双凹形**。

【科普常识】自然资源稀少，日本、韩国和中国分别突破了人工繁殖技术，根据市场需要进行人工养殖或增殖放流。

210. 黑姑鱼

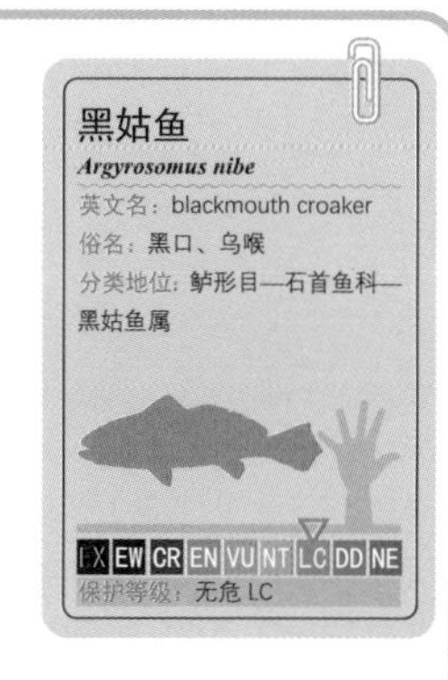

【生态习性】分布于印度洋和西太平洋，我国分布于黄海、东海和南海海域，生活于 45 ～ 200m 深的海域，肉食性，以小鱼、甲壳类为食。5—7 月为繁殖期，此时鱼群大量群聚并以鱼鳔发声。

【识别特征】体长可达 50cm。整体色泽呈现上倾向于乌黑色。胸鳍上部有 1 个黑色腋斑，胸鳍长度可超过第一背鳍。尾鳍双凹形，但中间部分向后尖突明显。

【科普常识】在石首鱼科鱼类中味道属于中上等，如果够新鲜，将其作为生鱼片也是不错的选择。由于过度捕捞，现在分布于我国的自然资源非常稀少。

211. 红拟石首鱼

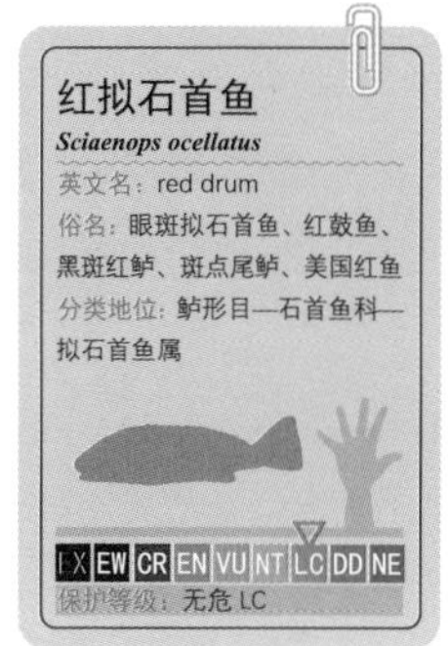

【生态习性】是美国大西洋沿岸及墨西哥湾的垂钓和养殖重要鱼种，是我国福建、浙江一带的重要网箱养殖鱼类。由于网箱养殖逃逸或宗教人士举行的放生活动，使其在我国沿海形成了一定数量的自然种群。

【识别特征】自然海域体长可达 1m 以上，国内市场上的养殖产品体长一般在 40cm 左右。外形与国产大黄鱼相近，体色则接近于黄姑鱼，腹部以上体色微红，幼鱼尾柄基部上方有 1 ～ 4 个圆形黑斑，尾鳍边缘呈蓝色。3kg 以上的成鱼尾柄黑斑消失。

【科普常识】红拟石首鱼生长较快，体重达到 500g 即上市出售，而此时的红拟石首鱼还处于幼鱼期，所以通常我们在消费市场上看到的红拟石首鱼，其尾部的黑斑清晰可见，成为一般消费者识别的重要标志。

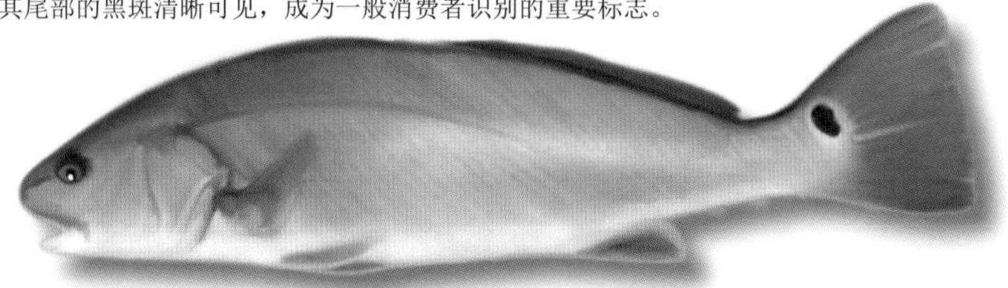

鲉科（Scorpaenidae）

鲈形目的 1 科，全球有 25 属 200 多种。曾隶属于鲉形目，许多教科书或工具书沿用此分类。21 世纪后鲉科整体迁移至鲈形目，科内的平鲉属、菖鲉属等移出组成平鲉科。

212. 环纹蓑鲉

【生态习性】分布于印度洋及太平洋、大西洋的温、热带海域，我国分布于东海以南的沿岸水域。多栖息于靠海岸的岩礁或珊瑚礁内，也会在桥桩、沉船残骸、水草丛中生活。性格孤僻，喜独居。以甲壳类动物、无脊椎动物及小型鱼类为食。

【识别特征】体长 30cm 左右。**整个身体被宽大夸张的鳍条所笼罩**，行似蓑笠衣而得名，其宽大的胸鳍展开时很有雄狮的味道，也称“狮子鱼”。体侧有红色或暗红色的条带斑纹。**相似种类是斑鳍蓑鲉。**

【科普常识】环纹蓑鲉的外表如此高调、夸张、华丽，让人联想到京剧的花脸行头，是水族馆的常客。背鳍有毒，手工处理时需注意。

213. 斑鳍蓑鲉

【生态习性】分布于太平洋和印度洋暖海域，我国分布于南海海域，栖息于岩礁区。喜欢独居，以甲壳类、无脊椎动物及小型鱼类为食。繁殖期为 5—6 月。

【识别特征】体长可超过 35cm。整体色调为暗红色。胸鳍、背鳍不像环纹蓑鲉般夸张，体侧斑纹略细黑。第二背鳍、臀鳍、尾鳍上密布黑色小斑点。

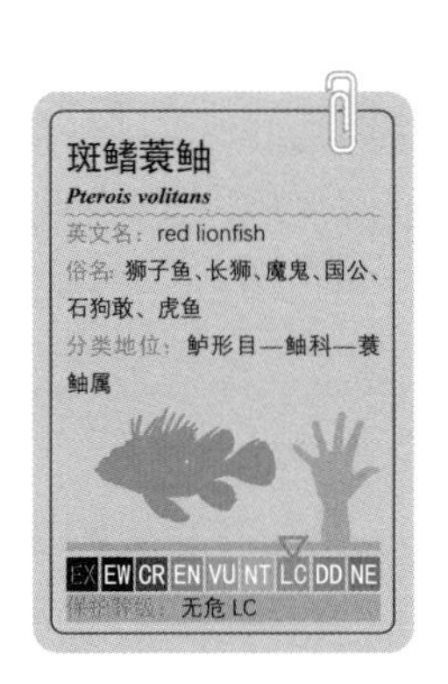

鱼种	头部腹面	背鳍、臀鳍、尾鳍斑纹	体侧斑纹中白色鳞片
环纹蓑鲉	白色无斑纹	数量少、色泽淡	明显
斑鳍蓑鲉	有斑纹	漂亮、明显且分布均匀	鳞片小、不明显

环纹蓑鲉

Pterois lunulata

英文名：butterfly fish，lion fish

俗名：狮子鱼、火鸡鱼、火鱼、魔鬼蓑鲉

分类地位：鲈形目—鲉科—蓑鲉属

EX EW CR EN VU NT LC DD NE

保护等级：无危 LC

平鲉科（Sebastidae）

鲈形目的 1 科，全球共 7 属 133 种。原为鲉科平鲉属，后与菖鲉属合成平鲉科。

214. 许氏平鲉

【生态习性】分布于我国渤海、黄海、东海以及朝鲜半岛和日本海域的沿岸岩礁区及临近水域。寿命 6 年以上。卵胎生，黄海近岸的幼鱼出生时间为 4 月至 6 月。

【识别特征】体长可达 40㎝。体侧主色调为黑色，腹下发白。但幼体时黑色素沉淀不足，有透明感，甚至略带黄红色特征。眼睛上方的头顶比较平坦（“平鲉”的来历），眼睛前下方有 3 个明显的棘刺，尾鳍后缘上下有白边。**相似种类有厚头平鲉、铠平鲉、五带平鲉。**

【科普常识】鲉科鱼类中最美味的种类之一，为中国北方网箱养殖鱼种。野生鱼在冬季至春季的味道最好。由于资源被过度利用，1kg 以上的野生鱼比较罕见。

215. 厚头平鲉

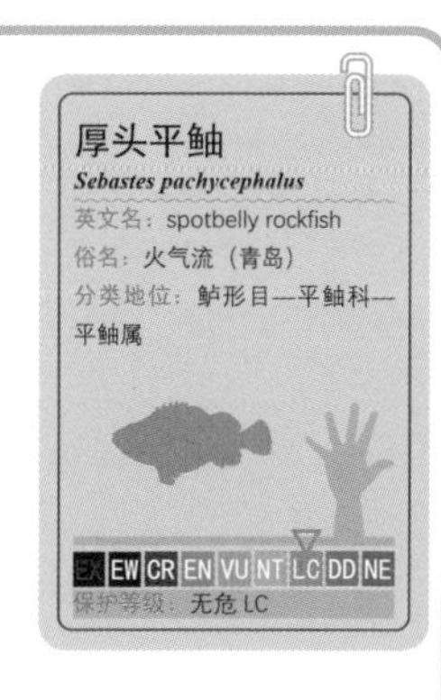

【生态习性】我国黄海、朝鲜半岛、日本均有分布。冷温性中型海鱼，栖息于近海底层岩礁间，不做远距离洄游。以甲壳类、幼鱼等为食。鳍棘具毒腺，为刺毒鱼类。卵胎生，幼鱼出生时间一般为春季至初夏。

【识别特征】体长 30cm 左右。体形长椭圆形，稍高，背缘浅弧形，腹缘浅凹形，头偏大，口吻端圆突。鱼体黑褐色或泛金色，腹部略白。体侧有黄色或瓦红色斑点（块），形状和分布不太规律，有分散的斑点，也有成片的斑块。

【科普常识】肉味鲜美，可供食用。鲜活鱼可切成生鱼片食用，但肉质略硬，可冷藏排酸几个小时让肌肉软化后口味更佳。

216. 铠平鲉

【生态习性】我国渤海、黄海以及朝鲜半岛、日本均有分布。栖息于近海底层岩礁间和海草丛生的地方，活动范围不大。以甲壳类、多毛类等为食。卵胎生。

【识别特征】体长不超过20cm。体色通常为茶红色或瓦红色，体表有不规则暗黑色斑，个体间色彩有差异。尾鳍无大的斑纹和色泽变化，后缘呈弧形。**相似种类是褐菖鲉。**

【科普常识】种群数量不多，经济性不高，虽然是海钓常见鱼种，但个体较小，人气也不高。铠平鲉体表的规则暗黑色斑，看起来像是武士披挂的铠甲，故得名。

217. 五带平鲉

【生态习性】分布于我国渤海、黄海以及朝鲜半岛和日本北海道以南海域，岩礁性鱼类，但栖息水深一般大于40m。卵胎生，12月至翌年1月交配，幼鱼在体内孵化长到5mm左右，3—6月份产仔。

【识别特征】体长可达30cm以上，最大体长可超过50cm，是平鲉科鱼类中的大个子。通体淡灰色中透着淡淡的红色，尤其是胸鳍比其他部位更红，身体侧面有5个不规则黑色斑块。尾鳍后端1/4或更少的部分呈现黑色。**相似种类是六带平鲉。**

【科普常识】主要栖息在外海深水区域，所以是平鲉科鱼类中最没有土腥味的种类。

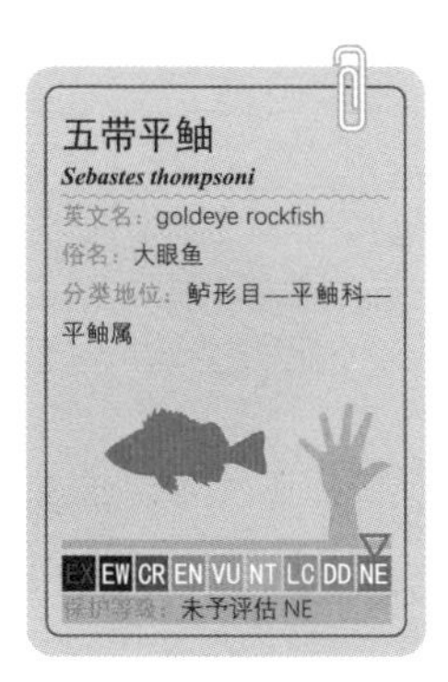

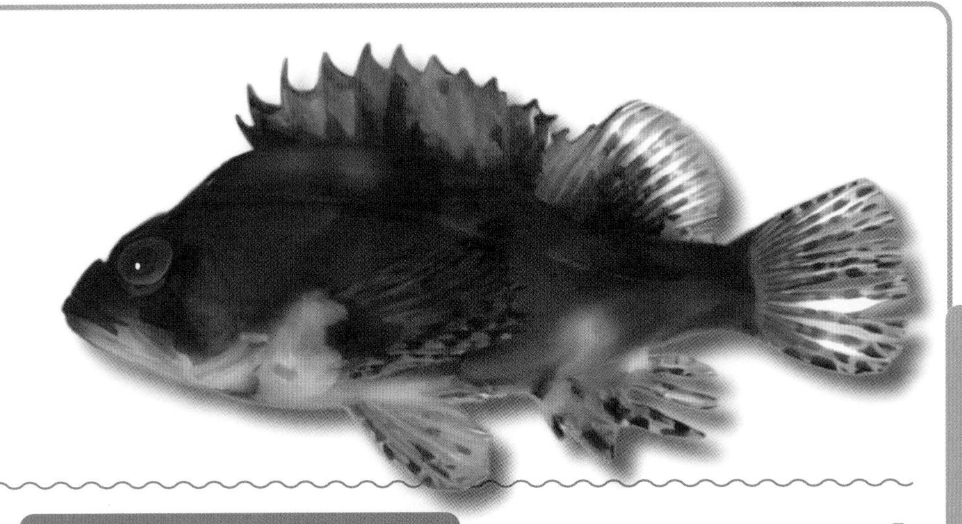

218. 六带平鲉

【生态习性】分布于西太平洋海域，我国分布于台湾及以南的南海海域，栖息于沿岸稍深的岩礁区。昼伏夜出，捕食小型鱼类、甲壳类和等足类生物。春夏季节产卵。

【识别特征】体长约 20cm。身体呈黄褐色，体侧的黑色斑块有 6 个，其中紧靠尾鳍的斑点有时不明显，而最前端的斑块则有时分离成 2 个独立的斑点。

219. 褐菖鲉

【生态习性】分布于我国黄海、东海、南海以及朝鲜半岛、日本北海道以南和菲律宾海域，常栖息于岩礁区的藻场守株待兔，以鱼类、甲壳类为食。卵胎生，10 月至 11 月交配，12 月至翌年 3 月产仔。

【识别特征】体长可达 30cm，寿命 7 年以上。鱼体呈茶褐色或暗红色，其颜色的深浅与水深具有一定关系，一般在沿岸浅水区的鱼比较偏褐色，深水区的鱼比较偏红。尾鳍弧形。**相似种类有白斑菖鲉、三色菖鲉。**

【科普常识】“菖”字源于一种水生植物“海菖蒲”，意指这类鱼多在海草丛生的地方出现。这类鱼的头顶多棘刺，像是披挂盔甲的武士，日本有些地方将其晒干悬挂于门前作为辟邪之用。

220. 白斑菖鲉

【生态习性】分布于西太平洋海域，我国分布于东海和南海海域，栖息于岩礁和泥沙底质海区。以小鱼、虾蟹类、端足类和藻类为食，背鳍棘有毒囊。繁殖期 3—6 月。

【识别特征】体长约 25cm。鱼体呈黄红色，腹部白色。

221. 三色菖鲉

【生态习性】分布于西太平洋海域，我国分布于台湾东海和南海海域，栖息于沿岸岩礁区。以小型鱼类和甲壳类动物为食。春季节产卵。

【识别特征】体长可达 70cm。鱼体呈深红色，尾鳍红黑界限不清晰，眼球更加外突。

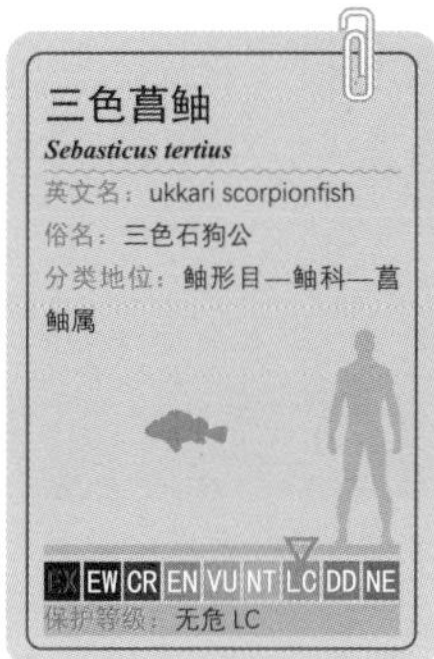

魣科（Sphyraenidae）

鲈形目的 1 科，全球仅 1 属约 30 种，热带及亚热带海域的大中型鱼类，体形独特，喜欢集群，除食用外，一些种类在潜水圈也很有人气。

222. 油魣

【生态习性】分布于中国、朝鲜半岛、日本、印度、菲律宾直至非洲东部沿海。中国四大海域皆有分布，长江以北较多，一般栖息于近海的中下层，喜欢集群。肉食性，摄食小型鱼虾类。

【识别特征】体长可达 40cm，通常为 20cm 左右。身体呈细长纺锤形，前后几乎对称，头部长而尖突且占身体比例较大，背视呈三角形。**第一背鳍位置较腹鳍靠后，尾鳍末端呈黑色。相似种类是日本魣、黄带魣。**

【科普常识】魣科鱼类（一般指鱼皮）有一种特有的味道，有人喜欢，也有人不喜欢。

223. 日本魣

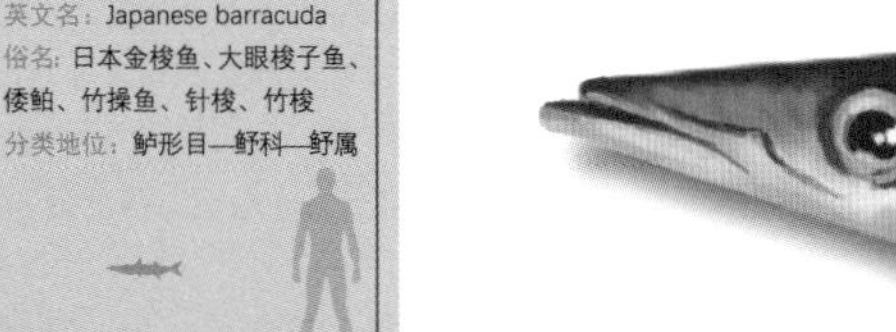

【生态习性】分布于西太平洋暖海域，我国分布于东海和南海海域，栖息于近岸浅海。以鱼类和头足类动物为食。繁殖期为 5—6 月。

【识别特征】体长可达 70cm。第一背鳍和腹鳍的位置差不多，腹鳍略微靠后一些。

224. 黄带魣

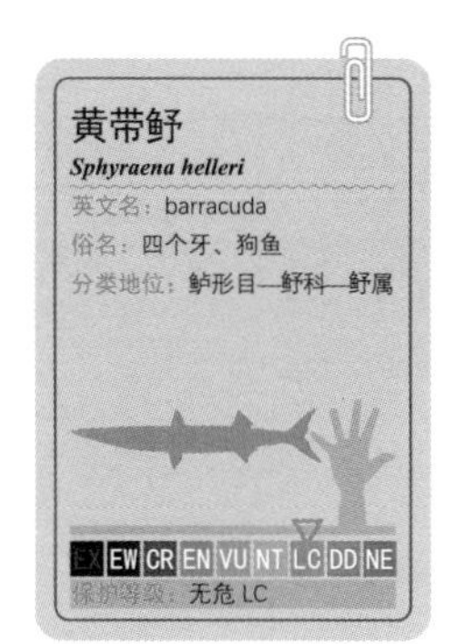

【生态习性】分布于中西太平洋和印度洋暖海域，我国分布于南海海域，栖息于内湾或珊瑚礁浅水区。以小鱼虾为食。繁殖习性不详。

【识别特征】体长约 50cm。体侧有 2 条黄带。

225. 大魣

【生态习性】分布于三大洋的热带、亚热带海域，中国分布于台湾以南的南海海域。一般栖息于珊瑚礁以及内湾的浅海，与一般鱼类相反，大魣幼鱼时难见集群，反而成鱼后有时集小群游动。肉食性凶猛鱼类，摄食小型鱼类和甲壳类。

【识别特征】体长超过 1m，甚至接近 2m，是魣科鱼类中体形最大的。鱼体延长呈鱼雷状，横截面接近圆柱形，背部为深蓝色或铁灰色，腹部为银白色。体侧有多条平行条纹，点缀一些墨色污点。尾鳍深分叉，呈倒“3”字。**相似种类有斑条魣、倒牙魣。**

【科普常识】大型魣科鱼类体内都可能含有雪卡毒素，其中大魣在日本有“毒魣”的称号，为了安全起见，建议不要食用。

226. 斑条魣

【生态习性】分布于西太平洋和印度洋暖海域，我国分布于台湾及以南的南海海域，栖息于近海中下层。性凶猛，以小虾、鱼类幼鱼以及头足类为食。繁殖习性不详。

【识别特征】体长可达 1.5m。背部呈青灰蓝色，腹部呈白色。体侧有许多延伸至腹部的淡黑色横带，上半部倾斜，下半部接近垂直。尾鳍黄色或暗黄色，腹鳍白色。

227. 倒牙魣

【生态习性】分布于西太平洋和印度洋暖海域，我国分布于台湾周边海域，栖息于内湾或珊瑚礁浅水区。性凶猛，以小虾、鱼类幼鱼以及头足类为食。春季繁殖。

【识别特征】体长可达 90cm。体侧有 20 多个角形纹，由背部延伸至侧线下方约 2/3 处。喜欢在热带浅海水域组成较大鱼群盘绕游荡，该情景经常出现在电视镜头中，与六带鲹的螺旋群游统称为“鱼群风暴”。

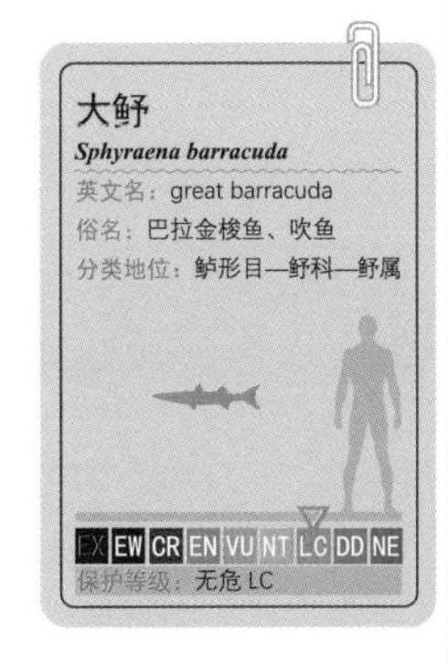

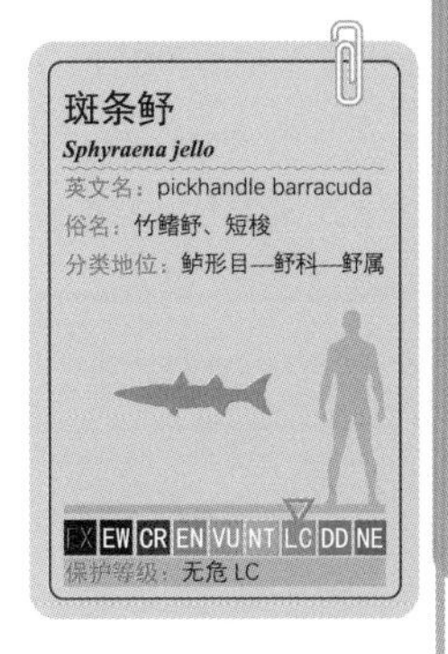

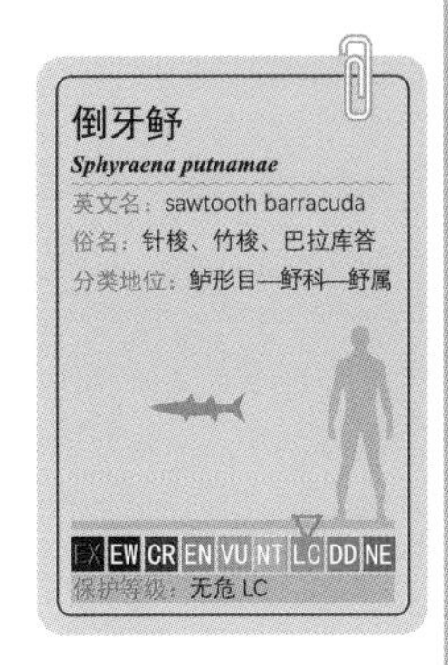

鱼种	最大体长	体侧横纹	尾鳍形状／颜色
大魣	1.8m	非＜形，有不规则黑斑	倒“3”字型，上下叶具黑斜带
斑条魣	1.5m	非＜形，止于侧线下方	“V”字型，黄色
倒牙魣	0.9m	＜形	“V”字型，边缘黑色

绒杜父鱼科（Hemitripteridae）

鲈形目的 1 科，全球有 3 属 8 种。本科鱼类体表覆盖有绒状细刺，基舌骨和鱼鳔欠缺。

228. 绒杜父鱼

【生态习性】分布于我国渤海、黄海以及朝鲜半岛、日本的北太平洋沿岸，在浅海底层生活，肉食性。11 月至翌年 3 月的冬季在浅海水域产卵，卵块黏着在岩礁石等附着基上。虽然为卵生鱼类，却有交配行为。

【识别特征】体长可达 30cm。体色为带点橄榄绿的灰褐色，但也有红、黄、粉等不同的颜色变化，繁殖期间还会变成冰蓝色。皮肤表面密布微细的刺状物，具不规则黑色斑块。我国分布的绒杜父鱼科鱼类仅此一种，无相似种。

【科普常识】因个头不大，外观难看，表皮覆盖一层绒刺状物，作为食物利用价值不高，市场上很少见，但据说剥皮后熬汤非常鲜美。鱼卵大，可做鱼子酱。

杜父鱼科（Cottidae）

鲈形目的 1 科，拥有 70 属 275 种，有淡水种、海水种、海淡水洄游种等类型。

229. 松江鲈

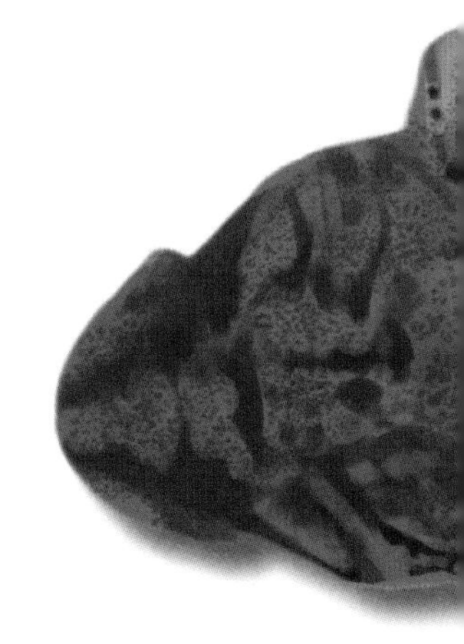

【生态习性】为近岸浅海鱼类，我国渤海、黄海、东海及日本九州均有分布。一般在淡水河流中成长，性成熟后，秋冬季节降河入海，2—3 月产卵，繁殖后雌鱼离去，雄鱼留在巢内护卵孵化，5 月左右幼鱼再回到淡水中生活。国家二级保护野生动物。

【识别特征】体长一般不超过 15cm。嘴巴宽大，鱼头大而宽扁，头的长度要占到整个身体长度的 1/3。鳃盖膜的上面左右各印染着 2 条鲜艳夺目的橘红色条纹。

【科普常识】中国四名鱼之首。历史上以松江出产最著名，故名松江鲈。与其丑陋的外表相反，松江鲈肉质洁白如雪，肥嫩鲜美，少刺无腥，食之能口舌留香，回味不尽。中国古诗词及其他史料中出现的鲈，一般是指松江鲈，而非海鲈。

绒杜父鱼

Hemiptripterus villosus

英文名：sculpin sea raven, shaggy sea raven

俗名：先生鱼、疥疤鱼

分类地位：鲈形目—绒杜父鱼科—绒杜父鱼属

EX EW CR EN VU NT LC DD NE

保护等级：无危 LC

松江鲈

Trachidermus fasciatus

英文名：roughskin sculpin

俗名：四鳃鲈、淞江鲈、花花娘子、花鼓鱼、老婆鱼、丑媳妇鱼

分类地位：鲈形目—杜父鱼科—松江鲈属

EX EW CR EN VU NT LC DD NE

保护等级：未予评估 NE

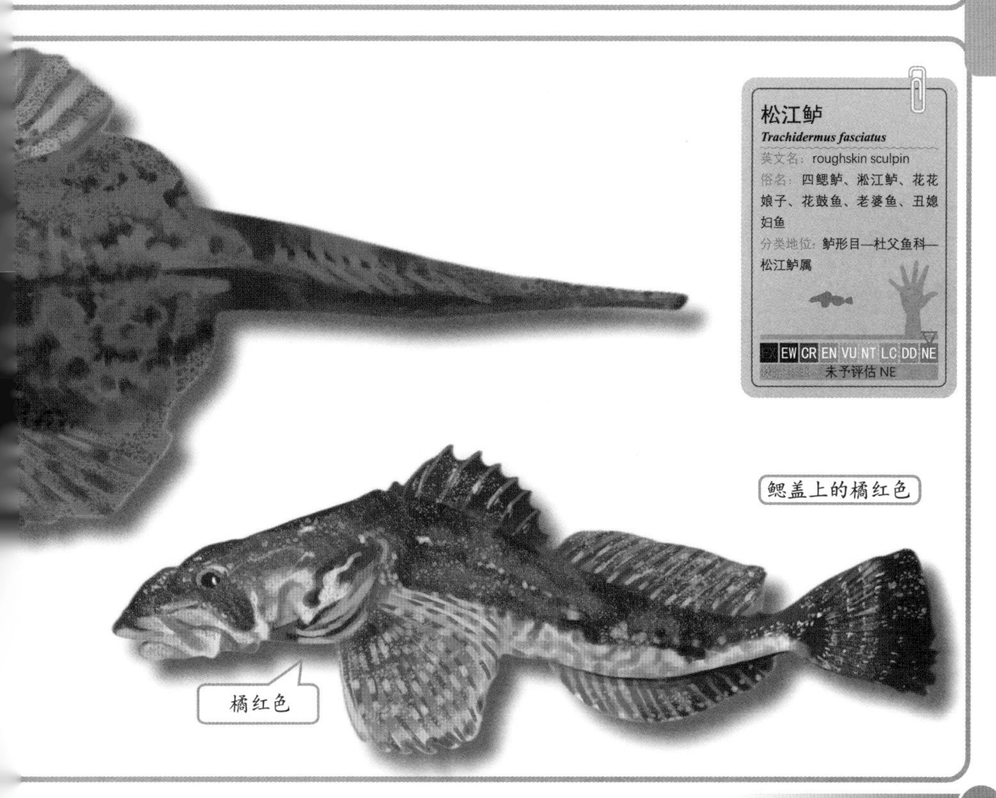

鲳科（Stromateidae）

鲈形目的1科，全球有3属17种。

230. 北鲳

【生态习性】分布于印度洋至西太平洋区，包括中国四大海域、朝鲜半岛至日本的西部海域。在中国以黄海南部和东海北部分布较为集中。有季节洄游的习性。主要摄食水母、底栖动物和小鱼。

【识别特征】体长可达40cm。体形接近正四边形，无腹鳍。**相似种类有银鲳、镰鲳、灰鲳、中国鲳，**其中北鲳和银鲳在外观特征上极为相似，专业人士也常把北鲳鉴定为银鲳，作为一般公众，不妨把它们做为同一种鱼看待。如果一定要区分的话，可引用一句话“台海以北无银鲳”，即产于南海的为银鲳，产于东海的为北鲳。另外，**与北鲳、银鲳比较相似的还有鲹科的卵形鲳鲹、乌鲹。**

【科普常识】温岭谚语“鲳鱼当退勿退，鳓鱼当钻勿钻。”意为鲳鱼遇网拼命向前，却不知如若倒退便可脱身，而鳓鱼碰网却倒退被缠，不知肚下倒刺锋利，向前可割网脱逃。指那些不知进退、自投罗网的人。

231. 镰鲳

【生态习性】分布于西北太平洋、日本中部至中国沿海一带，中国具体分布于渤海、黄海和东海。栖息于沙泥底质的近海沿岸的底层和中层，独游或成小群优哉游哉。以水母、浮游动物或底栖小动物等为食。

【识别特征】体长不超过25cm。与其他鲳科鱼类相比独有的特征是，**头部圆钝、尾柄略长，身体最宽处的位置相对前移。**背鳍、臀鳍似镰刀状，故得名，延长程度不像其他鲳鱼那样夸张。

【科普常识】因个体较小，在海鲜市场或海鲜料理店，通常混在杂鱼之中。

鱼种	头部	背鳍、臀鳍	尾鳍
北鲳	尖突	尖锐，臀鳍略长	燕尾幅窄，下叶略长或等长
镰鲳	圆钝	尖锐，臀鳍略长	燕尾幅窄，下叶延长
灰鲳	短钝	尖锐，臀鳍特延长	燕尾幅窄，下叶延长
中国鲳	尖突	短钝，背鳍、臀鳍等长	燕尾幅宽，上下叶等长

232. 灰鲳

【生态习性】分布于日本、 朝鲜半岛、 菲律宾、中国等太平洋西部海域，我国常见于东海和南海海域。属暖水性中上层鱼类，一般在近海和外海之间进行洄游，平时分散栖息于潮流缓慢的海区，冬季在黄海南部和东海弧形海沟内越冬，喜在阴影中群集。产卵期为6—8月。

【识别特征】体长30cm左右。吻短钝，尾柄短，尾鳍呈燕尾状伸长，下叶略长于上叶，臀鳍显著延长。幼鱼期背鳍和臀鳍的鳍条特别向后延长，甚至达到尾柄区，其中臀鳍尤其明显，随着成长逐渐缩短。

【科普常识】高档食用鱼类。灰鲳的外观特征在幼年期和成年期差别较大，曾经误认为是灰鲳（成年期）和燕尾鲳（幼年期）2个物种，后来才发现它们是一种鱼。

233. 中国鲳

【生态习性】分布于印度洋北部沿岸至日本以及中国东海南部、台湾海峡、南海等海域，属近海暖水性中下层鱼类。栖息在泥底质海域，偶尔会出现在河口，会成小群活动，肉食性，以水母、栉水母、浮游生物等为食。

【识别特征】体长30cm左右。体形接近正方形，体长和体高差不多。背鳍、臀鳍和尾鳍的边缘黑色，呈镰刀状圆钝而不够尖锐。尾柄明显比其他鲳鱼短而宽厚，尾鳍分叉很浅。幼鱼期的背鳍和臀鳍甚至并不是镰刀状，其边缘接近平直，更像是飞机的三角翼。

【科普常识】俗名“白鲳”，但与白鲳科的白鲳是不同的鱼种。福建以南地区有“一鲳二午三马鲛四红鲂”的说法，其中的“鲳”为中国鲳，“午”指马友鱼（多鳞四指马鲅），“红鲂”则是一种叫“金带细鲹”的小型鲹科鱼类。

北鲳

Pampus punctatissimus

英文名：harvestfish，silver pomfret

俗名：镜鱼、平鱼

分类地位：鲈形目—鲳科—鲳属

EX EW CR EN VU NT LC DD NE

保护等级：易危 VU

长鲳科
（Centrolophidae）

鲈形目的1科，全球有7属28种，我国纪录2属2种。

234. 刺鲳

【生态习性】分布于西太平洋海区，包括朝鲜半岛、中国、日本，在中国分布于东海、台湾海峡和南海海域。幼鱼成群漂流在表层，有时还躲在水母的触须里，成鱼后在底层生活，夜晚到表层摄食浮游生物及小鱼、甲壳类动物。

【识别特征】体长20cm左右。与前述的几种鲳鱼相比，刺鲳的身体明显修长，有腹鳍，背鳍和臀鳍几乎没有鲳鱼类似的镰刀型，鳃盖后上角有一个黑色斑块。鱼皮很薄，内部肌肉的轮廓像浮雕似的显现出来。**相似种类有日本栉鲳、白鲳科的白鲳。**

【科普常识】“刺鲳”之名，源于其背鳍和臀鳍都有几条硬棘。幼鱼阶段常躲在水母伞形下面保护自己，饿了又以水母的触手为食，毫不脸红地重复着“农夫与蛇”的故事。

235. 日本栉鲳

【生态习性】分布于西太平洋暖海域，我国分布于东海和南海海域，栖息于陆坡或海岭水域。性凶猛，以小型甲壳类生物和鱼类为食。繁殖期3—5月。

【识别特征】体长约90cm。体形比刺鲳更加细长，程度接近于鲭科鱼类，国内市场上不多见。

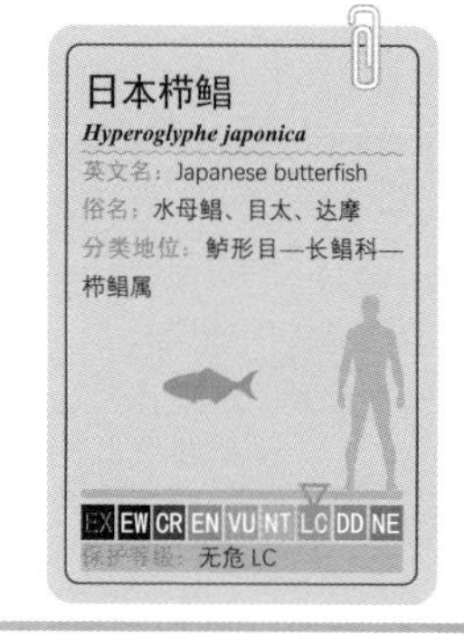

236. 白鲳

【生态习性】分布于太平洋至印度洋热带海域，我国分布于东海和南海海域，栖息于近海岩礁或珊瑚礁区。以底栖无脊椎动物和浮游动物为食。春季繁殖。

【识别特征】体长不超过 25cm。体形近乎圆形。背鳍中部的缺刻很深，缺刻之前的部分为分离鳍棘，且有 3 条鳍棘呈丝状延长，缺刻之后的部分为连续鳍条，猛一看好像是相互分离的 2 个背鳍。尾鳍双凹形。体侧银灰色，有 6 条暗褐色横带（图片中已褪色）。

金钱鱼科（Scatophagidae）

鲈形目的1科，全球有2属4种，我国仅分布1属1种。

237. 金钱鱼

【生态习性】分布于东印度洋—西太平洋，我国分布于东海及南海海域，通常栖息于岩礁区或海藻丛生的水域，有时见于河口、红树林，幼鱼常见于半咸水。主要以甲壳类、多毛类、藻类碎屑为食。

【识别特征】体长35cm左右。身体整体接近圆形，体侧布满大小不一的铜钱状圆斑。背鳍和臀鳍都分为鳍棘部和鳍条部，分界（缺刻）明显，二者的鳍条部上下对称。**相似种类有鸡笼鲳科的斑点鸡笼鲳、单角鲀科的丝背细鳞鲀、篮子鱼科的褐篮子鱼。**

【科普常识】金钱鱼的食用方法随其生活地点的差别而不同，广式吃法中有“果皮蒸金鼓鱼”，利用果皮（陈皮）压制金钱鱼的苦腥味，不惜为一道美味。特别是其幼鱼阶段也可作观赏鱼。

鸡笼鲳科（Drepanidae）

鲈形目的 1 科，全球仅 1 属 3 种，我国分布 2 种。

238. 斑点鸡笼鲳

【生态习性】分布于东印度洋—太平洋的暖温海域，我国分布于东海及南海海域，栖息于沙泥底质的浅水区中下层，以藻类及小型底栖无脊椎动物为食。

【识别特征】体长 30cm 左右。鱼体侧面呈菱形，胸鳍长，呈镰刀状。体色为银色或银灰色，鲜活时闪闪发光，**体侧有 4 ~ 11 条黑点连缀成的横带。**同属的条纹鸡笼鲳，体侧为连续的横带。鸡笼鲳的体形与金钱鱼有很高的相似性，只是金钱鱼体侧分布的是黑圆斑。

【科普常识】为台湾、广东一带的常见食用鱼类。具有与鲳鱼类差不多的扁平体形，特别适合清蒸。

眼镜鱼科
（Menidae）

鲈形目的 1 科，本科全球仅有 1 属 1 种。

239. 眼镜鱼

【生态习性】分布于印度洋—西太平洋热带及亚热带海域，我国分布于东海、南海，主要栖息于较深的水域。游泳能力不强，但却是肉食性鱼类，以动物性浮游生物或底栖生物为食。有趋光性，喜欢追逐发亮的东西，通常使用灯光围网捕获。

【识别特征】体长 20cm 左右。身体极度侧扁，侧面形状接近三角形，背部较平直而腹部弯度特别大，如同眼镜片。身体呈银白色，背部偏蓝，上有许多蓝色点散布。腹鳍呈丝状延长。

【科普常识】广东、海南一带常被灯光围网、定置网、拖网大量捕获，食用价值不高，通常作为养殖饲料。

鳗鳚科

鲈形目的 1 科。全球共记录 9 属 17 种，我国分布 2 属 2 种。

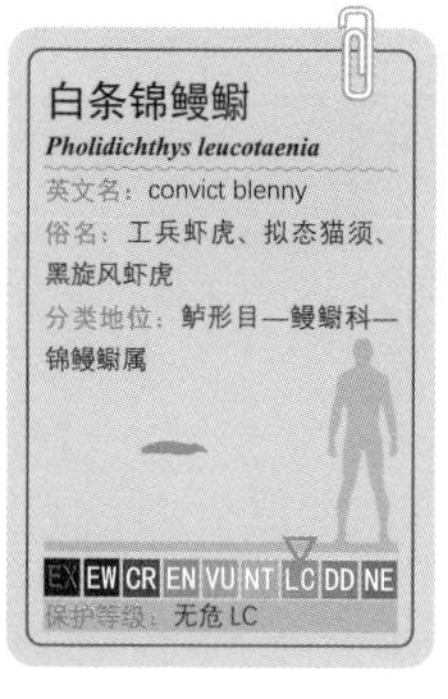

240. 白条锦鳗鳚

【生态习性】分布于西太平洋热带沿海水域，我国分布于南海海域，栖息于珊瑚礁附近。幼鱼期模拟鳗鲇结球行为，摄食浮游生物，成鱼肉食性，捕食鱼类和甲壳类。春季繁殖。

【识别特征】体长可达 60cm。其体形与绵鳚科、锦鳚科鱼类相仿，但其外观和行为都与后述的鳗鲇科鳗鲇极其相似，识别时须注意。**白条锦鳗鳚体侧有 1 条白色条纹，口周围没有触须。而鳗鲇体侧有 2 条黄白色细条纹，口周围有 3 对触须。**

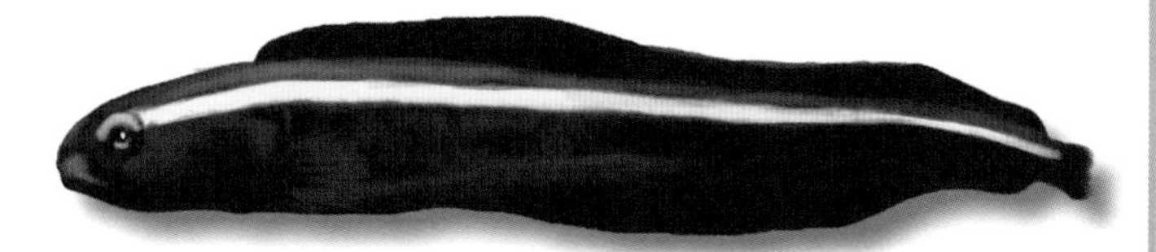

锦鳚科（Pholidae）

鲈形目的 1 科，潮间带鱼类四大科之一，共有 8 属 15 种。基本长相为鳗鱼类的圆柱细长条，有长长的带刺背鳍，多数种类不超过 10cm。

241. 云鳚

【生态习性】分布于渤海、黄海、东海北部、朝鲜半岛、日本沿岸海域，主要栖息地为潮间带至水深 20m 左右，常见于近岸岩礁、海藻和石砾间。幼鱼喜集群，成鱼较分散。主要食物为浮游生物。1 龄可达性成熟。

【识别特征】体长不超过 30cm。细长条体形，背鳍和臀鳍低长，后端与尾鳍相连。胸鳍、腹鳍和尾鳍短小。体背淡灰褐色，腹面浅黄，背面、体侧、背鳍和臀鳍有多块排列整齐的暗色云状斑。整体猛一看有些像泥鳅，从色泽花纹上又像乌鳢。**相似种类有同属的方氏云鳚。**

【科普常识】难登料理雅堂，一般只能在杂鱼锅里见到。日本则是以“天妇罗”（裹面油炸）吃法为主，据说味道甚美，甚至说云鳚就是为“天妇罗”而生的，有心的朋友不妨一试。

242. 方氏云鳚

【生态习性】仅分布于我国渤海、黄海和东海海域，栖息于近海岩礁或泥沙底质海区。主要以甲壳类动物为食。繁殖期 10—11 月。

【识别特征】体长约 15cm。与云鳚相比，方氏云鳚胸鳍较长，腹部无斑纹。

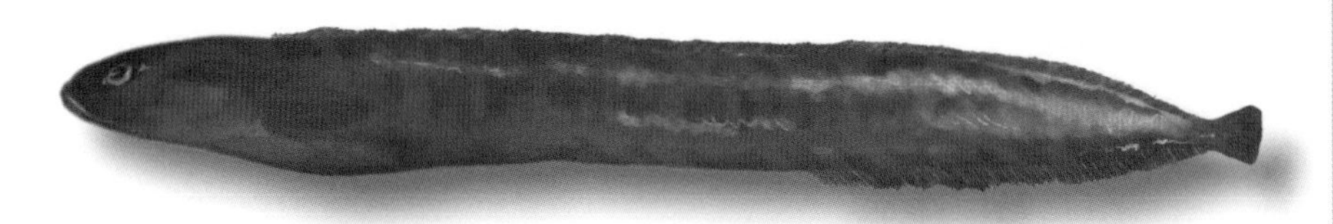

绵鳚科（Zoarcidae）

鲈形目的 1 科，是一个拥有 46 属 230 种左右的大家族。为细长的鳗形，蛇行海底。

243. 长绵鳚

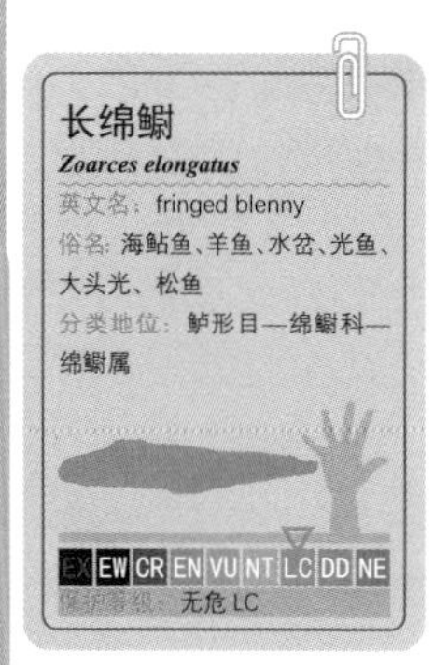

【生态习性】分布于中国、朝鲜半岛、日本及俄罗斯远东海域，中国分布于渤海、黄海和东海海域。一般栖息于近海底层，多匍匐海底，不做远距离洄游，也不结成大群。每年夏末秋初性成熟，生殖期为 12 月至翌年 2 月。卵胎生，分批产仔，每胎 400 尾左右。

【识别特征】体长可达 50cm 左右。整体细长，头部与虾虎鱼类似，身体略成鳗形。鱼体淡黄黑色，背缘及体侧有多个纵行黑色斑块及灰褐色云状斑。背鳍、臀鳍甚长，并与尾鳍相连。腹鳍、尾鳍极小，不明显。**相似种有吉氏绵鳚。**

【科普常识】虽然味道超群，但通常作为杂鱼处理。大个体的长绵鳚，也常见于海鲜料理店。

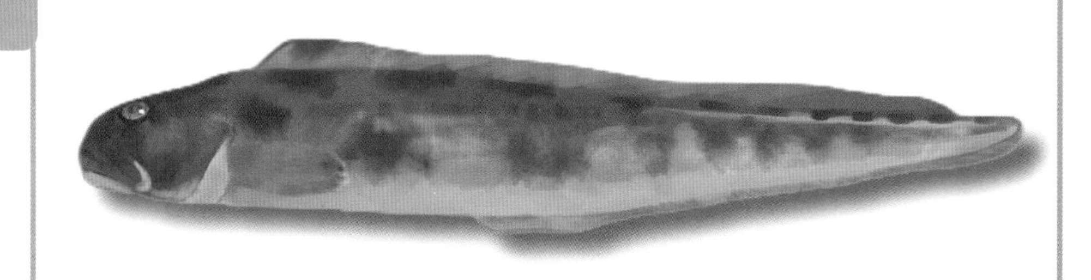

244. 吉氏绵鳚

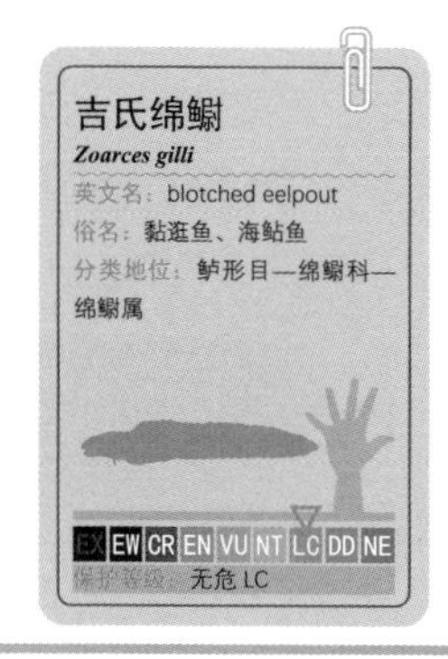

【生态习性】仅分布于东亚海域，我国分布于渤海、黄海和东海海域，栖息于沿岸泥沙底质海区。底栖性鱼类，摄食海底有机质或藻类。繁殖期 9—11 月。

【识别特征】体长约 45cm。背鳍前方的背部有 1 个较明显的暗色斑，两眼的间距更宽。

线鳚科（Stichaeidae）

鲈形目的 1 科，全球有 37 属 76 种。本科中许多种类有护卵的习性。

245. 日本眉鳚

【生态习性】分布于东亚的中国、朝鲜半岛、日本，我国见于渤海、黄海海域。近海冷温性底层鱼类，不做长距离洄游，仅做短途适温性迁徙游动，喜欢在礁岩底质海床上活动。杂食性，是章鱼的主要天敌。繁殖期为 12 月至翌年 2 月，雌鱼产卵后护卵。

【识别特征】体长 20cm 左右。根据所处的环境，体色可为橙黄、橘红、浅棕色等多种颜色，体侧有若隐若现的褐色云状横斑，各鳍深褐色。头部及周围有许多发达的皮质突起，顶端均呈掌状分枝，猛看有些类似梅花鹿的鹿角，但没那么夸张。

【科普常识】肉厚刺少，肥壮紧实，味道鲜美，口感软嫩，常被用来鲜炖。

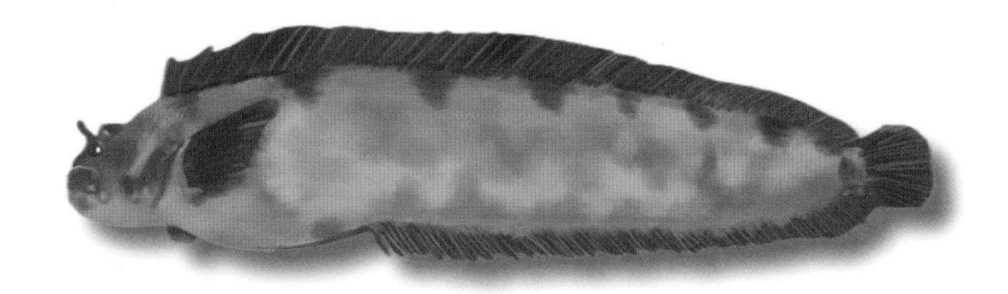

虾虎鱼科（Gobiidae）

鲈形目的1科，全球共有210属2 000多种，我国产80属285种。一夫一妻或一夫多妻制，雌鱼将鱼卵黏附在海藻床、岩石或珊瑚礁中，由雄鱼进行体外受精并护卵。

246. 斑尾刺虾虎鱼

【生态习性】主要分布于北太平洋西部，我国主要分布于黄渤海海域，常见于淤泥底质的海区或栖于河口底层，特别常见于对虾养殖池塘中。肉食性，以底栖动物和小鱼小虾为食。

【识别特征】体长可达50cm，属于虾虎鱼类中的大型种类。体形细长，尾鳍圆形。身体黄褐色，背面、吻部、眼间隔、颊部及项部均具不规则暗色斑纹。第一背鳍第5～8鳍棘间有一大黑斑。第二背鳍有3～4纵行暗褐色斑点，尾鳍有4～5横行暗色斑纹。

【科普常识】入冬产卵前的斑尾刺虾虎鱼是其最肥美的季节。俗语说“正月沙光熬鲜汤，二月沙光软丢当，三月沙光撩满墙，四月沙光干柴狼，五月脱胎六还阳，十月沙光赛羊汤。”该“沙光”即斑尾刺虾虎鱼。

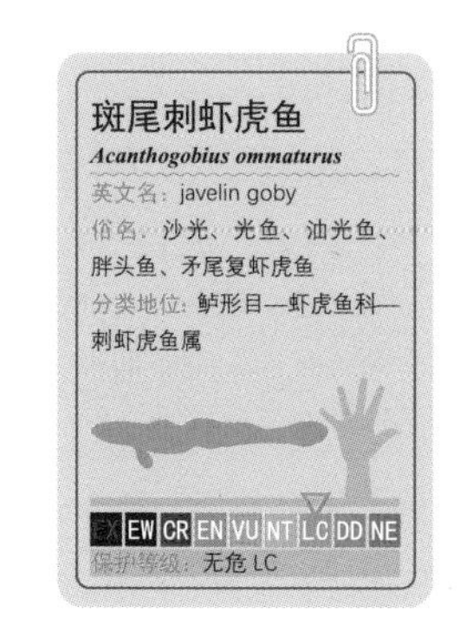

斑尾刺虾虎鱼

247. 黄鳍刺虾虎鱼

【生态习性】分布于太平洋东西两岸，我国分布于渤海、黄海和东海海域，栖息于近岸河口、港湾或泥沙底质海区。以小型无脊椎动物和幼鱼为食。秋季繁殖。

【识别特征】体长约 15cm。体形明显粗短，尾鳍上有明显的排列斑点。

黄鳍刺虾虎鱼

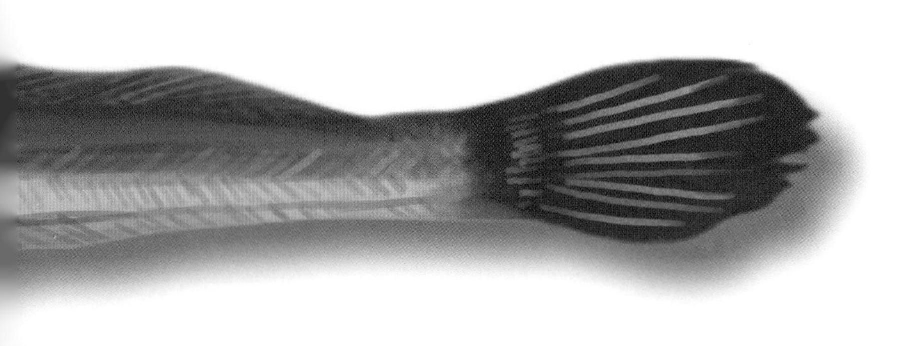

鱚科（Sillaginidae）

鲈形目的 1 科，全球约 3 属 35 种。通常栖息于近沿海水域的沙泥底质或内湾，有潜沙和成群觅食的习性。

248. 少鳞鱚

【生态习性】分布于印度洋至西太平洋海域，中国沿海皆有分布。主要栖息于泥沙底质的沿岸、河口红树林区或内湾水域。当遇到危险时会钻入沙中，危险解除后成群结队觅食，主要摄食多毛类、长尾类、端足类、糠虾类等。

【识别特征】体长 10 ～ 20cm。鱼体细长，略有侧扁，头部尖长，略逊于前述的油魣。尾鳍外缘略向内凹，也比油魣内凹程度浅很多。**相似种类有多鳞鱚。**

【科普常识】多鳞鱚和少鳞鱚都是大众喜爱的高级食用鱼，一般的食用方法是沾粉油炸，味道鲜美。南方多鳞鱚产量较高，常以冻品形式销售到北方。所以在北方饭店里遇到，冻品通常为多鳞鱚，鲜品则一般为本地出产的少鳞鱚。

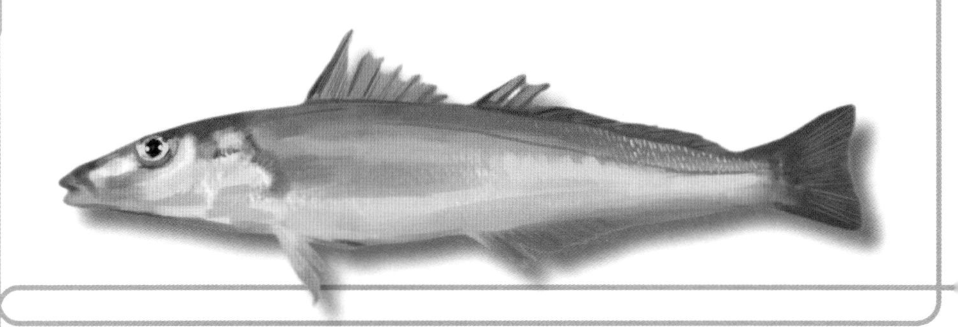

249. 多鳞鱚

【生态习性】分布于西太平洋至印度洋海域，我国分布于东海和南海海域，栖息于近岸沙底质海区。以多毛类、长尾类、端足类、糠虾等底栖动物为食。繁殖期 6—8 月。

【识别特征】体长约 25cm。少鳞鱚和多鳞鱚外部形态极其相似，统称“沙丁鱼”。仔细区分的话，少鳞鱚色泽带黄色，而多鳞鱚背部有些暗褐色，再辅以产地进行识别。

玉筋鱼科（Ammodytidae）

鲈形目的 1 科，全球约 8 属 23 种。一般没有牙齿，白天集大群摄食浮游动物，晚上钻到泥沙中歇息，故其科名即为希腊语的“ammos（沙）”和“dytes（潜伏）”的组合。

250. 玉筋鱼

【生态习性】分布在北太平洋以及我国的黄渤海区域。有钻沙的习性，下颌比上颌厚，并且有突起，可作为挖掘沙地的“铁铲”。饿了则游到海水的中上层，以浮游生物为食。春季到近海产卵，秋季洄游至较深的海域越冬。

【识别特征】体长不超过 20cm。体形细长，呈圆柱形，稍侧扁，头吻尖突，**背鳍很长，鳍条基部有 1 个黑色小点**，胸鳍椭圆形，臀鳍与背鳍后半部同形，并上下对称，腹鳍小，尾鳍浅叉形。

【科普常识】玉筋鱼群体数量较大，是北方海域生态系统中的重要鱼种。幼鱼时身体半透明状，鲜品或小鱼干价格较高，大个体的成鱼反而一般用作养殖饲料，价格较低。

鮨科（Serranidae）

鲈形目的 1 科，包含的种类数仅次于虾虎鱼科，与隆头鱼科不相上下。全球有 62 属 450 多种，我国有 32 属 140 种。通常说的“石斑鱼”，都属于鮨科。画蛇添足一句，“鮨”字读作“yì”，不读作“zhī”。

251. 青石斑鱼

【生态习性】岩礁非洄游性鱼类，一般不结成大群。肉食性凶猛鱼类，以虾蟹类、鱼类和软体动物为食，食物种类在不同的栖息地点存在差异，在稚鱼、幼鱼阶段有互相残食现象。雌雄同体，多次产卵，产卵期为 6—7 月。

【识别特征】体长不超过 40cm。青石斑鱼其实不“青”，头部及体侧上半部呈灰褐色，腹部呈金黄色，体侧有 4 条绿褐色横斑（捕捞上岸不久淡化模糊），尾柄处也有 1 条横斑，尾鳍圆形，头部及体侧散布着小黄点，背鳍、臀鳍软条部及尾鳍的边缘黄色。

【科普常识】海产名贵鱼类之一，肉细味鲜，差不多是最早被人工养殖的石斑鱼类，其规模化育苗的一大技术难关是解决幼鱼期同类相残的问题。

252. 赤点石斑鱼

【生态习性】分布范围为自印度、经菲律宾到日本沿海，中国分布于南海和东海南部，栖息于岩石及沙砾底质，筑穴而居，最大栖息水深 60m。肉食性，主要摄食鱼类和虾类。双向性雌雄同体，产卵期在 4—9 月，寿命 8 ～ 10 年。

【识别特征】体长 20cm 左右。体形椭圆形，侧扁，尾鳍圆形。**头部、体侧、背鳍与尾鳍分布有红色斑点，背鳍接近中部的基底处有一黑斑。**

【科普常识】由于鱼体斑点颜色为中华文化中象征吉祥的红色，一直是中式喜宴中广受欢迎的食用鱼。近年，由于几乎通体呈鲜艳红色的东星斑（豹纹鳃棘鲈）人工养殖成功，赤点石斑鱼的地位和人气几乎被取代。

253. 七带石斑鱼

【生态习性】只分布在西北太平洋的中国、朝鲜半岛和日本，中国主要分布于东海海域，南海也有分布。栖息于水深 30m 以内的沿岸礁区，通常在洞穴或岩缝间逗留觅食，主要摄食鱼类及甲壳类。

【识别特征】体长可达 50 ～ 60cm，有记录的最大体长为 186cm，体重 120kg。体呈椭圆形，侧扁，尾鳍圆形，**尾鳍后缘有一抹白色。体侧有 7 条浅色横向斑纹**，幼鱼时期非常清晰，随着长大慢慢模糊，直至斑纹消失，变成通体黑褐色。**倒数第 2 条褐色横带比其他横带要宽很多，类似 2 条横带若即若离组合成 1 条横带。相似种类有八带石斑鱼。**

【科普常识】石斑鱼的代表性种类，高级食用鱼。与食用鲜活鱼相比，大个体的七带石斑鱼，冷藏 24 小时以上排酸后，肉里富含肌苷酸，香味更加浓郁。

254. 八带石斑鱼

【生态习性】分布范围从南非到东亚的日本，我国分布于台湾到南海一带。石斑鱼中的大型种类之一。

【识别特征】成鱼体长可达 80cm。体高略大于七带石斑鱼，眼睛也稍大。整体呈淡黑色，体侧有 8 条深黑色横向斑纹，**倒数第 2 条横带比其他横带略宽，为完整横带，没有要分成 2 条的迹象。尾鳍整体黑色，后缘圆形。**

【科普常识】七带石斑鱼和八带石斑鱼过于相似，都是高级食用鱼类，市场上一般不加区分。八带石斑鱼的日语名字意为“疑似七带石斑鱼”或“冒牌七带石斑鱼”，可见二者的相似程度。

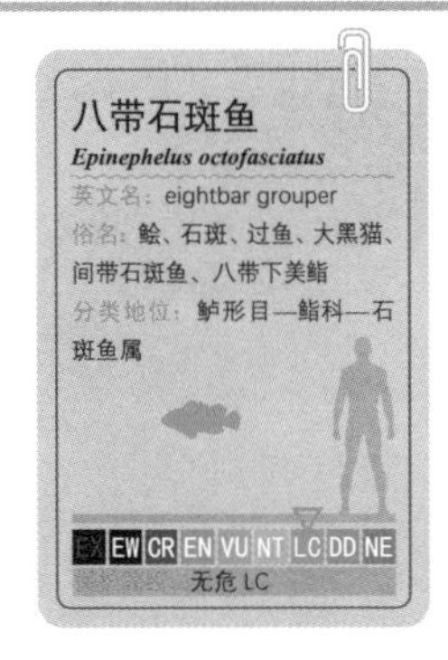

255. 马拉巴石斑鱼

【生态习性】分布于太平洋至印度洋暖海域，我国分布于台湾及以南的南海海域，栖息于近岸浅水岩礁区。以鱼类和甲壳类为食。繁殖期4—11月，盛期为 4—5 月和 9—10 月。

【识别特征】体长约 80cm。与点带石斑鱼极为相似，主要区别是身体斑点的颜色，**马拉巴石斑鱼为黑色斑点**，点带石斑鱼为橙褐色或红褐色斑点。

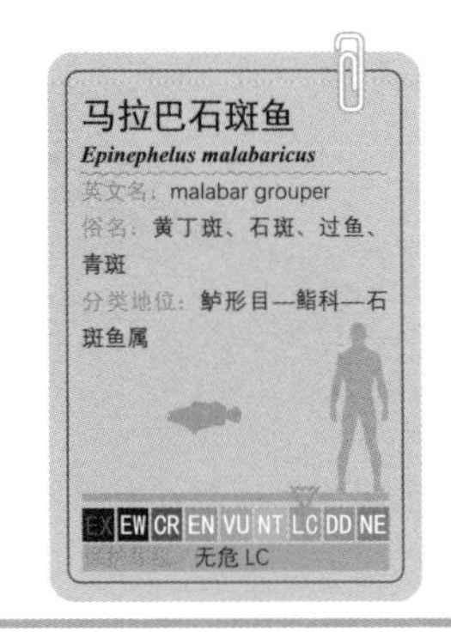

256. 点带石斑鱼

【生态习性】分布于西太平洋至印度洋海域，西至非洲东岸，北限为日本南部，南至澳大利亚中部沿岸，中国分布于东海南部至南海海域，一般栖息于沿岸海域的珊瑚礁、岩礁等附近。肉食性凶猛鱼类，主要摄食鱼、虾和头足类等。雌雄同体，先雌后雄。

【识别特征】体长可超过1m，体重15kg。头和体背呈棕褐色，体形略细长，**鱼体和鳍条的中部密布橙褐色或红褐色的小斑点，体侧有5条大的、不规则的、间断的、向腹部分叉的黑斑**，第1个黑斑在背鳍前部的下方，最后的黑斑在尾柄上。**相似种类有马拉巴石斑鱼。**

【科普常识】本种鱼的口味在石斑鱼类中属于顶级品质，现为人工养殖鱼种。

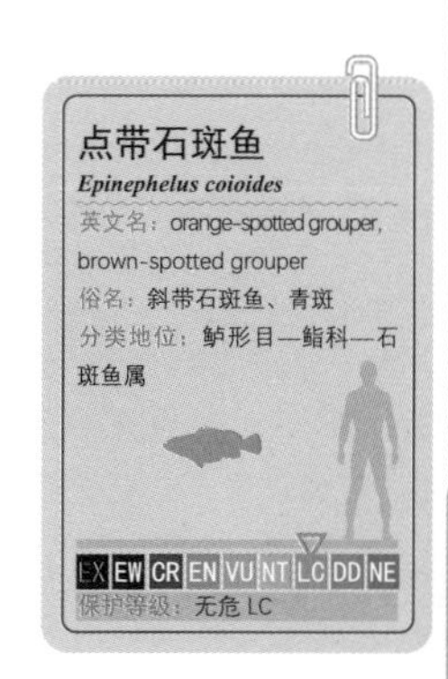

257. 三斑石斑鱼

【生态习性】分布于中国、朝鲜半岛、日本海域，中国分布于东海和南海海域，一般栖息于岩礁区，水深不超过30m。

【识别特征】体长30cm左右，石斑鱼里的小个子。外观与前述的赤点石斑鱼非常类似，主要区别是，**三斑石斑鱼从背鳍中部到尾柄有3个明显的大黑斑**，这3个大黑斑也是其英文名和中文名的语源，而赤点石斑鱼只有1个黑斑，且有时不是特别明显。**各鳍均有白边。**

【科普常识】三斑石斑鱼的自然资源不多，由于其成鱼大小非常符合我国老百姓的消费习惯，是福建以南沿海地区网箱养殖的重要品种之一。

258. 棕点石斑鱼

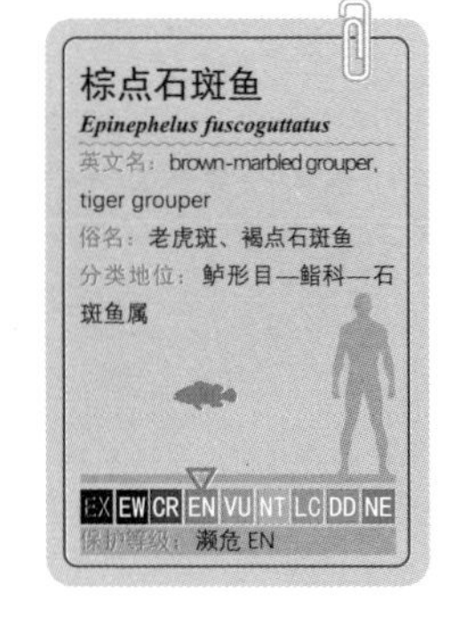

【生态习性】分布于红海、印度洋非洲东岸至西太平洋沿岸，中国分布于东海南部至南海海域，生活在水质清澈的珊瑚礁、潟湖中，栖息水深60m以内。肉食性，以鱼类、头足类、甲壳类为食。

【识别特征】体长可超过60cm。身体呈黄色至浅褐色，**有5块不规则的深褐色斑纹垂直排列，全身布满密集的细小褐色斑点**，在斑纹上的斑点颜色较深，胸鳍茶褐色。**头部眼睛后方有1个明显的凹陷。相似种类有清水石斑鱼。**

【科普常识】棕点石斑鱼和清水石斑鱼都有雪卡毒素。据相关资料，鱼体底色变红的野生鱼，含毒的可能性较大，不建议食用。

259. 清水石斑鱼

【生态习性】分布于太平洋至印度洋暖海域，我国分布于台湾周边海域，栖息于珊瑚礁浅水区。以鱼类、甲壳类等动物为食。繁殖期 4—6 月。

【识别特征】体长约 60cm。体形与斑纹石斑鱼和棕点石斑鱼很像，区别是清水石斑鱼**头部眼睛后方无凹陷，尾柄上部有 1 个明显的黑色斑纹。**

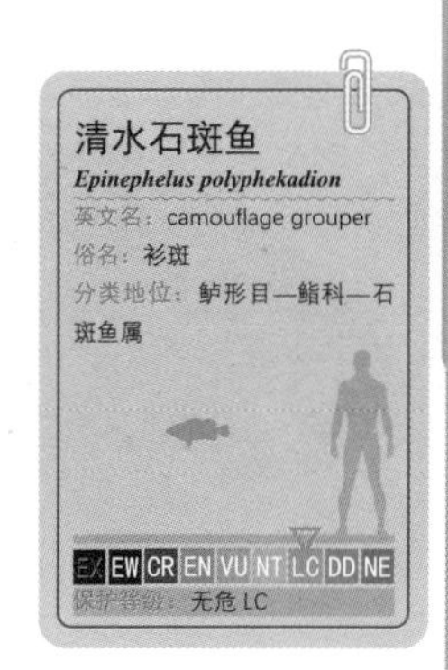

260. 玳瑁石斑鱼

【生态习性】分布于西太平洋至东印度洋之间的海域，我国分布于东海南部至南海海域，栖息于沿岸水深 50m 以内的沙底和岩礁区域。以甲壳类、小鱼及蠕虫等为食。

【识别特征】体长达 40cm。体形为长椭圆形，侧扁而粗壮，腹部在胸鳍基部前方有 2 条暗色带，**身体的斑纹近似五边形，紧密组合呈网状**，与玳瑁的龟甲相似，故得名。石斑鱼中其他鱼类没有相似的斑纹形状。

【科普常识】与青石斑鱼、赤点石斑鱼、三斑石斑鱼等同属于石斑鱼类里的小个子，但毕竟是石斑鱼，味道没的说。

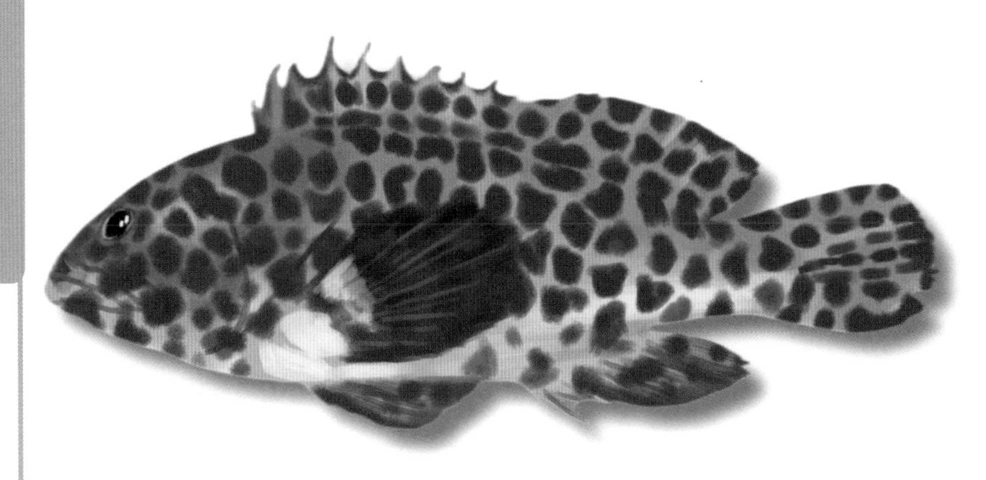

261. 云纹石斑鱼

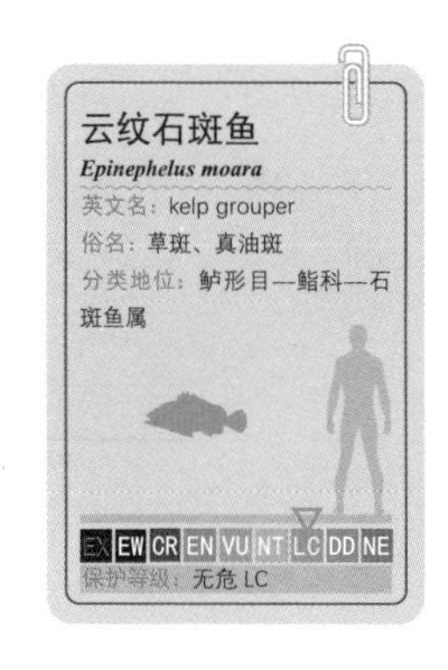

【生态习性】分布于太平洋西部海域，我国分布于东海至南海北部海域，栖息于岩礁或泥质底质的中下层海域。以鱼类、头足类、甲壳类及软体动物为食，稚幼鱼有相互残食的现象。繁殖期 6—7 月。

【识别特征】体长可达 1m。体长与外观和褐石斑鱼几乎相同，区别是云纹石斑鱼的背鳍、臀鳍和尾鳍边缘有一圈细小白边。如果颜色消退，就不好判断了，好在当成褐石斑鱼消费也不亏。

262. 褐石斑鱼

【生态习性】分布于西北太平洋沿岸，包括中国、韩国、日本等国家沿海。主要栖息于岩礁区、沙泥底区域。肉食性，主要以小型鱼类及甲壳类为食。雌雄同体，6～7 龄由雌变雄，寿命长达 20 年。

【识别特征】体长可达 50cm，最大可达 1.2m，体重 50kg。体形长椭圆形，侧扁而粗壮，**深灰褐色，身体布满淡灰色小点并汇聚成 6 条不规则的深褐色斜纹图案**，随着年龄增长越来越模糊。尾鳍圆形，但比同级别的七带石斑鱼平直一些。**相似种类有云纹石斑鱼。**

【科普常识】高级食用鱼类，可人工养殖。

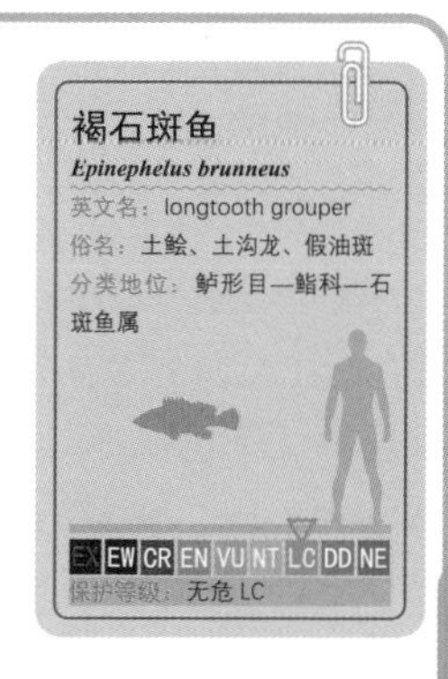

263. 鞍带石斑鱼

【生态习性】暖水性海洋底层鱼类，分布于热带印度洋和太平洋沿海，中国常见于东海南部至南海一带。主要生活在礁区、近海沿岸。

【识别特征】体形最大的石斑鱼类，一般体长 60 ～ 70cm，大者可达 2m，体重 30 ～ 40kg。体形长椭圆形，侧扁，口较大，体褐色，偶见斑点或斑块。各鳍深褐色，边缘有小黑点。幼鱼期体色偏黄色，有 3 条宽横带，夹有不规则黑带。**背鳍鳍棘部比鳍条部低，尾鳍后缘圆弧形。**

【科普常识】大型名贵食用鱼类。鞍带石斑鱼（龙趸）和棕点石斑鱼（老虎斑）杂交而成的“龙虎斑”，又称“珍珠龙胆石斑鱼”，生长速度快、抗病力强，迅速占据海南石斑鱼养殖市场，成为石斑鱼养殖的第一品种。

264. 驼背鲈

【生态习性】分布于西太平洋沿岸，包括中国、日本、印度尼西亚、澳大利亚、帕劳等海域，中国分布于东海南部至南海海域。肉食性，以小鱼及小型底栖无脊椎动物为食，性情凶猛并具有领地行为。有性转变习性，为先雌后雄。

【识别特征】体长可达 50cm。**头部与背部之间显著凹陷**，状似驼背，头部侧面观像是翘嘴的老鼠，故又称“老鼠斑”。**米白色的皮肤表面分布的黑褐色圆形斑点**，让人联想起大麦町犬，只不过驼背鲈的斑点大小和分布比较均匀。

【科普常识】洁白无瑕的底色，全身均匀分布的黑斑点，加上别具一格的口味和居高不下的价格，被称为“珊瑚礁的宝石”。目前市面上的驼背鲈一般为人工养殖。

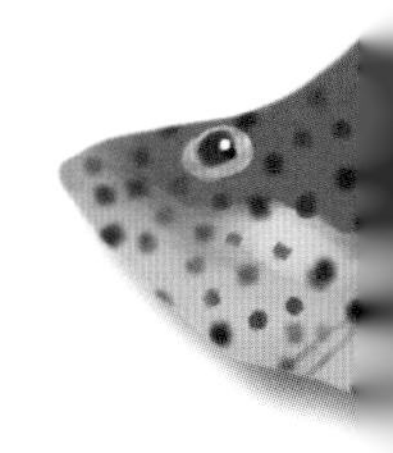

265. 侧牙鲈

【生态习性】分布于西太平洋至印度洋沿岸，中国分布于东海和南海海域，常栖息于热带岩礁区或珊瑚礁的外围，主要摄食小型鱼类、虾蟹类。

【识别特征】体长 50cm 左右。几乎通体红色，密布深红色或蓝紫色小斑点。**背鳍与臀鳍的鳍条部后缘呈三角形，尾鳍为内弯的新月形，后边缘黄色，上、下两叶细长。**幼鱼期体侧上部从眼后到尾鳍有 1 条不连续的黑色纵带。**相似种类是白缘侧牙鲈和豹纹鳃棘鲈（东星斑）。**

【科普常识】高经济价值鱼种，可食用及观赏，在海钓圈人气较高。食用大个体野生侧牙鲈有"雪卡毒素"中毒的潜在危险，如果身体的小斑点像文身一样黑，带毒的可能性较大。

266. 白缘侧牙鲈

【生态习性】分布于太平洋至印度洋的暖海域，我国分布于台湾周边海域，栖息于珊瑚礁外缘。以鱼类、甲壳类、端足类等为食。繁殖期4—10月。

【识别特征】体长约40cm。整体上与侧牙鲈非常相似，区别是白缘侧牙鲈**尾鳍后边缘为细白色。**

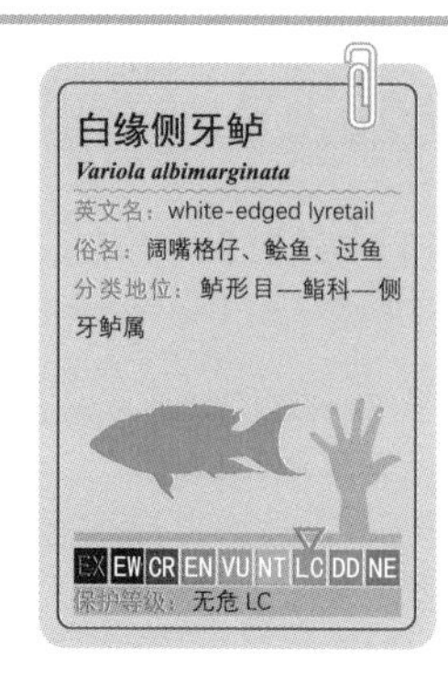

267. 斑鳃棘鲈

【生态习性】分布于中西太平洋暖海域，我国分布于台湾及以南的南海海域，栖息于水深较深的岩礁或珊瑚礁区。摄食底栖动物、甲壳类、小型鱼类和浮游生物等。繁殖期3—5月。

【识别特征】体长约40cm。**鱼体斑点较大、稀疏，且主要分布于头部和背部，有时头部和前身上的一些斑点是水平伸长的，形成断条纹。**整体主色调富有变化，从红色、浅灰色或橄榄色至深棕色不等。

268. 豹纹鳃棘鲈

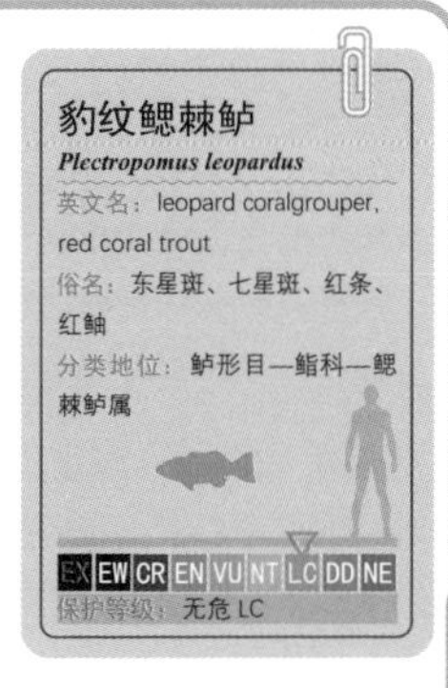

【生态习性】分布范围为北至日本南部，南至澳大利亚，东至斐济海域，中国主要分布于东海南部至南海海域，栖息于珊瑚礁丛、岩洞，单独生活。生性凶残，猎食珊瑚鱼甚至同类幼鱼。春季短距离洄游至礁区交配繁殖。

【识别特征】体长可达1.2m。体形相对瘦长，头部尖突，**通体红色或红褐色，遍布蓝色细小斑点**，形似天上的星星，称为“星斑”。**尾鳍略微内凹。相似种类有侧牙鲈、斑鳃棘鲈、蓝点鳃棘鲈、黑鞍鳃棘鲈。**

【科普常识】“东星斑”源于东沙群岛，“西星斑”源于西沙群岛，“泰星斑”主产地为泰国，中国台湾至南海有少量分布。东星斑现为福建到海南一带的人工养殖鱼种。

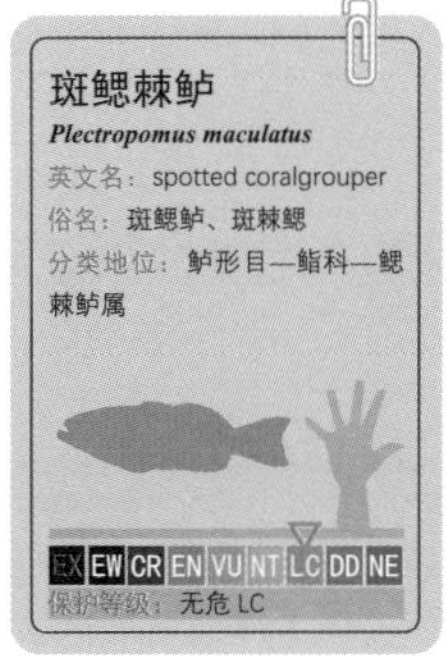

269. 蓝点鳃棘鲈

【生态习性】分布于西太平洋暖海域，我国分布于台湾及以南的南海海域，栖息于岩礁浅海区。主要以鱼类为食。繁殖期 4—6 月。

【识别特征】体长可达 1m。体形与东星斑极为相似，主色调为灰绿色到褐色或红褐色。**尾鳍几乎截形或略向外弯曲，尾部边缘呈白色。**

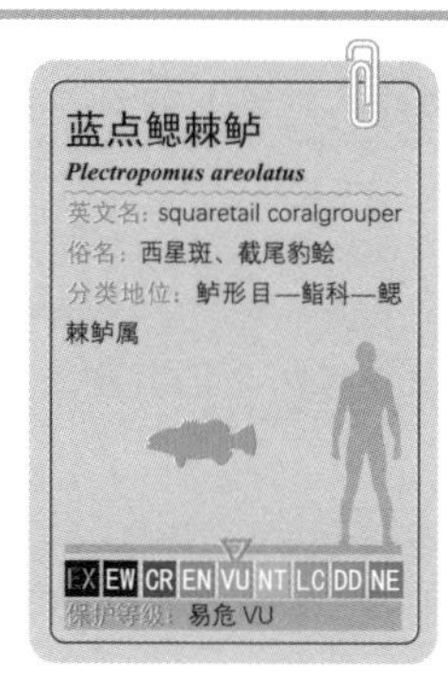

270. 黑鞍鳃棘鲈

【生态习性】分布于西太平洋暖海域，我国分布于台湾周边海域，栖息于岩礁或珊瑚礁外围。以鱼类、甲壳类为食。繁殖期 1—2 月。

【识别特征】体长可达 1m。与蓝点鳃棘鲈的相似度非常高，主要区别是黑鞍鳃棘鲈的**尾鳍略向内弯，但中部又略向外隆起**，类似倒“3”字。体色为褐色，幼鱼期呈黄色或淡红色，背部有数个暗色鞍状斑纹，成鱼后消失。

271. 红九棘鲈

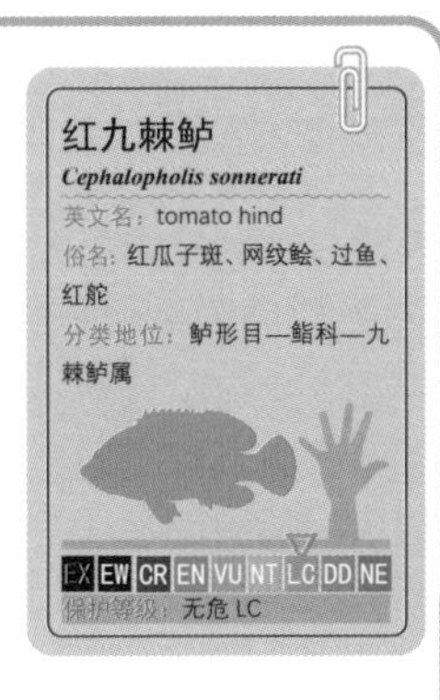

【生态习性】分布于印度洋—太平洋的热带及亚热带海域，西起东非，东至莱恩群岛，北至日本南部，南至澳大利亚，中国主要分布于台湾及以南的南海诸岛，通常栖息于岩礁底质的浅海，以小型鱼类及甲壳类为食。

【识别特征】体长约 40cm，九棘鲈属鱼类在鮨科鱼类中属小个头。**全身鲜红色，头部及体侧上半部有许多小于眼径的深色红斑。**幼鱼时体侧散布黑色斑点。**尾鳍圆形外弯。相似种类有青星九棘鲈、尾纹九棘鲈、六斑九棘鲈。**

【科普常识】红九棘鲈野生数量不多，我国现已突破人工繁育技术。

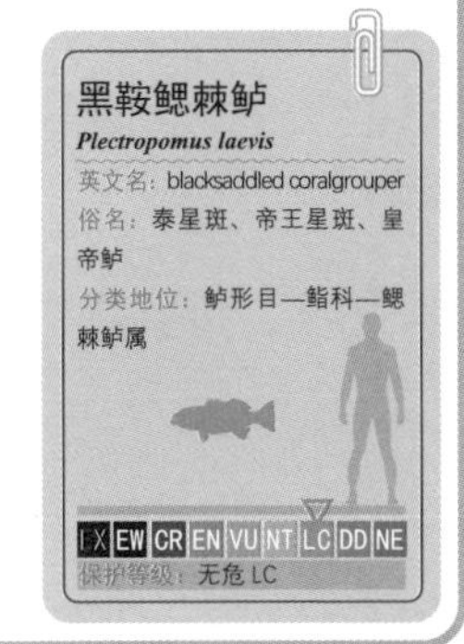

272. 青星九棘鲈

【生态习性】分布于太平洋和印度洋暖海域，我国分布于台湾及以南的南海海域，栖息于珊瑚礁浅水区。以小鱼和甲壳类为食。繁殖期为春夏季节。

【识别特征】体长约 30cm。身体橙红色，体侧密布蓝色小点。

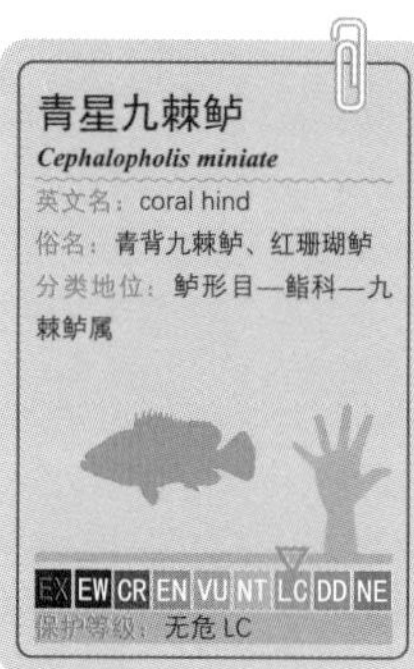

273. 尾纹九棘鲈

【生态习性】分布于太平洋和印度洋暖海域，我国分布于台湾及以南的南海海域，栖息于珊瑚礁浅水区。主要以鱼类为食。繁殖期为 4—5 月。

【识别特征】体长约 20cm。尾部色泽变暗且散布黑色小圆点，尾鳍具有 2 条斜向后方的白色条纹。

274. 六斑九棘鲈

【生态习性】分布于太平洋和印度洋暖海域，我国分布于台湾周边海域，栖息于珊瑚礁稍深海区。昼伏夜出，以鱼类为食。繁殖期为3—6月。

【识别特征】体长约40cm。体侧遍布蓝色小点，背鳍基部有4条黑褐色横带，该4条横带在腹部色泽变淡，离水后不久颜色变淡甚至消失。

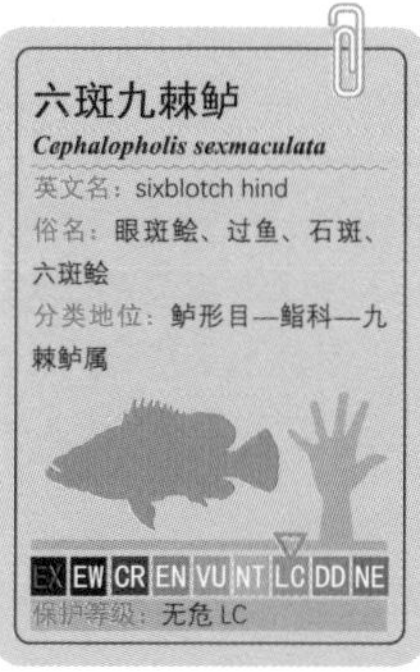

尾纹九棘鲈
Cephalopholis urodeta
英文名：darkfin hind
俗名：尾纹九棘鮨、霓鲙、过鱼、石斑、珠鲙
分类地位：鲈形目—鮨科—九棘鲈属

EX EW CR EN VU NT LC DD NE
保护等级：无危 LC

275. 六带线纹鱼

【生态习性】分布于东海南部至南海、日本西南沿海水域。生活在珊瑚礁以及与珊瑚礁邻接的岩礁区域。夜行性鱼类，白天藏在岩石的缝隙或阴影处，日落后或黎明时分出来捕食小鱼虾。个头不大，但性情凶猛。

【识别特征】体长 20cm 左右。虽为鮨科鱼类，但外观和石斑鱼差别很大。体侧的纹路特征是，幼鱼期在黑褐色的底色上从头到尾分布若干条白色线条。随着成长，这些白线开始变成线段，再长大则变成点线。

【科普常识】长相黑，很容易联想到以黑著称的包青天。幼鱼常作为观赏鱼，其体表分泌的黏液会把海水弄成肥皂泡样，故英文名为“肥皂鱼”。黏液中含有黑鲈素，对人体似无大碍，但会毒死其他小鱼，甚至毒死自己。

276. 宽真鲈

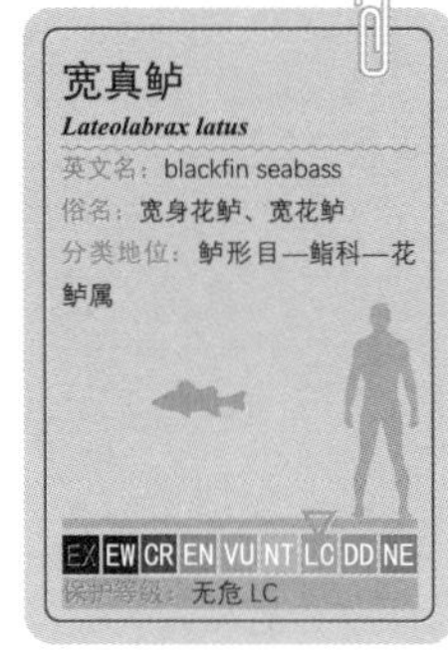

【生态习性】分布于西北太平洋温暖海域，我国分布于南海海域，栖息于近海水深稍深的岩礁区。昼伏夜出，以甲壳类和贝类为食。繁殖期为 3—5 月。

【识别特征】体长约 80cm。鱼鳍和背部暗黑色，无斑点，体高大于花鲈，尾鳍内切较浅，接近平直。

277. 中国花鲈

【生态习性】分布在从渤海到南海北部的沿海水域。肉食性鱼类，性情凶猛，在浅水和深水之间洄游生活。如渤海的花鲈每年 3 月下旬至 4 月游到近岸及河口索饵，秋冬季产卵后则到较深水域的海区越冬。

【识别特征】体长可达80cm。身体银白色，背部暗黑，分布许多黑色小斑点。在中国沿海与中国花鲈体形特征相似的鱼类很少，非常容易识别。**相似种类有宽真鲈。**

【科普常识】中国花鲈在中国、韩国、日本被大量人工养殖，日本曾经从中国大量进口捕捞的野生鲈鱼苗种，后因破坏野生资源而被禁止。如“松江鲈”部分所述，中国古诗词及其他史料中出现的所谓鲈，一般是指松江鲈，而不是海产的本种。

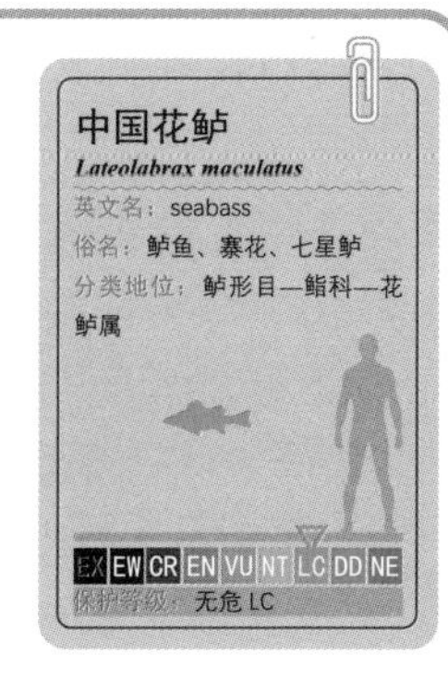

隆头鱼科（Labridae）

鲈形目的1科，本科全球有70多属，共520多种，在种类数上仅次于虾虎鱼科。中国分布有29属90多种。从“隆头鱼”很容易联想到头部隆起，但真正有此特征的主要是突额隆头鱼属的几种鱼类，并非普遍现象。

278. 金黄突额隆头鱼

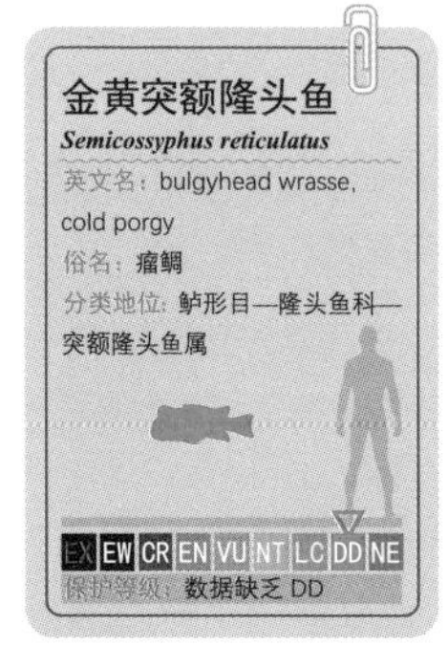

【生态习性】主要分布于日本南部、朝鲜半岛南部及中国的东海、南海海域。具有领地行为和性转换现象。一条雄鱼通常建立一个领地，统领数条雌鱼生活、繁衍后代。雌鱼中体形最大者，会伺机转化成雄鱼，经过一番厮杀驱逐原来的雄鱼。

【识别特征】体长达1m。雌鱼和雄鱼、成鱼和幼鱼，区别比较大。幼鱼的体侧有1条从眼部下侧延伸到尾柄末端的淡色纹路，成鱼后消失。作为雌鱼期间，额头上的冠状瘤突较小，下巴也只是略微下垂。转换成雄鱼后，额头上的冠状瘤突显著变大，下巴变长，加上壮硕的体形，变得异常凶猛与好斗。

【科普常识】可食用大型鱼类，同时作为观赏鱼，常见于水族馆。

279. 波纹唇鱼

【生态习性】主要分布于印度洋、太平洋的热带海域，中国分布于台湾以南的南海诸岛。白天巡游于岩礁之间，晚上在礁洞穴、珊瑚岩架下休息。以软体动物、鱼类、海胆、甲壳动物与其他无脊椎动物为食。繁殖期 4—7 月，寿命 30 年以上。由雌性到雄性转换。

【识别特征】体长可达 2.5m，体重达 190kg。身体呈绿色，体侧每一鳞片上有黄绿色及灰绿色横线，头部有橙色与绿色网状纹，背鳍、臀鳍和尾鳍密布细褐色斜线，尾鳍后缘绿色。幼鱼期远远没有成鱼的端庄美丽，反而显得有些“破败不堪”，除了头部和尾部有些成鱼的色泽外，整个体侧被不整齐的白褐相间的纹路覆盖，眼睛周围的黑色纹路也还没有显现。**相似种类是邵氏猪齿鱼。**

【科普常识】因波纹唇鱼市场价格昂贵，人们大量捕捞，目前已濒临绝种，现为国家二级保护野生动物。本种鱼的英文名 Napoleon fish（拿破仑鱼），源于其额头明显隆起，样子很像是拿破仑的帽子，常见于水族馆。

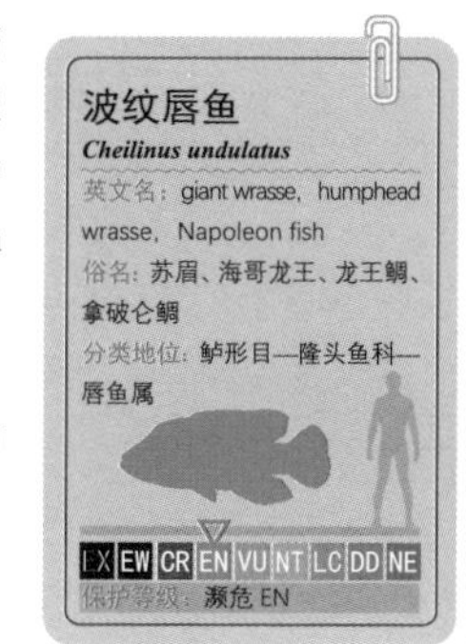

280. 邵氏猪齿鱼

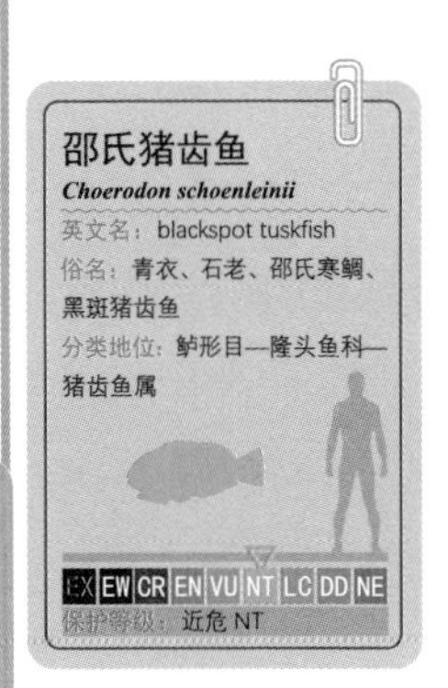

【生态习性】分布于西太平洋的暖温海域，整个南亚至大洋洲分布较多，中国分布于东海南部、南海海域。为珊瑚礁独居性鱼类，白天觅食，用头部和牙齿翻动海底岩石寻找贝类和甲壳类食物，然后用尖锐牙齿咬破其外壳食用，有“海洋大力士”之称。由雌性到雄性转换，繁殖期为4—7月。

【识别特征】体长可达1m，体重15kg。头部背面轮廓圆突，上下颌前缘各具2颗大犬齿。头部及体侧上部蓝灰色，腹部硫黄色，眼眶前后有数条蓝纹。背鳍中部基底处有一明显的黑斑（雌鱼阶段，性转换成雄鱼后变淡或消失）。

【科普常识】既是高端食用鱼类，也可作观赏鱼。“猪齿”一名源于它们嘴巴上下缘各有4颗明晃晃的犬齿。

281. 蓝猪齿鱼

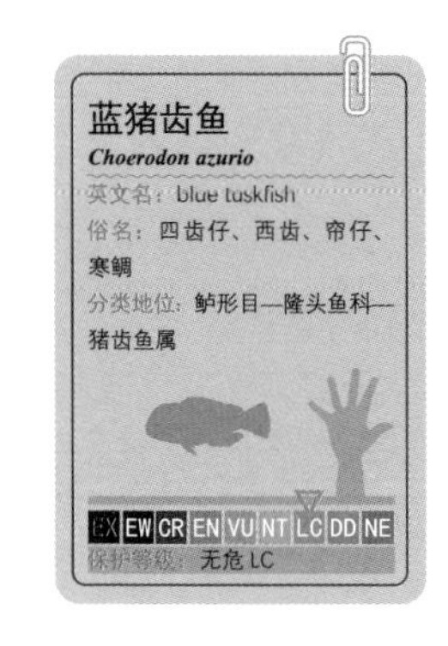

【生态习性】分布于日本、朝鲜半岛及中国沿海，主要栖息于80m以内的近岸岩礁区域，昼出夜伏，以底栖生物为食，利用两对尖锐的犬齿，咬碎贝类及甲壳类。具有性转变习性，繁殖期在夏季。

【识别特征】体长25cm左右。鲜活的蓝猪齿鱼和死后的蓝猪齿鱼，色泽变化很大，从以蓝色调为主变成以红色调为主，不变的是**从胸鳍基底上部到背鳍基底的中前部，有一道粗大的黑色斜向纹路**。雌鱼性转换成雄鱼后其头顶部会明显隆起，整个体形很有些方头鱼的气质。**相似种类有鞍斑猪齿鱼。**

【科普常识】鱼肉含水量较高，是做“清蒸鱼”等中式料理的绝品，在华人圈市场价格很高。

蓝猪齿鱼生态写真（其中2条小鱼为裂唇鱼）

性转换后的蓝猪齿鱼

282. 鞍斑猪齿鱼

【生态习性】分布于印度洋—西太平洋的热带海域，我国分布于台湾以南的南海海域，成鱼多栖息于珊瑚礁或较浅的岩礁水域。与其他同科的大型鱼类喜欢独处不同，鞍斑猪齿鱼有时会聚成一小群生活，以硬壳无脊椎动物为食，如小贝、小虾及小海胆等。有雌到雄的性转换现象。

【识别特征】体长 40cm 左右。从吻端到尾柄末端的腹部为白色，胸鳍后方的体侧有 1 条白色或黄色的楔形斑纹。尾柄的上半部分有马鞍状白斑。臀鳍基本为黄色，随着成长色泽会逐渐变淡。

【科普常识】体色鲜艳，常被当作观赏鱼，在海洋环境清洁的地区亦是高级食用鱼。与其中等个子不相称的是，鞍斑猪齿鱼可以依靠几颗突出强硬的大门牙，轻松掀起海底的石块、枯木及其他物体，以搜寻其下的猎物。

283. 裂唇鱼

【生态习性】分布丁印度洋至太平洋中部，中国主要分布于南海诸岛、海南、广东和广西等沿海海域。白天活动觅食，夜晚钻进岩礁小洞隙，用黏液做成睡袋休息。外号“鱼医生”，啄食大鱼身上的寄生虫和死皮污垢等。通常“一夫多妻”组团生活，雄鱼消失后由最大的雌鱼性转换成雄鱼接替，性转换过程仅需 2 ～ 4 天。

【识别特征】体长 15cm 以下。体呈长条形，背部浅褐色，侧腹和腹部呈乳白色，一条渐宽的黑色条纹从吻部经过眼睛延伸至尾鳍后端，鱼体从中部开始向后逐渐过渡成浅蓝色底色。与其外观与行为相似的是弱棘鱼科的侧条弱棘鱼的幼鱼期、鳚科的三带盾齿鳚。

284. 三带盾齿鳚

【生态习性】分布于西太平洋至印度洋暖海域，我国分布于台湾及以南的南海海域，栖息于浅海岩礁及珊瑚礁区。雌雄成对生活，以珊瑚虫为主食。春季繁殖。

【识别特征】体长约12cm。裂唇鱼和三带盾齿鳚，猛一看分不清哪个是“孙悟空”、哪个是“六耳猕猴”。裂唇鱼口在前位，头部条纹没有色差，背鳍起点相对较后。三带盾齿鳚口在下位，内有犬齿便于撕咬，头部条纹的颜色由上而下呈深一浅一深的变化，背鳍超长，从鳃盖后一直贯穿到尾柄末端。

【科普常识】裂唇鱼也是观赏性鱼类。但误将三带盾齿鳚买回来放到水族箱里就惨了，其他鱼逃无可逃，时不时被三带盾齿鳚咬上一口，最后的结局是被“凌迟”处死。

尖吻鲈科（Latidae）

鲈形目的1科，本科全球有3属22种，中国分布2属2种。体形近似鲈鱼，但头部尖小、口吻部显著前突，故得此名。

285. 尖吻鲈

【生态习性】广泛分布于西太平洋至印度洋的暖温海域，我国分布于台湾以南的南海，通常栖息于内湾、河口等咸淡水混合水域。肉食性凶猛鱼类，饵料缺乏时残食同类。有性逆转现象，全年繁殖，4—8月为盛期。

【识别特征】体长可达1.5m以上。**头部小，口吻部显著前突且略上翘，下颌长于上颌。**口吻部前突上翘，让人很容易联想到笛鲷科和裸颊鲷科鱼类，但这两科鱼类体形更像有高度的“鲷形”而不是修长的“鲈形”，且色泽鲜艳，不像尖吻鲈这般是黑白色调。**相似种类有红眼沙鲈。**

【科普常识】尖吻鲈又称“金目鲈”，因眼睛被照射后会反射出金黄色而得名。英文名“barramundi”比较拗口，源于澳大利亚土著语“大型河鱼”。是我国南方、东南亚一带的人工养殖品种。市场上说的“海鲈鱼”，有时也指尖吻鲈。

286. 红眼沙鲈

【生态习性】分布于西太平洋暖海域，我国分布于台湾及以南的南海海域，栖息于珊瑚礁区。雌雄成对生活，杂食性，摄食藻类、水草和有机碎屑。繁殖期3—5月。

【识别特征】体长约35cm。体形和色泽与尖吻鲈相似，**区别是其上颌与下颌等长或略长于下颌。**

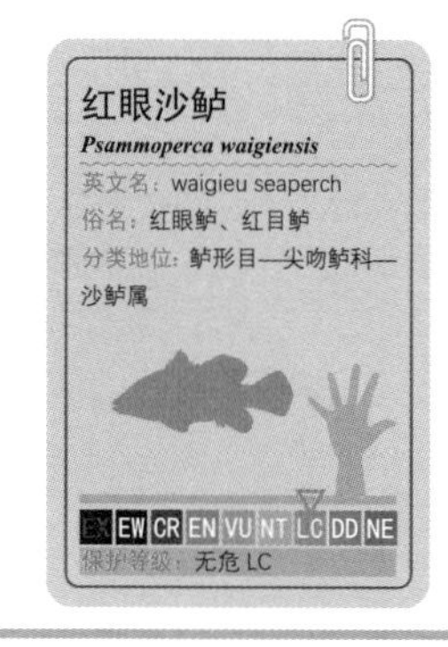

篮子鱼科（Siganidae）

鲈形目的 1 科，科下只有篮子鱼属 1 属约 27 种。本科鱼类背鳍、腹鳍及臀鳍的硬棘有毒腺，被刺后会引起剧痛，所以处理时需小心。

287. 褐篮子鱼

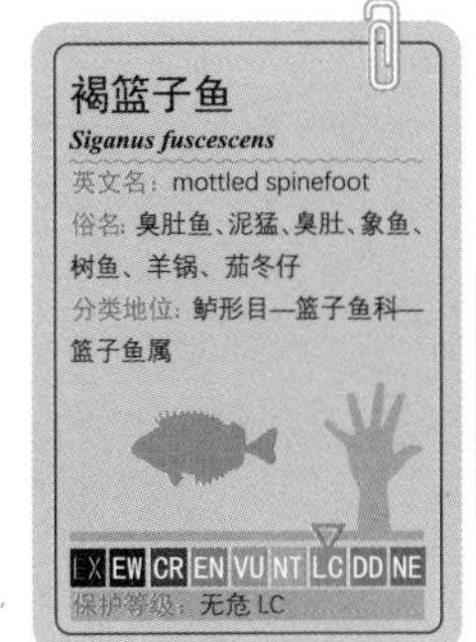

【生态习性】分布于西太平洋的热带和亚热带海域，中国分布于东海和南海海域，喜欢栖息于平坦底质浅水或珊瑚礁中，在相对高纬度地区，则栖息于岩礁区或浅水湾，以各种绿藻或小型甲壳类为食。产卵期 7—8 月。

【识别特征】体长一般不超过 25cm。体呈长卵圆形，极侧扁。体侧上部为褐绿色，下部为银白色，鳃盖后上方有一大黑斑，**白色微带浅蓝的圆斑点与黑褐色大圆斑相互掺杂在一起。相似种类是长鳍篮子鱼。**

【科普常识】褐篮子鱼肚子里有一股藻食性鱼类特殊的臭味，鲜鱼须冷藏保存，最好先放血并去除内脏。肉质非常鲜美，为物美价廉的食用鱼类。

288. 长鳍篮子鱼

【生态习性】分布于西太平洋和印度洋暖海域，我国分布于东海和南海海域，栖息于岩礁或珊瑚礁区。主要以藻类为食，偶尔捕食小型无脊椎动物。春季繁殖。

【识别特征】体长约12cm。鳃盖后上方有一大黑斑，**体侧有大型淡褐色横斑（有时不明显），分布有许多浅白色小斑点。**

刺尾鱼科（Acanthuridae）

鲈形目的1科，全球记录6属80种，中国分布6属43种。尾柄上有一个或几个硬棘，锋利如刀，故得名“刺尾鱼”，也有国家称其为“外科医生鱼”。皮肤粗糙如砂纸，很容易剥离，跟鲀科鱼类很相似。

289. 长吻鼻鱼

【生态习性】分布于印度洋和太平洋的热带、亚热带海域，中国分布于东海和南海海域。幼年时期多在珊瑚礁区活动，成年后活动范围扩大。杂食性，幼鱼以藻类为食，成鱼则以浮游生物为食。

【识别特征】体长可达50cm。体呈椭圆形，侧扁，**口吻部向前突出，头顶角状突起明显短于口吻部。**体色为蓝灰色，腹部为黄褐色，尾柄两侧各有2个蓝色骨质板，上有弯曲龙骨片，尾鳍截形，上下叶延长成丝状。**相似种类有短吻鼻鱼、突角鼻鱼、短棘鼻鱼。**

【科普常识】大鱼可食用，幼鱼为观赏鱼。通常在水族市场售卖的都是幼鱼，头顶角状突起不太明显。随着成长其角状突起慢慢变长，但只有较大的水族箱才能将其养到顶着个长角威风凛凛的样子。

290. 短吻鼻鱼

【生态习性】分布于太平洋和印度洋暖海域，我国分布于台湾及以南的南海海域，栖息于岩礁区。以浮游生物为食。繁殖习性不详。

【识别特征】体长约60cm。口吻部不向前突出，眼前的角状突起则很长，远远超出口吻部。体色为褐绿色，体侧有红褐色小点和横纹，尾鳍为外弧形，中后部有1条较宽的淡色弧带。

291. 突角鼻鱼

【生态习性】分布于太平洋和印度洋暖海域，我国分布于台湾周边海域，栖息于近岸岩礁区。以浮游动物为食。繁殖习性不详。

【识别特征】体长约 45cm。个体大小与长吻鼻鱼相似，但眼前的角状突起在幼鱼时短钝，随成长越来越长，成体后长度会超出口吻部很多，尾鳍后缘及上下叶角白色。自然海域偶尔有超过 60cm 以上超大个体的突角鼻鱼，其眼前的角状突起会有超乎寻常的长度，尾鳍的上下叶也会拉出长长的丝状。

292. 短棘鼻鱼

【生态习性】分布于中西太平洋和印度洋暖海域，我国分布于台湾周边海域，栖息于近海岩礁区。以浮游动物为食。繁殖习性不详。

【识别特征】体长可达 90cm。**雄鱼眼前的角状突起较长，达到但通常不会超过吻端，背部靠前有一段高高的隆起，雌鱼的角状突起仅为 1 个不大的隆起，背部斜缓。**尾鳍上下叶延长呈丝状。

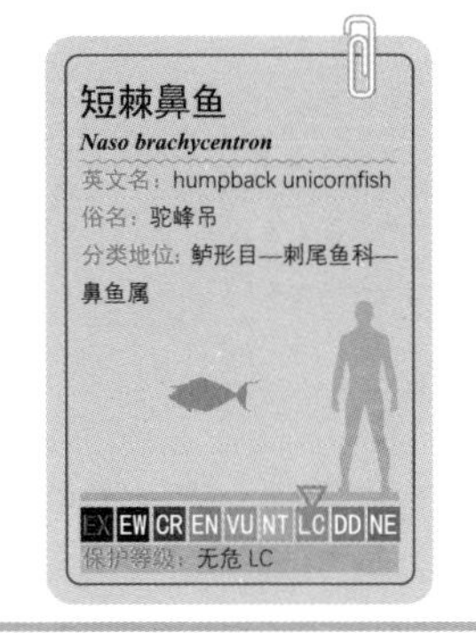

293. 黑背鼻鱼

【生态习性】分布于西太平洋至红海的热带海域，我国分布于台湾以南的南海海域，在珊瑚礁及其外围水域都有分布。游泳能力较强，活动范围大，在珊瑚礁区主要啃食海藻，也会在周边水域猎食其他小型动物。

【识别特征】体长可达 55cm。眼睛前方没有角状突起，反而在两眼间具有 1 条眶间沟。身体呈紫绿色，眼睛前方有 1 条黄色线纹伸到吻端，然后向下弯曲到颊部。唇部、臀鳍、尾柄两侧的盾板基部都是鲜艳的橙黄色。背鳍外缘透明，尾鳍新月形，上下叶延长呈丝状。

【科普常识】大鱼可食用，亦可作观赏鱼，在海水观赏鱼界很有名气。据相关吃货介绍，黑背鼻鱼几乎没有腥味等异常味道，加上鱼皮很容易剥离，可做成一道美味。

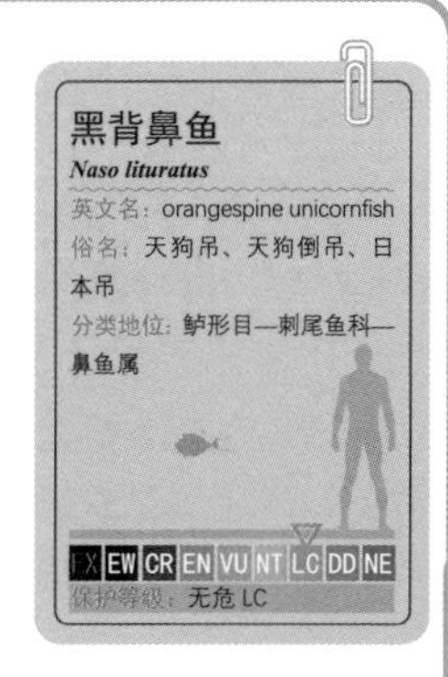

294. 多板盾尾鱼

【生态习性】分布于西北太平洋，沿日本列岛、琉球群岛、台湾岛，至西沙群岛，中国分布于台湾以南的南海海域。通常栖息于较浅的珊瑚礁、岩礁区域，主要啃食石灰藻或其他海藻类，也摄食动物性饵料。春季产卵。

【识别特征】体长约40cm。体呈椭圆形，体色为灰色或近黑色，尾柄两侧有3对深色的盾板，也有4～5对的，但通常其中的3对又大又黑，其他小而淡。尾鳍后缘为白色，幼鱼期从尾柄的后半部开始到整个尾鳍都是白色。

【科普常识】可食用，亦可作观赏鱼。在观赏鱼界一般称其为“将军吊”，是因为其尾柄两侧的深色盾板很像是将军肩章的缘故吧。

帆鳍鱼科（Histiopteridae）

鲈形目的1科，全球共记录5属11种，中国分布3属3种。本科鱼类头**背部颅骨裸露**。由于许多种类长相奇特，是潜水观鱼的人气鱼种。

295. 帆鳍鱼

【生态习性】分布范围东起夏威夷，西至南非，北至日本本州北部，南至澳大利亚北部沿海，中国分布于东海、南海海域。栖息于沙泥底质的岩礁区，以底栖无脊椎动物为食，其咽喉深部具有牙质状的硬组织，可碾碎贝类的外壳。

【识别特征】体长40cm左右。鱼体呈浅绿褐色，有4条淡色的斜带。背鳍延长如帆状。背部特别隆起，腹侧却近于平直。背鳍前部有4～6条粗硬棘。幼鱼期体为白底加椭圆形黑斑，黑斑慢慢连接成条带状并淡化模糊为成鱼的外观。**相似种类有尖吻棘鲷、日本五棘鲷。**

【科普常识】长相奇特，作为食用鱼出肉率较低，但据美食者介绍，该鱼熬汤味道非常鲜美。新鲜的鱼做生鱼片也是上品，特别是遇到较大个体，皮下脂肪层有一种带甘甜的郁香，是不可多得的美味。

帆鳍鱼

Histiopterus typus

英文名：threebar boarfish

俗名：五棘鲷、旗鲷、神仙鱼、燕儿鱼

分类地位：鲈形目—帆鳍鱼科—帆鳍鱼属

EX EW CR EN VU NT LC DD NE

保护等级：无危 LC

296. 尖吻棘鲷

【生态习性】分布于西太平洋暖海域，我国分布于台湾周边海域，栖息水深 40m 以上。成对栖息和繁殖，其他习性不详。

【识别特征】体长约 50cm。体侧斑纹是黑色—黄色的鲜明对比色。**背鳍的第 3、第 4 鳍棘明显较短。臀鳍的第 2 鳍棘的长度等于或短于第 3 鳍棘。眼睛前部向吻部呈直角过渡。**

297. 日本五棘鲷

【生态习性】分布于西太平洋暖海域，我国分布于东海至台湾周边海域，栖息于水深超过 100m。主要捕食鱼类。繁殖期 4—6 月。

【识别特征】体长约 25cm。没有严重的驼背及高耸夸张的背鳍，变态程度不严重，体高较高，但上下比较对称，更像一条普通的鱼，只是其头部的“颅骨”暴露了它“帆鳍鱼科”鱼类的身份。

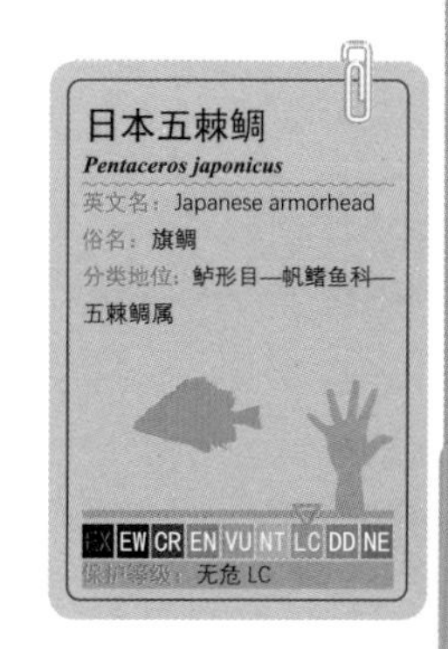

蝴蝶鱼科（Chaetodontidae）

鲈形目的1科，全球共记录18属190种，中国分布有7属53种。俗称热带鱼或珊瑚鱼。许多鱼种色彩鲜艳、图案鲜明，其图案特异性与丰富多彩的程度堪比蝴蝶。

298. 朴蝴蝶鱼

【生态习性】广泛分布于太平洋西部，北至日本南部，南至菲律宾、印度尼西亚，东至夏威夷群岛海域，我国分布于南海和东海海域。多栖息于近海珊瑚礁或岩礁间，以小型甲壳类、藻类等为食。

【识别特征】体长一般5～10cm。体形接近圆形，口小并显著向前突出。体侧有4条镶蓝边的黄色横带，体侧的2条宽大，头部的1条穿过眼睛，尾部的1条位于尾柄与尾鳍交界处。背鳍鳍条部的前下方有一镶白边的圆形大蓝斑。**相似种类有钻嘴鱼、丝蝴蝶鱼、八带蝴蝶鱼。**

【科普常识】朴蝴蝶鱼在观赏鱼市场上的商品名称通常为“国产三间火箭”。

299. 丝蝴蝶鱼

【生态习性】分布于太平洋和印度洋暖海域，我国分布于台湾及以南的南海海域，栖息于岩礁和珊瑚礁区。以浮游动物、珊瑚虫、蠕虫、软体动物等为食。繁殖期5—7月。

【识别特征】体长约25cm。体侧的细黑条纹呈现后上方和后下方2种走向，相差90°，且并不交叉，有1条通过眼睛的横向粗黑带，背鳍、臀鳍到尾鳍呈黄色，背鳍的中心区域有1个大黑斑，黑斑前的背鳍条呈丝状延长。

300. 八带蝴蝶鱼

【生态习性】分布于西太平洋和印度洋暖海域，我国分布于台湾及以南的南海海域，栖息于内湾和岩礁海区。主要以珊瑚虫和藻类为食。繁殖期3—10月。

【识别特征】体长约12cm。体侧有8条较细的黑色横带，头部的1条穿过眼睛，尾部的1条穿过背鳍、臀鳍的后缘和尾鳍的前缘，穿过尾柄的1条在尾柄部分较粗圆，在有的角度看像是1个单独的椭圆形斑块。

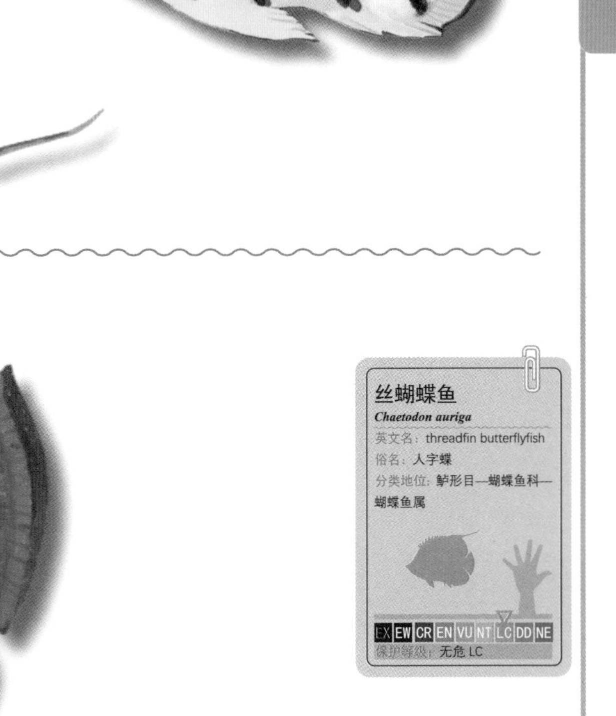

丝蝴蝶鱼
Chaetodon auriga
英文名：threadfin butterflyfish
俗名：人字蝶
分类地位：鲈形目—蝴蝶鱼科—蝴蝶鱼属
EX EW CR EN VU NT LC DD NE
保护等级：无危 LC

301. 钻嘴鱼

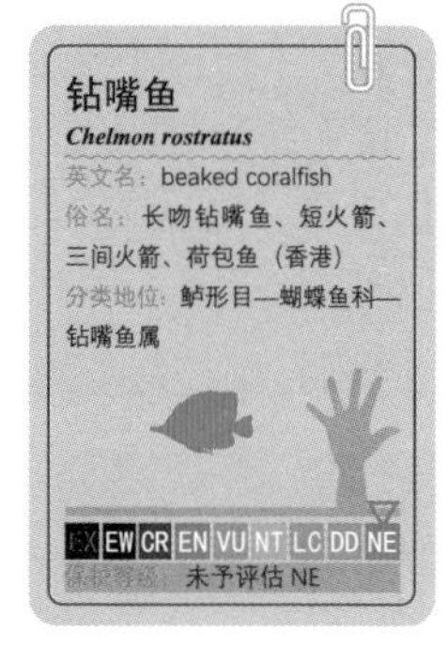

【生态习性】分布于太平洋和印度洋暖海域，我国分布于台湾及以南的南海海域，栖息于珊瑚礁区。以小型底栖无脊椎动物为食。繁殖习性不详。

【识别特征】体长约 18cm。口吻部极显著尖突，远长于朴蝴蝶鱼。体侧有 5 条鲜艳的橘黄色带，其中 1 条通过眼睛，背鳍上有 1 个大黑圆斑，尾柄接近尾鳍交界处有 1 条黑带。

302. 马夫鱼

【生态习性】广泛分布于印度洋和太平洋的热带海域，西起东非海岸，东至夏威夷群岛，北起日本南部，南至澳大利亚大陆南端，中国产于台湾及以南的南海诸岛、北部湾沿海。栖息于珊瑚礁等水域的中上层，昼出夜伏，成群结队盘旋于珊瑚礁上，以浮游生物、珊瑚虫和岩礁上的附着生物为食。

【识别特征】体长 25cm 左右。身体非常侧扁，后背高高隆起呈三角形，与向后下方垂沉的臀鳍部形成拉扯状，体侧沿此走向有 2 条宽大的黑褐色斑纹。背鳍最顶部的鳍棘显著延长呈丝状，背鳍后半部与尾鳍、胸鳍黄色，腹鳍黑色。头短小，口吻向前尖突，有黑眼圈。**相似种类有多棘马夫鱼、金口马夫鱼、单角马夫鱼、镰鱼科的镰鱼。**

【科普常识】是一种很受欢迎也较容易饲养的观赏鱼。中文名源于其背上延展的长丝，状似马鞭。其英文名将其想象成旗帜，也是一种文化的体现。

303. 多棘马夫鱼

【生态习性】分布于太平洋和印度洋暖海域，我国分布于台湾周边，栖息于浅海珊瑚礁区。以浮游生物为食，也啄食其他鱼类体表寄生虫。繁殖习性不详。

【识别特征】体长约 20cm。有 3 条黑褐色横纹，2 条位于体侧，另 1 条位于头部，从头顶部至眼睛上端。口吻部至腹鳍的部分呈饱满的圆形外突。臀鳍末端的黑白分界线清晰并与臀鳍尖角重合。

304. 金口马夫鱼

【生态习性】分布于太平洋和印度洋暖海域，我国分布于台湾及以南的南海海域，栖息于珊瑚礁区。以浮游生物和岩礁附着生物为食。繁殖习性不详。

【识别特征】体长约 16cm。体侧有 3 条黑褐色横纹，走向相同。口吻部呈金黄色。

305. 单角马夫鱼

【生态习性】分布于太平洋和印度洋暖海域，我国分布于台湾及以南的南海海域，栖息于岩礁与珊瑚礁区。摄食甲壳类和沙蚕类等。繁殖习性不详。

【识别特征】体长约 25cm。体侧有 3 条黑褐色横纹，呈放射状走向。额前有 1 个角状外突。

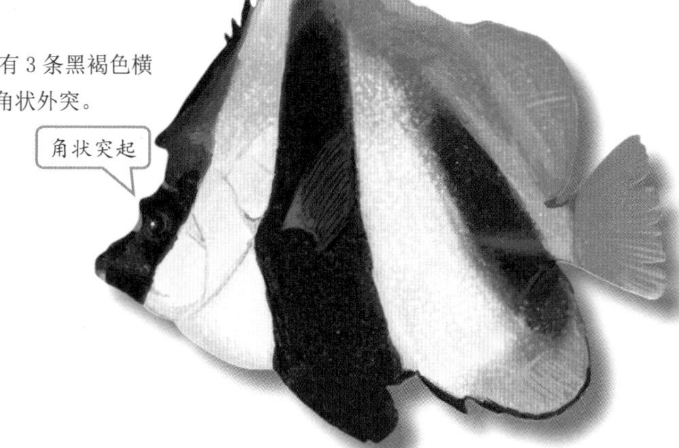

306. 镰鱼

【生态习性】分布于中西太平洋和印度洋暖海域，我国分布于台湾及以南的南海海域，栖息于珊瑚礁区。以小型甲壳类和软体动物为食。繁殖习性不详。

【识别特征】体长约 30cm。猛一看跟马夫鱼非常相似，但其实它连蝴蝶鱼类都不是。**臀鳍位置几乎与背鳍对称**，不像马夫鱼的臀鳍那样向后下方向拉扯。**口吻上有 1 个橘黄色斑块，尾鳍为黑色，后缘有白边。**

镰鱼
Zanclus cornutus
英文名：moorish idol
俗名：角蝶鱼、海神像、摩尔人的偶像
分类地位：鲈形目—镰鱼科—镰鱼属
EX EW CR EN VU NT LC DD NE
保护等级：无危 LC

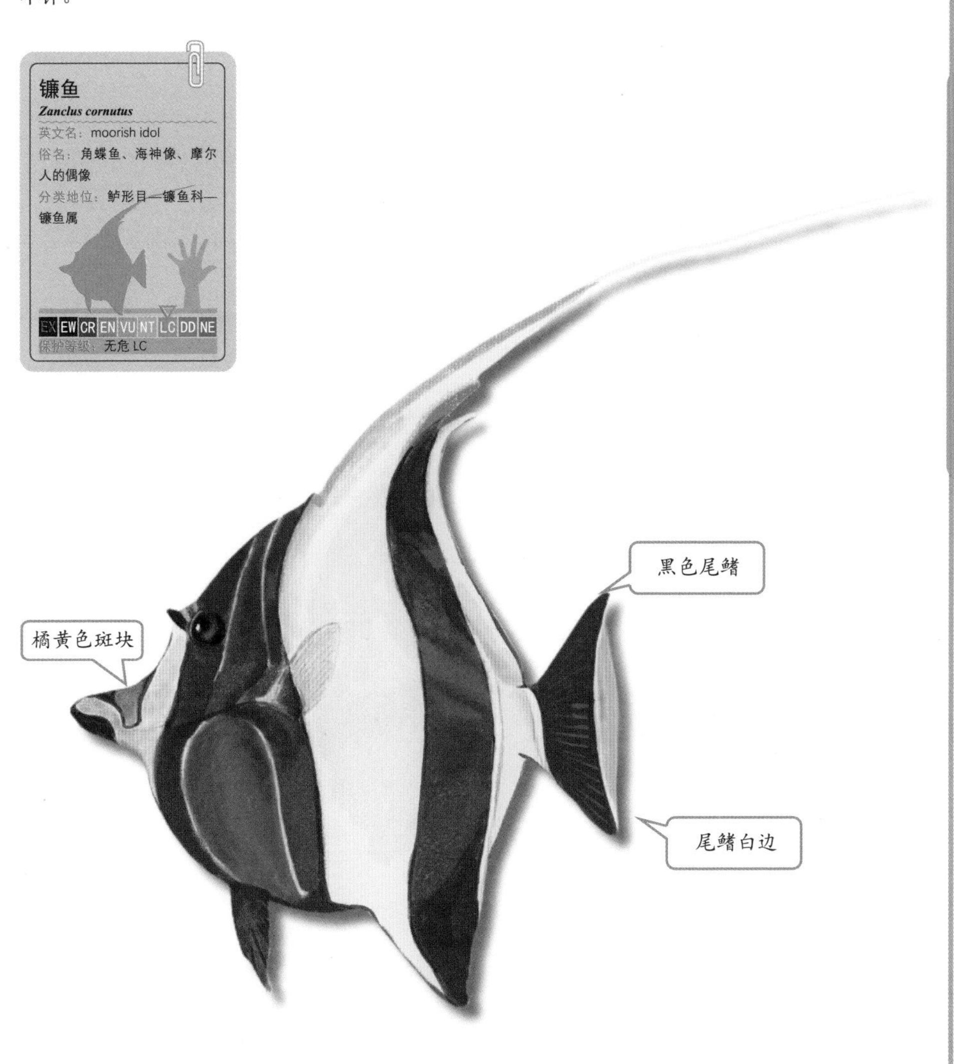

鲾科（Leiognathidae）

鲈形目的 1 科，全球共记录 3 属 30 种，中国分布 3 属 22 种。嘴看上去很小，通过伸缩来吸入食物，伸出方向有向前、前上方、前下方 3 类。在咽喉到食道一带生活着大量的发光细菌，能发出荧光，并通过鱼鳔壁反射到体表，所以在暗处能看到其体表的荧光。“鲾”读音“bī”，非“fú”。但愿这不是画蛇添足，因为作者本人曾经很长时间都会读错。

307. 颈斑鲾

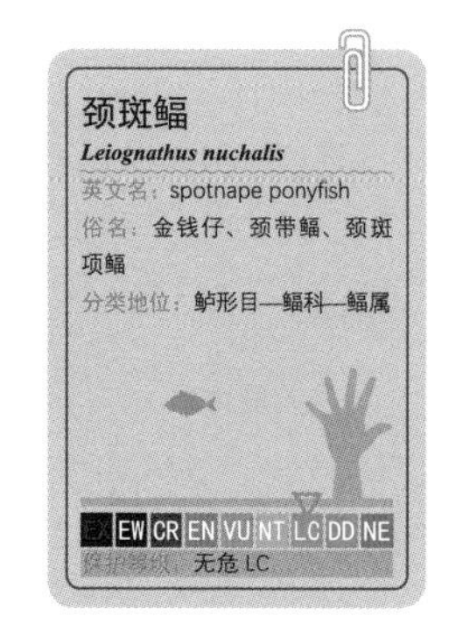

【生态习性】分布于西北太平洋沿海，中国分布于东海至南海海域，在黄海也有分布记录，通常栖息在水深 10m 以内的内湾沙泥底，也会上溯河川。群居性，以底栖生物及浮游生物为食，产卵期 5—7 月。

【识别特征】体长 10cm 左右。头后颈部有一暗褐色斑块，在背鳍硬棘的上半部也有一黑斑，体侧有 1 条黄褐色纵带和少量不规则黄褐色斑纹。**相似种类是短吻鲾。**

【科普常识】小型食用鱼，味美但多刺，一般适宜煮汤、干炸等。以脊椎骨为界，鱼腹部分的鱼肉透亮色淡，而鱼背部分色深。其腹部的透亮，应该是为了方便荧光透射到体表。

308. 短吻鲾

【生态习性】分布于太平洋和印度洋暖海域，我国分布于东海和南海海域，栖息于近岸浅水区。以浮游动物为食，会“蝈、蝈”发声。繁殖习性不详。

【识别特征】体长约 10cm。外观与颈斑鲾非常接近，体形略有宽短，**背部和腹部轮廓差不多**，有别于颈斑鲾的背部轮廓外突，腹部相对内敛。

309. 黄斑鲾

【生态习性】分布于印度洋—中西太平洋温暖水域，西起非洲东岸、红海，东至密克罗尼西亚群岛，北至琉球群岛，南至澳大利亚中北部，中国分布于东海至南海一带，是广东沿岸常见鱼类，通常栖息于河口、近海沿岸的沙泥底水域。栖息水深在 10m 以上，成群觅食，以底栖动物和浮游生物为食。

【识别特征】体长 15cm 左右。头部裸露无鳞，背鳍鳍棘上部有一黄色斑，背部淡黄银白色，散布着许多虫纹状的暗色斑纹，腹部银白色，背鳍与臀鳍鳍条上具有橙黄色的小点。口吻部向下倾斜伸出。**相似种类是小牙鲾。**

【科普常识】有一定产量，但经济价值不高。肉质细嫩，适合煮汤。也作为延绳钓的诱饵，或作为鲜杂鱼供高档鱼类养殖之用。

310. 小牙鲾

【生态习性】分布于太平洋和印度洋暖海域，我国分布于东海和南海海域，栖息于近岸海区。以浮游生物和小型鱼类为食，繁殖习性不详。

【识别特征】体长约 15cm。体形略修长，背腹轮廓基本对称。上下颌有明显的犬齿。口吻部向前伸出成水平状。

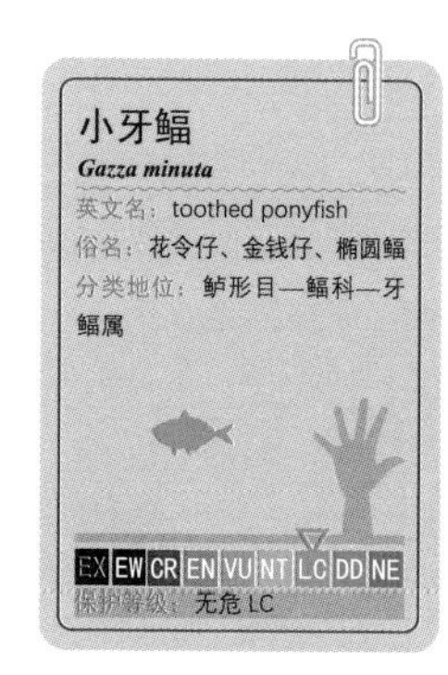

北梭鱼科（Albulidae）

背棘鱼目的1科，全球共记录1属3种，中国分布2种。鱼卵孵化后，经过柳叶幼体期，经变态发育成幼鱼。这一点跟鳗鲡目、海鲢目鱼类接近。外形跟鲻科鱼类有些相似，这可能是名称中有“梭鱼”的由来吧。

311. 圆颌北梭鱼

【生态习性】分布于印度洋—太平洋的温热带海域，中国主要分布于东海南部至南海海域，为沿岸沙泥底栖肉食性鱼类，通常成群栖息于河口内湾等浅水域，摄食时头朝下，捕食沙泥中的双壳贝、虾蟹类等底栖动物。

【识别特征】体长可达70cm，最大体重超过6kg。体色呈银白色，体侧有细长的蓝色或绿色条纹，背鳍和尾鳍的颜色为暗色。仅从体形轮廓、色泽和个体大小上，北梭鱼与鲻科的鲻鱼、梭鱼具有很大相似性，但北梭鱼只有1个背鳍，鲻科鱼类有2个背鳍。

【科普常识】北梭鱼在海钓界享有较高的声誉，但作为食用鱼，味道确实很一般，再加上肌间小刺的影响，在美食届属于垃圾般的存在。有资料说，某些地点的北梭鱼会积累雪卡毒素，食用可造成食物中毒，需要注意。

金眼鲷科（Berycidae）

金眼鲷目的 1 科，全球记录 2 属 10 种，中国分布 2 属 6 种。体形类似“鲷形”，体色以鲜艳的红色为主，眼睛硕大。

312. 红金眼鲷

红金眼鲷
Beryx splendens
英文名：splendid alfonsino
俗名：红皮刀、十指金眼鲷
分类地位：金眼鲷目—金眼鲷科—金眼鲷属
EX EW CR EN VU NT LC DD NE
保护等级：无危 LC

【生态习性】分布于太平洋、印度洋、大西洋的温带至热带深海水域，中国分布于东海大陆架边缘至南海 100m 以上的水域，以小鱼、甲壳类、头足类、磷虾类为食。约 4 龄性成熟，夏季产卵，寿命可达 15 年。

【识别特征】体长可达 50cm，体重 4kg。活体背部红色，向腹部逐渐变为银色，死后全身变成红色。幼鱼期背鳍前端的鳍条显著延长，甚至超过体长，然后慢慢退化，4 龄才变成成鱼的模样。**相似种类有大目金眼鲷、线纹拟棘鲷。**

【科普常识】红金眼鲷的视轴朝向斜上方，具有较高的远近视调节能力，在光线较暗的深海也能根据视觉猎捕食物。但也正因为如此，对位于眼睛下方的猎物完全没有反应。红金眼鲷是金眼鲷科鱼类中分布范围最广的，在某些地区有一定的产量，是重要的食用鱼类。

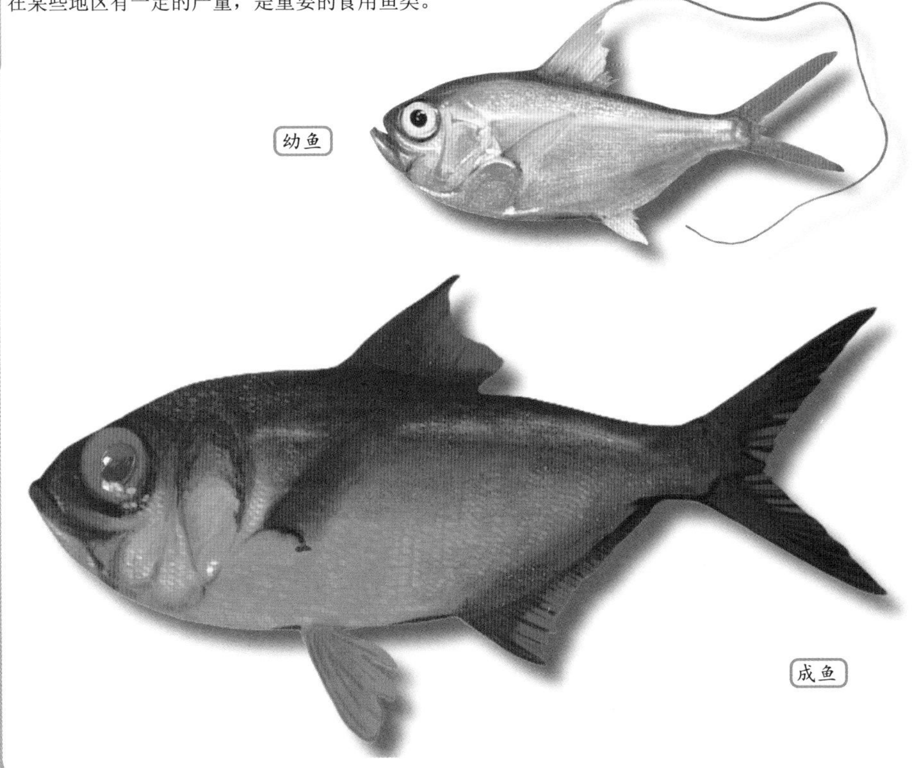

313. 大目金眼鲷

【生态习性】分布于太平洋、印度洋和大西洋的热带、亚热带海域，我国分布于台湾周边海域，栖息于 500m 左右的深水域。以甲壳类和头足类为食。繁殖期为 12 月至翌年 2 月。

【识别特征】体长约 30cm。体高明显高于红金眼鲷。

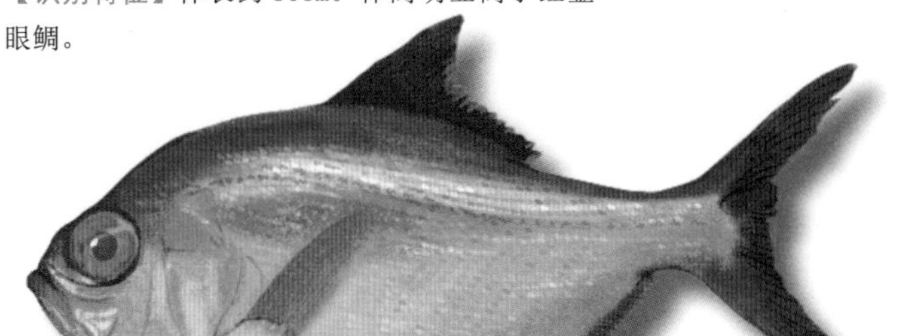

314. 线纹拟棘鲷

【生态习性】分布于西太平洋至印度洋暖海域，我国分布于南海海域，栖息水深可达 280m。肉食性鱼类。繁殖习性不详。

【识别特征】体长可达 40cm。背鳍前部不向上呈三角形尖突，尾鳍分叉非常深。

鳂科（Holocentridae）

金眼鲷目的1科，全球记录8属80种。前鳃盖骨下缘有1个强壮的硬棘，状似匕首。“鳂”，有点秀才遇到“刀”“兵”而畏手畏脚的味道，其俗名“金鳞甲”“铁甲兵”等，反而很有气势。

315. 日本骨鳂

【生态习性】分布于印度洋至太平洋西部，北至日本南部，南至澳大利亚，中国分布于东海、南海海域。白天躲在洞穴或礁岩、珊瑚礁下，晚上出来活动觅食，以底栖无脊椎动物为主要食物。产卵期为夏季。

【识别特征】体长45cm左右。通体呈金鱼般的红色，其“铁骨铮铮”的硬质鳞片属于粗栉鳞，后缘有小棘。前鳃盖骨后下角无强棘。尾鳍短小。**相似种类有红锯鳞鱼。**

【科普常识】稀有经济种类。味道非常鲜美，是可遇不可求的品种。最大难题在于其鳞片坚硬不好剥离，用来进行家庭料理时很有挑战性。

316. 红锯鳞鱼

【生态习性】分布于太平洋和印度洋热带海域，我国分布于台湾周边海域，栖息于珊瑚礁区。以小鱼和甲壳类为食。繁殖期为3—6月。

【识别特征】体长约20cm。尾鳍不像日本骨鲲那般短小，鳞片虽大但没有突起刺感，鳃盖后缘和胸鳍腋部有黑斑，眼睛上缘也有1个黑斑点，前部背鳍的上缘有黄色边带。

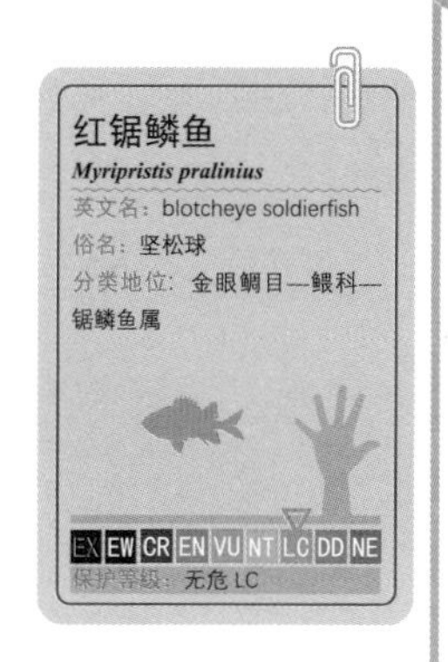

海鲂科（Zeidae）

海鲂目的 1 科，本科有 2 属 6 种。

317. 远东海鲂

【生态习性】广泛分布于西太平洋、印度洋以及包括地中海的东部大西洋，东亚主要分布于中国、朝鲜半岛、日本，栖息于暖温海域的海底，营“独行侠”式生活。捕食小鱼、甲壳类和头足类。4 龄性成熟，冬春季节产卵。生长缓慢，达到 40cm 大约需要 10 年。

【识别特征】体长 40cm 左右。体椭圆形，口大，可大幅度向前探出，侧面看像马头。体侧有数条不规则的黑褐色纵向纹路，**体侧正中部位有 1 个大大的黑色眼状斑，像是靶心模样。相似种类有云纹亚海鲂。**

【科普常识】在东亚各国的料理中，不算一个特别的存在。海鲂在地中海产量较高，是法国料理和意大利料理的高级原料鱼。

318. 云纹亚海鲂

【生态习性】分布于太平洋和印度洋温带海域，我国分布于东海至台湾周边海域，栖息水深 200 ～ 800m。以软体动物、甲壳类和小鱼为食。繁殖期为 5—6 月。

【识别特征】体长可达 70cm。体侧的黑色斑不明晰，头部眼睛上方的背侧略向内凹陷。

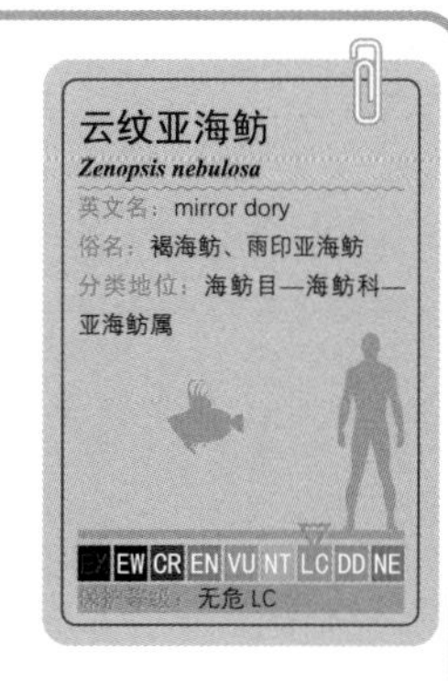

菱鲷科（Aintigonidae）

海鲂目的 1 科，也称羊鲂科（Cproidae），全球有 2 属 8 种，我国分布 1 属 3 种。

319. 高菱鲷

【生态习性】分布于西太平洋、印度洋、大西洋的热带及亚热带海域，我国分布于东海、南海海域。喜欢在岩礁海域底层生活，以甲壳类为食，从体形上看不具备追食游泳性鱼类的条件。

【识别特征】体长约 25cm。身体整体呈橘红色，活鱼体侧有 3 条大红色带，**中间 1 条红色带从背鳍前端到臀鳍**，新鲜时能分辨中间的色带，死后逐渐模糊。体形显著侧扁呈菱形，体高比体长略大一些，背鳍和臀鳍的基部起始于菱形的上下顶角，向后延伸较长，口吻部短小，且**斜向上开口**。**头背部显著内凹，最深处在眼睛斜前方。相似种类有红菱鲷、绯菱鲷。**

【科普常识】东北大西洋种群有不规则性爆发的特性，具体原因不详，这时进行拖网捕捞会有较大的渔获量，但由于出肉率低，通常用做鱼粉的原料。

320. 红菱鲷

【生态习性】分布于西太平洋和印度洋暖海域，我国分布于台湾及以南的南海海域，栖息水深50～750m。杂食性，主要摄食底栖甲壳类、软体动物、棘皮动物、小鱼、头足类等。繁殖期为2—5月。

【识别特征】体长约25cm。从背鳍前端到臀鳍有1条红色带，**头背部显著内凹，最深处在眼睛上方。**

321. 绯菱鲷

【生态习性】分布于太平洋和印度洋暖海域，我国分布于东海海域，栖息水深150～300m。以小鱼、甲壳类和贝类为食。繁殖期为4—6月。

【识别特征】体长约25cm。从背鳍前端到臀鳍有1条红色带。**头背部略有内凹，体高略小于体长。**

银鱼科（Salangidae）

胡瓜鱼目的 1 科，全球记录 6 属 14 种。我国银鱼大部分种类分布在内陆淡水中，分布于中国沿海只 1 种。因体白而统称银鱼。

322. 大银鱼

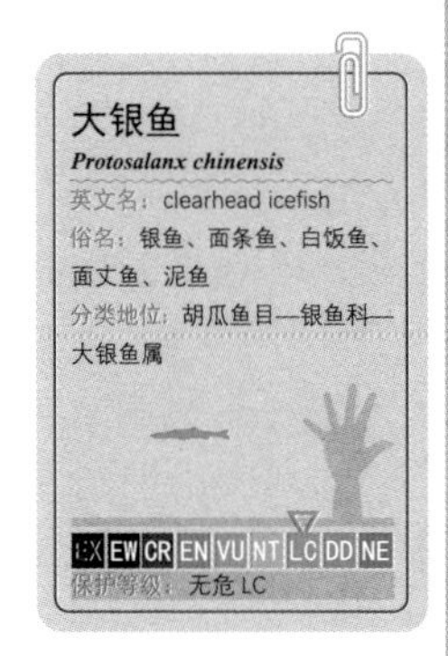

【生态习性】分布于中国和朝鲜半岛，中国常见于渤海、黄海、东海沿海及河口。无胃，食道下直接连接肠道。幼鱼期以浮游动物为食，体长超过 10cm 后以小型鱼虾为食。有同种残食现象，在食性转化阶段尤为严重。

【识别特征】体长超过 15cm。身体细长，头吻部平扁尖长。几乎无鳞，仅雄鱼臀鳍基部有 1 行鳞。胸鳍呈较宽的扇形，尾鳍叉形。身体半透明、无色，头部脑形清晰可见。肌节间有黑色小点，头顶、背部有少数分散黑色素小粒，臀鳍基亦有 1 列小黑点。

【科普常识】大银鱼可以完全在淡水中生活，现可人工繁育和养殖。

323. 间下鱵

【生态习性】分布于西北太平洋温热带海域，我国沿海皆有分布，栖息于浅海内湾，有时进入淡水。以浮游动物为食。繁殖期为 4—7 月。

【识别特征】体长约 15cm。**下颌显著延长，前段呈现黑色。**

鱵科（Hemiramphidae）

颌针鱼目的1科，全球有13属100多种。下颌延长成喙状，远远长于上颌。草食性，没有胃结构。

324. 日本下鱵

【生态习性】分布于我国渤海和黄海、朝鲜半岛、日本北海道以南至九州海域，生活在近岸浅海，为逃避敌害常跃出水面。产卵期4—7月，鱼卵黏附到马尾藻等漂浮海藻上，漂流孵化，仔稚鱼跟随海藻生长发育一段时间后离开。

【识别特征】体长20～30cm，最大可达40cm。具有流线形的修长身材，喜集群在水面下穿梭。上颌三角片状，**下颌延长成喙状，前段略呈暗红色。**背面正中线具较宽的翠绿色纵带。背鳍与臀鳍位于鱼体后方，上下对应。尾鳍叉形，浅绿色，下叶略长于上叶。**相似种类有间下鱵、瓜氏下鱵、长吻鱵、斑鱵。**

【科普常识】肌肉几乎是透明的，但却有着乌黑的腹膜。因日本下鱵以藻类碎片和浮游生物为食，这一层黑色的腹膜，可以避免尚未消化的藻类进行光合作用，产生有害物质。

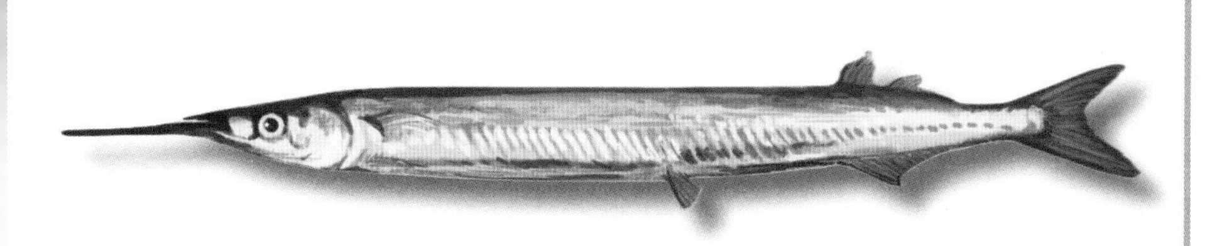

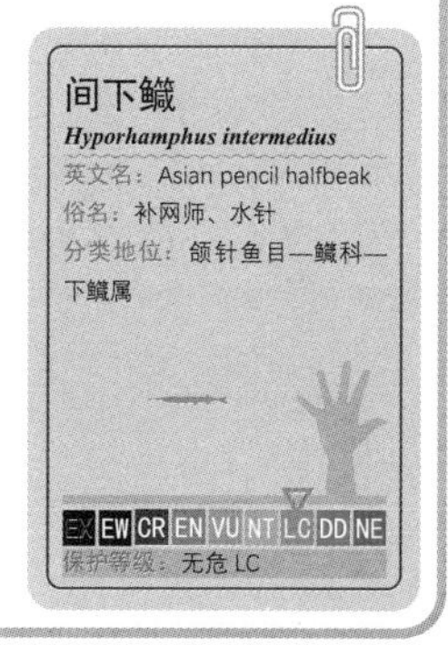

325. 瓜氏下鱵

【生态习性】分布于太平洋和印度洋暖海域，我国分布于南海海域，栖息于沿岸浅水、河口区。杂食性。以小型水生生物、昆虫及其幼虫、植物碎屑等为食。繁殖期为 4—6 月。

【识别特征】体长约 35cm。**体侧有 1 条银白色纵贯线，下颌尖端红色。**

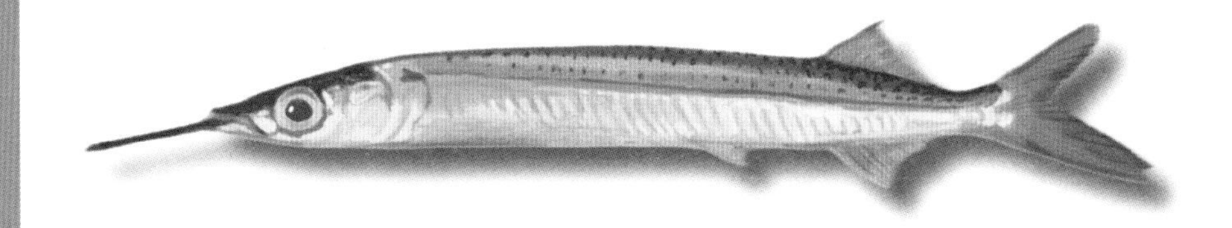

326. 长吻鱵

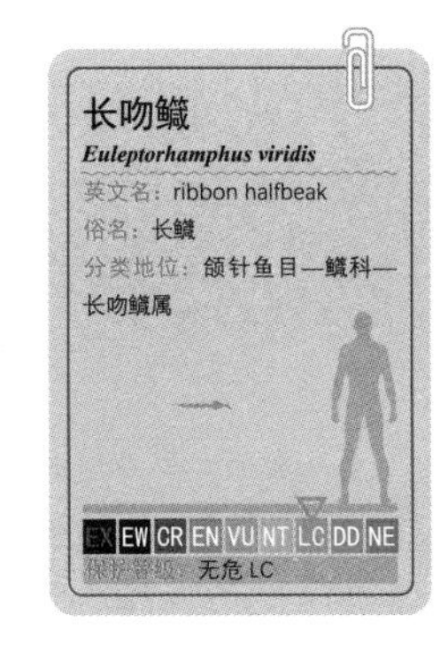

【生态习性】分布于太平洋和印度洋温热带海域，我国分布于台湾及以南的南海海域，栖息于大洋上层水域。以浮游生物和底栖无脊椎动物为食。繁殖期为 4—7 月。

【识别特征】体长约 60cm。体形大，**胸鳍特别长。**

327. 斑鱵

【生态习性】分布于西太平洋和印度洋暖温海域，我国分布于台湾及以南的南海海域，栖息于沿海表层。以浮游生物为食。繁殖期为 4—6 月。

【识别特征】体长约 50cm。体形比其他的鱵科鱼类明显要大，**体侧正中分布 5 ~ 6 个黑色斑点。**

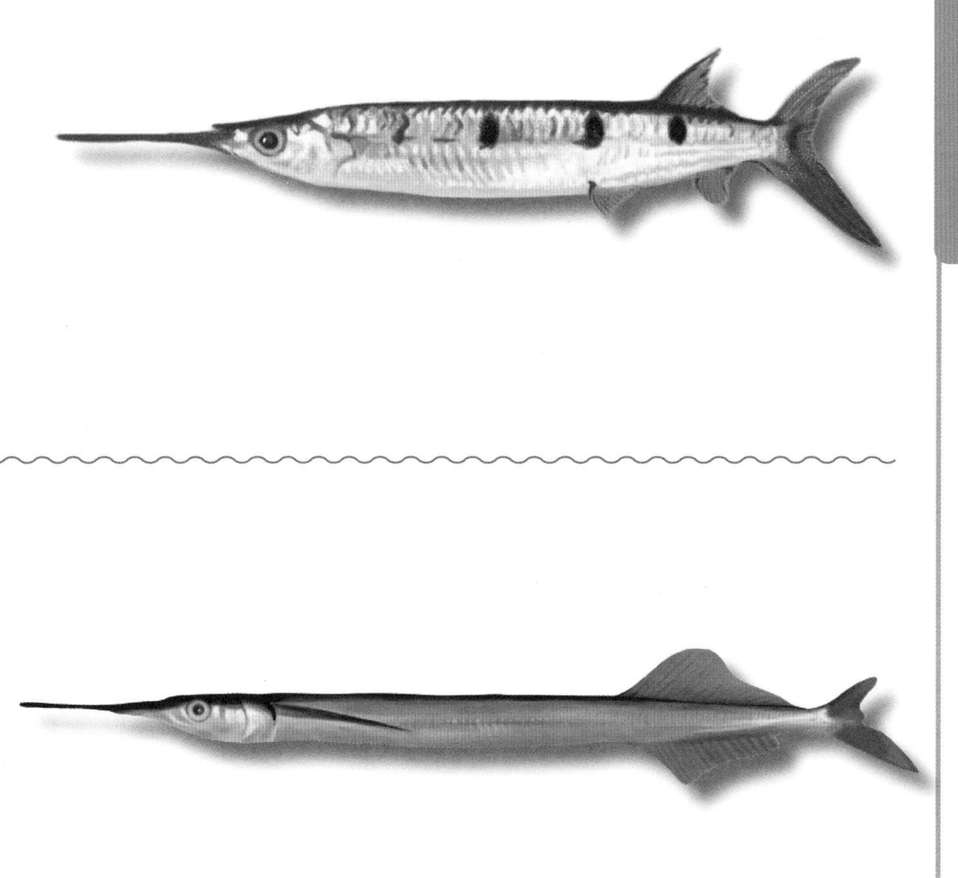

颌针鱼科（Belonidae）

颌针鱼目的 1 科，全球记录 10 属 34 种。上下颌都显著向前伸长，嘴大、牙针尖细。幼鱼期开始下颌先伸长，上颌后跟上，成鱼后齐平。

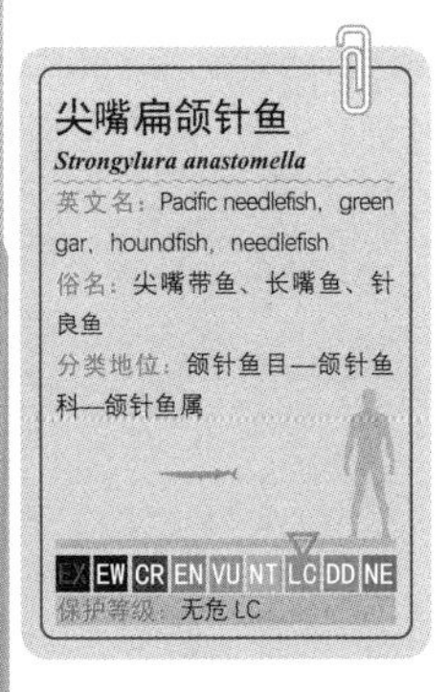

328. 尖嘴扁颌针鱼

【生态习性】分布于我国海域以及朝鲜半岛和日本沿海，一般生活于浅海、河口。性凶猛，以小鱼小虾为食。5—6 月产卵。

【识别特征】体长可达 1m。体细长侧扁，尾部逐渐向后变细。两颌向前延长成喙，上下颌几乎等长。背鳍、臀鳍同形并在近尾部上下对应。腹鳍位于身体中后部。体背草绿色，腹部银白色。体背面中央有一黑色纵带，直达尾鳍前，带的两旁有 2 条与其平行的黑色细线，止于背鳍前方。

【科普常识】鱼体较长，一般切段后下锅。细心者可能会发现，其骨头竟然是绿色的。其实前述的日本下鱵（马步鱼）也一样，只是由于个体较小，整体煎炸居多，不容易发现其鱼骨的颜色。绿色的骨头是颌针鱼目的共同特征。

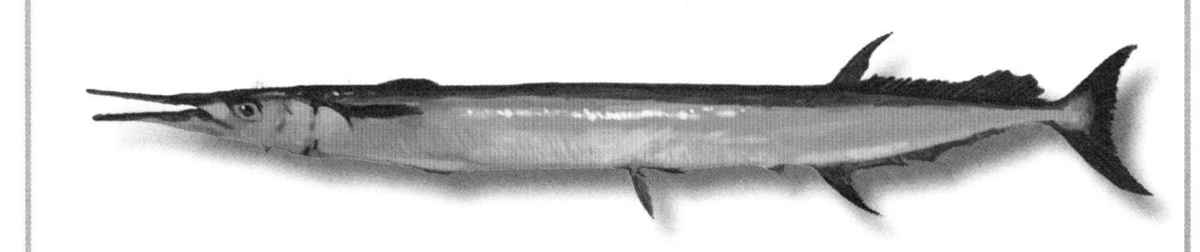

飞鱼科（Exocoetidae）

颌针鱼目的 1 科，共有 8 属 50 种，通称飞鱼。中国有 6 属 38 种，以南海种类最多。飞鱼由于有发达的胸鳍、尾鳍和腹鳍的辅助，能够跃出水面，滑翔可达 100m 以上。

329. 燕鳐

【生态习性】我国主要产于南海和东海南部，海南岛东部和南部海区分布数量较多。生活在海水的上层，是各种凶猛鱼类的捕食对象，遭到攻击时，常常跃出水面飞行一段距离。其飞行是依靠在水面加快游泳获得速度，利用发达的胸鳍展开产生升力进行滑翔飞行。繁殖期 4—5 月，同时也是捕捞旺季。

【识别特征】体长 20 ～ 30cm。体形长扁圆形，略呈梭形。背部宽平至尾部渐变细，腹面狭窄。胸鳍特长且宽大，可达臀鳍末端，伸展开如同蜻蜓翅膀。尾鳍深叉形，下叶长于上叶。

【科普常识】飞鱼本身可食用，而飞鱼卵也是餐桌上的常客，如日料军舰卷（鱼籽寿司卷）上常见的小粒鱼籽其实就是飞鱼卵。飞鱼卵本身呈米黄色，可用食用色素染成红色、绿色，有时候被说成是“蟹子”。

鲱科（Clupeidae）

鲱形目的 1 科，全世界共有 56 属 180 多种，是鲱形目具有代表性的科，种类数最多。它们既是重要的食用鱼，也是在海洋生态链上具有重要作用的物种。

330. 太平洋鲱

【生态习性】分布范围从太平洋经白令海峡到北冰洋，在西太平洋部分从鄂霍次克海、日本海至黄海、渤海。在海藻丛生的浅水处集大群繁殖，产黏性卵，附着于近岸海草、岩礁等，孵化后离开。山东的烟台、威海地区曾是鲱鱼的主要产卵场。

【识别特征】体长 20 ～ 40cm。身体呈流线形，头小，头顶部有一浅凹处。腹鳍短小，背鳍位置比腹鳍略前。体色鲜艳，体侧银色闪光、背部深蓝金属色。

【科普常识】曾经是世界上数量较多的鱼类之一，目前太平洋鲱的黄渤海种群数量处于极低水平，每年春季的产卵季节偶尔会上岸，会飙升到每斤①上千元的天价。鲱鱼子在日料中的地位很高。

①斤为非法定计量单位，1 斤 =500g。

331. 远东拟沙丁鱼

【生态习性】分布于鄂霍次克海、日本列岛、朝鲜半岛东岸、除南海以外的中国沿海，喜大群集结，每条鱼都张着大嘴游泳，以滤食浮游生物为生。有季节性洄游习性，一般春夏季节向北，秋冬季节向南。产卵期为 5—6 月。

【识别特征】体长 20cm 左右。体形呈梭形，背部近似平直，腹部较钝圆。**体侧通常有 2 列纵向斑点**，腹鳍起点约在背鳍基底中部下方，臀鳍细小。体背青绿色，侧下方及腹部银白色。

【科普常识】“沙丁鱼”这个中文名称应该来源于其英文名 sardine 的音译。在中国北方民间，“沙丁鱼”这个名字一般指一种学名叫作“多鳞鱚”或“少鳞鱚”的鱚科鱼类，南方也叫“沙钻”，注意不要混淆。

332. 青鳞鱼

【生态习性】分布于日本南部至中国台湾之间的海域，中国的主分布区在渤海、黄海海域，一般在沿岸、内湾至海淡水交汇处栖息，有季节性洄游的习性，但不会像太平洋鲱、沙丁鱼那样集成大群洄游。主食桡足类、瓣鳃类、短尾类、腹足类幼体等浮游动物。

【识别特征】体长不超过 20cm。背部呈青褐色，体侧及腹部呈银白色，**腹部向下突出呈弯刀状。鳃盖后上角有 1 个黑斑**，口周围黑色，各鳍灰白色，**臀鳍的最后 2 根鳍条延长。相似种类有斑鰶、鳓。**

【科普常识】煎烤味道绝佳，但肌间刺较多，许多人不喜欢。

333. 斑鰶

斑鰶
Konosirus punctatus
英文名：dotted gizzard shad
俗名：刺儿鱼、古眼鱼、油鱼、春鰶、姑罗、黄流鱼、扁鰶
分类地位：鲱形目—鲱科—鰶属
EX EW CR EN VU NT LC DD NE
保护等级：无危 LC

【生态习性】广泛分布于印度洋至太平洋海域，中国四大海域、朝鲜半岛和日本列岛沿岸均有分布，栖息于沿海港湾和河口。常结群行动，以浮游生物为食，有时也摄食底栖生物以及小型甲壳类。

【识别特征】体长不超过25cm。头后背和体背缘青绿色，**体侧的上方有8～9行纵列的绿色小点，鳃盖大部分金黄色，鳃盖的后上方有一大块绿斑。**腹鳍白色，其他鳍黄色或淡黄色，背缘和臀鳍的后缘黑色。**背鳍最后鳍条延长为丝状，末端可达尾柄中间。相似种类有青鳞鱼、鳓、大海鲢。**

【科普常识】小型食用鱼，肉嫩、味鲜而多脂，一般多淡干或腌渍后出售，生鲜时适合煎炸后食用。

锯腹鳓科（Pristigasteridae）

鲱形目的1科。全球共记录9属33种，我国分布3属7种。“锯腹”是源于其腹缘通常有非常锋利的棱鳞。

334. 鳓

【生态习性】分布于中国沿海、朝鲜半岛、日本关西以南，东南亚—印度海域。内湾、河口性鱼类，喜栖息于沿岸及沿岸水与外海水交汇处水域。昼沉夜浮，喜集群，春夏季节游到河口沿海产卵，产卵前有卧底习性。

【识别特征】体长可达50cm。体形长而侧扁，**腹部扁薄，有锯齿状尖锐棱鳞。背鳍位置在腹鳍和臀鳍之间，腹鳍很小，臀鳍很长。体银白色，被薄圆鳞，没有侧线。相似种类有大海鲢。**

【科普常识】富含不饱和脂肪酸，具有降低胆固醇的作用，对防止血管硬化、高血压和冠心病等有益处，在中国属于中高档食用鱼，浙江的“酒糟鲞”和广东的“曹白咸鱼”都是有名的鳓加工品。鳓肌间刺较多，在国外人气不高。

鳀科（Engraulidae）

鲱形目的 1 科，全球共 16 属 139 种。大部分种类是海洋掠食者的饵料生物，也是重要的小型食用鱼。

335. 鳀

【生态习性】广泛分布于我国黄渤海和东海以及朝鲜半岛、日本等西太平洋海域，是鲅鱼等大型鱼类的重要饵料，是在生态系统中起承接作用的关键种，以浮游生物为食。

【识别特征】体长 10cm 左右，体重 10 ~ 20g。体形细长，吻钝圆，下颌短于上颌。仅从体形看与太平洋鲱、远东拟沙丁鱼等有几分相似，但个头小很多。

【科普常识】曾经产量超过 100 万 t，目前资源已经衰退。一般晒成鱼干食用或制成鱼粉。幼鱼期身体透明，浙江一带将春季捕捞的鳀幼鱼制成半干品，以“眯眼海蜒”“丁香鱼干”等商品名出售，人气旺盛。

336. 刀鲚

【生态习性】主要分布于渤海、黄海、东海海域。平时生活在海里，每年2—3月溯江而上进行生殖洄游。幼鱼以浮游动物为食，育肥至秋后或翌年入海。

【识别特征】体长超过20cm，大者可达40cm，重280g。体色银白，体形狭长，**腹缘有锯齿状棱鳞**，锋利如刀。头短小，呈三角形尖突。**胸鳍延长，超过臀鳍前沿很多**。尾鳍不分叉，腹部的臀鳍一直延伸到尾部，最终和尾鳍下叶相连。**相似种类有凤鲚、湖鲚**。其中湖鲚为刀鲚的陆封型亚种，形态几乎相同，仅在淡水中生活，有时被作为长江刀鱼或黄河刀鱼的替代品，但味道要差很多。

【科普常识】海洋中的刀鲚，与后述的凤鲚统称“凤尾鱼”，通常仅作为罐头的原料。春天溯河到淡水的刀鲚，受咸淡水变换的洗礼，味道极其鲜美，与同为溯河生殖的河豚（暗纹东方鲀）、鲥鱼一起被誉为“长江三鲜”。

337. 凤鲚

【生态习性】河口性洄游鱼类，平时栖息于浅海，以桡足类、糠虾、端足类等为食，春季洄游至江河口半咸淡水区域产卵，但不会深入纯淡水区域。长江口产卵期为5月至7月上旬，产卵洄游期间很少摄食。

【识别特征】雌鱼大于雄鱼，雌鱼体长12～16cm、重10～20g，雄鱼体长13cm、重12g左右。体色银白，体形狭长，**腹缘有锯齿状棱鳞**，锋利如刀。头较大，吻短而圆突。**胸鳍长度只达到臀鳍前沿附近**。尾鳍歪尾形，上叶长，下叶短。唇和鳃盖膜为橘红色。

【科普常识】凤鲚是长江、珠江、闽江等河口的主要经济鱼类。在浙江温州一带，有“雁荡美酒茶山梅，江心寺后凤尾鱼”的说法。需要注意的是，在观赏鱼领域“凤尾鱼”是指孔雀鱼，是原产于南美洲的花鳉科鱼类。

338. 黄鲫

【生态习性】分布于印度洋和西太平洋，我国四大海域均有分布，以黄海至东海中部居多。有洄游特性。肉食性，主要摄食浮游甲壳类、箭虫、鱼卵、水母等。

【识别特征】体长不超过 20cm。体纺锤形，腹缘有棱鳞，无侧线，胸鳍上部有一鳍条延长为丝状，背鳍前方有一小刺，臀鳍长，尾鳍叉形。

【科普常识】肉质细嫩，肉味甜美，钙、磷、铁等矿物质含量高。市场上一般有鲜鱼、咸鱼干等。鲜食以干炸或煎食较多。据说，黄鲫在下锅前最好去掉其咽喉齿（位于鳃后咽喉部的牙齿），否则泥味较重。

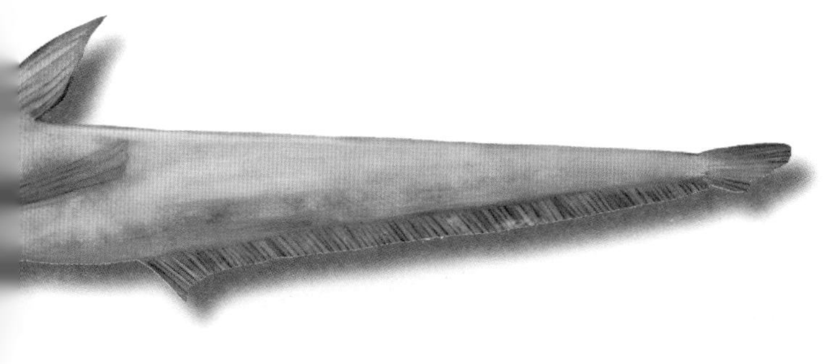

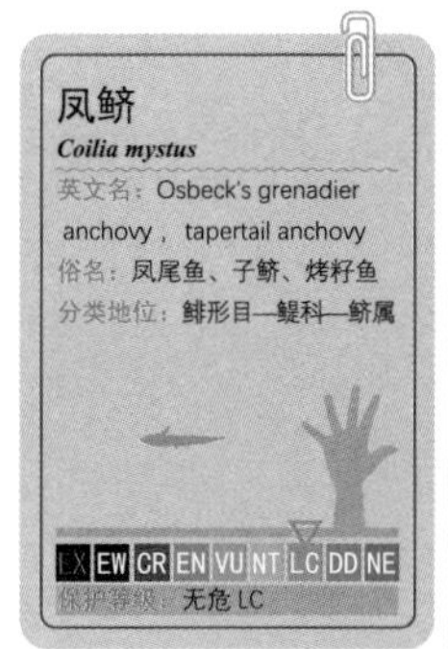

大海鲢科
（Megalopidae）

海鲢目的1科。全球记录1属2种，我国分布1种。海鲢目鱼类的典型生活史特征是其仔鱼期为透明的柳叶形。

339. 大海鲢

【生态习性】广泛分布于太平洋至印度洋的沿岸水域，中国分布于东海南部至南海海域。性凶猛，以小虾、小鱼为食。仔鱼期为柳叶幼体，成鱼后可利用鱼鳔作为辅助呼吸器官，以适应环礁湖和红树林沼泽等低氧区域。

【识别特征】体长80cm左右。体形长而侧扁。**体被大而薄的圆鳞，腹部无棱鳞，侧线直走。背鳍在体背中央，最后1根鳍条丝状延长。腹鳍大，起点与背鳍起点正对。**体背部青灰色，腹部银白色。**相似种类有鲥、海鲢。**

【科普常识】大海鲢肉质松软，含水量较高，作为海水鱼鲜味淡泊，与教科书上所称"肉味鲜美"相去甚远，特别不适合清蒸等原味料理法。曾有商家将大海鲢剪去延长的背鳍鳍条后，作为"大白鳞"（北方对鲥鱼的俗称）出售。

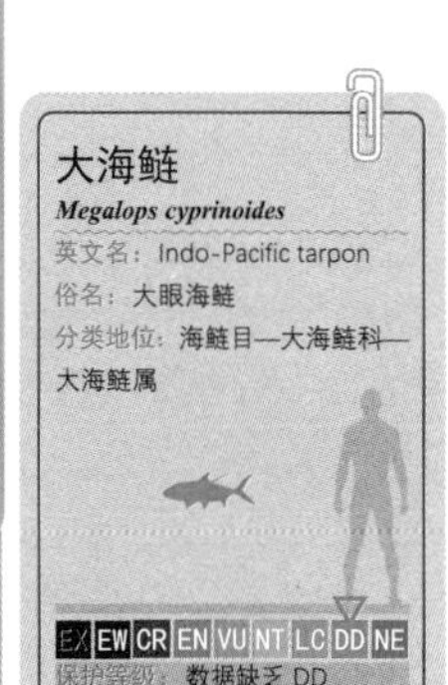

海鲢科
Elopidae

海鲢目的1科。全球记录1属6种，我国仅分布1种。

340. 海鲢

【生态习性】分布于太平洋、印度洋和大西洋温热带海域，我国分布于黄海南部、东海和南海海域，栖息于近海中上层。以小鱼、甲壳类为食。繁殖期为3—6月。

【识别特征】体长约30cm。体长不到大海鲢的一半，**一张大嘴的后缘超过眼球很多。背鳍后缘鳍条不延长，头部、接近腹部的侧面以及各鳍呈淡黄色。**身材修长，体形更像鲱鱼，难怪其英文名意为"夏威夷巨鲱"。

毒鲉科（Synanceiidae）

鲉形目的 1 科，全球有 9 属 30 余种，中国有 6 属 12 种。喜欢潜伏于近海礁石海底，伺机捕捉小鱼。许多种类的背鳍具毒刺。

341. 日本鬼鲉

【生态习性】分布于日本至中国四大海域，主要栖息于沿岸或海岛附近沙泥或石砾底质的海域。伪装能力强，时常埋藏身体而不容易被发现，守株待兔捕食过往的小鱼与甲壳动物。无鳞，**背鳍鳍棘下具毒腺**，是危险生物。

【识别特征】体长不超过 30cm。身体前部近圆形，向后慢慢侧扁，形态怪异丑陋，但总算离鱼的形状不远，各鱼鳍仍清晰可见。体色随栖息场所各异，有暗褐色、红色及黄色。**相似种类有毒鲉。**

【科普常识】鬼鲉相貌丑陋，但肉质雪白鲜美，中式料理以熬汤居多，日式料理当然是生鱼片，据说其薄切生鱼片的品质可与河豚相媲美。另外，其肝脏的味道令人难以忘怀，其美味甚至超过鮟鱇的肝脏。

342. 粗毒鲉

粗毒鲉
Synanceia horrida
英文名：stonefish, devilfish, poison fish
俗名：海蝎、海蝎子、蝎子鱼、虎鲉、鬼鲉、毒鲉、虾虎鱼、石头鱼
分类地位：鲉形目—毒鲉科—毒鲉属
EX EW CR EN VU NT LC DD NE
保护等级：无危 LC

【生态习性】分布于中西太平洋和印度洋暖温海域，我国分布于台湾及以南的南海海域，栖息于浅海岩礁区。肉食性，以底层小型鱼类为食。繁殖习性不详。

【识别特征】体长约 30cm。像一块石头，**鱼鳍等鱼类的特征很不明显。主体色调呈岩红色。背鳍鳍棘有毒。**

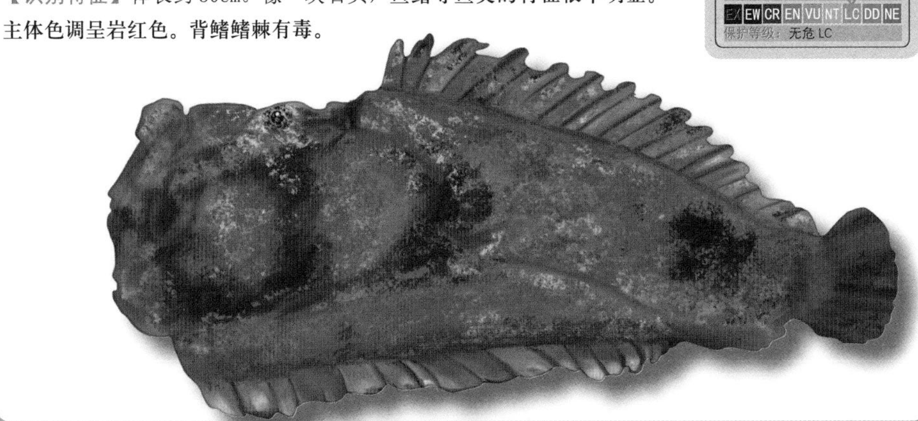

鲬科（Platycephalidae）

鲉形目的1科，全球共有18属60种。鲉形目中少数头部平扁的一个类群，头部通常具棘刺或锯齿。

343. 鲬

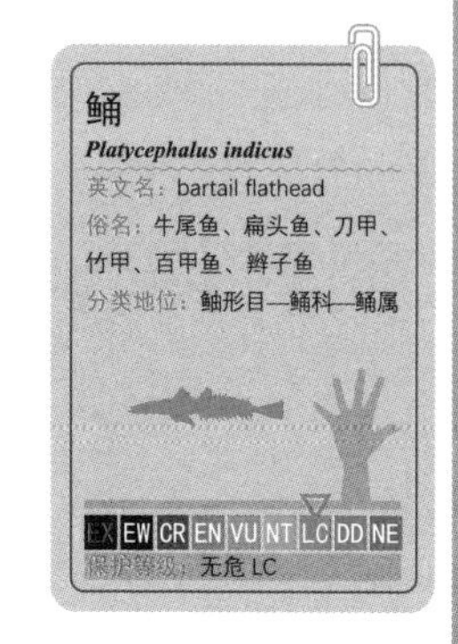

【生态习性】分布于印度洋至西太平洋海域，由红海及东非到菲律宾，北至日本南部与韩国，南至澳大利亚北部，在中国沿海均有分布。栖息于沿岸或河口区沙质海底。肉食性。雌雄同体，先雄后雌。

【识别特征】体长20～30cm。**身体前部平扁，向后逐渐细圆。体背褐色，其上分布着黑褐色的不规则小斑点**，腹部为淡黄色。背鳍、胸鳍及腹鳍均有些棕色的小斑点。尾鳍中间黄色，具有3～4黑色横带，各黑带具白缘。

【科普常识】 鲬大小适中，鱼肉雪白，烹饪后的鱼肉相对有一定的硬度，但又不柴，是不可多得的美食。

狮子鱼科（Liparidae）

鲉形目的1科，全球记录有29属334种，我国仅产1属4种。2个腹鳍愈合成吸盘，适宜在海底或岩石上爬行。

344. 细纹狮子鱼

【生态习性】分布于中国渤海、黄海、东海以及朝鲜半岛、日本等海域，通常栖息在水深较深的亚潮间带。主食甲壳动物，也吃小鱼。产黏性卵，成块附于海底礁石等硬物上，有护卵行为。

【识别特征】体长可达50cm。整体呈瘦长形，头宽大平扁，**身体前部接近圆筒形，后部侧扁狭小。从头部到尾鳍有许多条细长黑白斑纹。腹鳍胸位，愈合为一吸盘**。背鳍和臀鳍很长，几乎与尾鳍相连，**在尾鳍附近有1个白色横纹**。提起“狮子鱼”通常会联想到俗称“狮子鱼”的蓑鲉，但二者是完全不同的物种。

【科普常识】身体柔软，皮很容易剥离，市场上较少见到鲜鱼，基本是剥皮去头后出售。鱼肉含水量较大，适合煎炸或做成干品，口味一般。

六线鱼科（Hexagrammidae）

鲉形目的1科，共5属12种，仅分布于北太平洋北部冷温带海域。

345. 大泷六线鱼

【生态习性】分布于我国渤海、黄海、东海以及朝鲜半岛和日本海域的沿岸岩礁区及其临近水域。繁殖期10—11月，雄鱼在繁殖期呈现鲜艳的黄色婚姻色。雄鱼有护卵行为，期间不外出摄食，但饿极了有时会吃掉鱼卵。

【识别特征】体长一般在25㎝以下，个别可达45㎝。体色随环境变化较大，有黄绿色、黄褐色、暗褐色及紫褐色，体侧有大小不一、形状不规则的灰褐色云斑，腹面灰白色。**侧线5条，尾鳍截形。相似种类有单线六线鱼。**

【科普常识】在这类鱼的最初记录中，侧线有6条，故名“六线鱼”。后来发现这并非该类鱼的统一特征，但名字已经叫出去了。日料中的烤六线鱼，本应为产于鄂霍次克海、日本海的远东多线鱼，但一些日料店很可能用大泷六线鱼替代。

346. 单线六线鱼

【生态习性】分布于西北太平洋温海域，我国分布于渤海、黄海和东海海域，栖息于浅海岩礁区。以软体动物为主食，也摄食多毛类、甲壳类、鱼类甚至海藻。繁殖期为 8—9 月。

【识别特征】体长约 30cm。头部后缘至胸鳍、腹鳍部分的体高明显大于大泷六线鱼。**尾鳍尾端为外圆弧形。侧线 1 条。**

347. 长线六线鱼

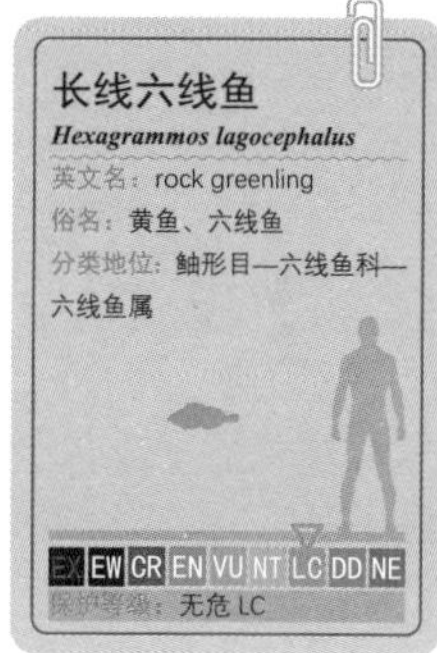

【生态习性】分布于西北太平洋温海域，我国分布于渤海、黄海和东海海域，栖息于浅海岩礁区。肉食性，以小鱼虾、多毛类等底栖动物为食。繁殖期为 10—11 月。

【识别特征】体长约 60cm。体形、体色很接近单线六线鱼。**尾鳍尾端为外圆弧形。侧线 5 条。**

鲂鮄科（Triglidae）

鲉形目的1科，全球有14属120多种，中国分布有3属15种。游泳时展开大大的蒲扇形胸鳍花枝招展的，仿佛鸟类展翅。胸鳍前部有3条游离鳍条，类似“前脚”，作为海底行走和探索食物的工具。

348. 小眼绿鳍鱼

小眼绿鳍鱼
Chelidonichthys spinosus
英文名：bluefin searobin
俗名：绿翅鱼、绿姑、绿莹莹
分类地位：鲉形目—鲂鮄科—绿鳍鱼属
EX EW CR EN VU NT LC DD NE
保护等级：无危 LC

【生态习性】分布于日本北海道南部、朝鲜半岛、中国四大海域，栖息于近海25m以上的沙底海区。主要摄食长尾类、小鱼和头足类。有季节性洄游的习性，春夏之交产卵。

【识别特征】体长20cm左右，个别个体可达50cm。胸鳍呈圆翅状，可展开在水中翔游，**胸鳍在深绿底色上分布浅绿色斑点。**头部有骨板保护，胸鳍下部有几条手指状游离鳍条，用于匍匐水底、掘土觅食。**相似种类是绿鳍鱼。**

【科普常识】据说初见这类鱼的人，惊艳于其奇特的形状和色泽，问道“什么东西”，答曰“仿佛是鱼”，由此得名“鲂鮄”。其英文名取自英国的国鸟“知更鸟”（robin），个头不大，胸前至腹部的颜色非常绚丽。

小眼绿鳍鱼

349. 绿鳍鱼

【生态习性】分布限于东亚海域，我国四大海域皆有分布，与小眼绿鳍鱼相比，其主要分布范围偏南方。肉食性，以小鱼虾、多毛类等底栖动物为食。繁殖期为 4—5 月。

【识别特征】体长约 20cm。胸鳍的浅绿色斑点分布在一块黑色的大斑块上。体形和体色与小眼绿鳍鱼几乎无异。

350. 短鳍红娘鱼

【生态习性】主要分布于北太平洋西北部的中国、朝鲜半岛和日本海域，中国分布于渤海、黄海和东海海域，栖息于40m以上的沙泥底质海区，摄食虾类、软体动物和小鱼等。春季向近岸作生殖洄游。

【识别特征】体长可达30cm。**胸鳍比较短小，底色为淡红色或淡褐色，没有明显的斑纹，仅在边缘处呈浅绿色。第一背鳍的后半部有1个深红色的大斑纹。相似种类有岸上红娘鱼。**

【科普常识】北方市场上常和小眼绿鳍鱼混在一起售卖，常用名字“红鞋”“红娘子”“绿莹莹”等，一般不加区分，价格也不贵。

短鳍红娘鱼的胸鳍

351. 岸上红娘鱼

【生态习性】分布限于西北太平洋暖温海域，我国分布于东海海域。肉食性，摄食底栖动物、软体动物等。繁殖期为4月。

【识别特征】体长约40cm。**第一背鳍的后半部有1个深红色的大斑纹。胸鳍斑纹与绿鳍鱼相似，但底色为淡红色或淡褐色。**

352. 长棘红娘鱼

【生态习性】分布于中国、朝鲜半岛和日本等海域，中国分布于东海海域。一般栖息于礁岩区、沙砾质海底，以小鱼、小型甲壳类、多毛类等底栖动物为食。

【识别特征】体长 10cm 左右，大者可超过 20cm。第一背鳍的第 2 棘明显延长。有 4 条浓红色横带，第一、第二背鳍上各分布 1 条、尾鳍上分布 2 条。离水时间过长时，该红色横带会淡化甚至消失。胸鳍边缘呈红色，中间为大部分草绿色，后缘基部有黑色椭圆形斑块，不均匀分布有线段状蓝点。

【科普常识】个头相对较小，数量也不多，出肉率底，在市场上一般不受待见，但据说煲汤味道绝佳。

长棘红娘鱼的胸鳍

鲻科（Mugilidae）

鲻形目的唯一1科，全球共有17属72种，我国分布有7属，种类数则根据不同的分类标准有13～19种不等。

353. 鲻

【生态习性】广泛分布于印度洋和太平洋，中国四大海域均产。性情活泼，常跳跃，喜栖息于河口及港湾内。杂食性，由于啃食时难免夹带泥沙，所以胃刍、幽门发达。产卵期为10月至翌年1月。

【识别特征】体长40cm左右，大者可达80cm，体重5kg。体形长条形，前部近圆筒形，后部侧扁。身体青灰色，腹部颜色较浅，体侧上半部有几条暗色纵带。鳍条浅灰色，**腹鳍基部有一黑色斑块。相似种类是梭鱼**，但**鲻头部相对圆润，尾鳍叉深。**

【科普常识】秋后产卵前的鲻，富含营养，是其最鲜美的时候，甚至媲美真鲷。特别是其幽门、精巢是不可多得的珍味。

354. 梭鱼

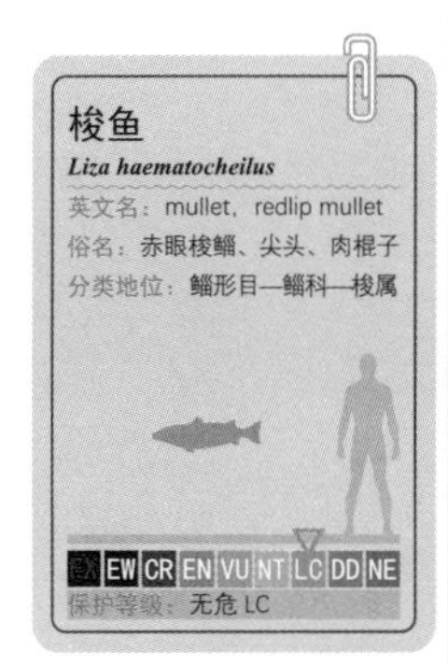

【生态习性】分布于中国北方、朝鲜半岛、日本九州以北的内海、江河口海淡水交汇处及淡水水域。性情活泼，善跳跃，在逆流中常成群溯游，有时可见跃出水面。吃水底泥土中的有机物。

【识别特征】体长可达 1m。背侧呈青灰色，腹面浅灰色，两侧鳞片有黑色的竖纹，眼虹膜红色。**相似种类有鲻，**但侧面看**梭鱼头部尖突，尾鳍叉浅。**

【科普常识】与鲻相同，冬至的梭鱼体内营养满满，是最美味的时候，特别是幽门和精巢。我国传统上比较尊崇春天冰凌破开后的“开凌梭”，经过冬季外海的洗礼，泥土味倒是干净了，但鱼香味也几乎消耗殆尽。梭鱼以头为香，民间有“丢了车和牛，不丢梭鱼头”之说。

狗母鱼科（Synodontidae）

仙鱼目的 1 科，全球共有 5 属约 55 种。吻部短，眼睛大并位于头前部，嘴角超过眼睛的后部，有爬行类的头部特征。

355. 长蛇鲻

【生态习性】主要分布于中国、朝鲜半岛、日本海域，中国四大海域都有分布，栖息在泥或泥沙底质的海区。昼伏夜出，觅食时腹鳍支撑，抬起头部对周围进行观察，该行为特征与蜥蜴非常类似。以小型鱼类和幼鱼为食。

【识别特征】体长不超过 30cm，体重 300g 以内。身体细长呈圆筒状，头略平扁，口大。背侧棕色，腹部白色，侧线平直，侧线鳞明显，**有细小斑纹蔓延到头部整体。**背鳍和尾柄之间有 1 个很小的脂鳍。尾鳍深叉形。背鳍、腹鳍、尾鳍均呈浅棕色，胸鳍及尾鳍下叶呈灰黑色。**胸鳍达不到腹鳍前缘。相似种类有小胸鳍蛇鲻、鳄蛇鲻。**

【科普常识】经济鱼类，有一定产量。其肉味肥鲜，但多刺，量大时做鱼糜原料。

356. 小胸鳍蛇鲻

【生态习性】分布限于东亚热带海域，我国分布于南海海域，栖息于岩礁或珊瑚礁区。肉食性，摄食鱼类、头足类、甲壳类等。繁殖期为1—5月。

【识别特征】体长约 40cm。**体侧细小斑纹不明显，腹部有 1 列黑褐色斑点，尾鳍下缘白色。胸鳍超出腹鳍前缘一些。**

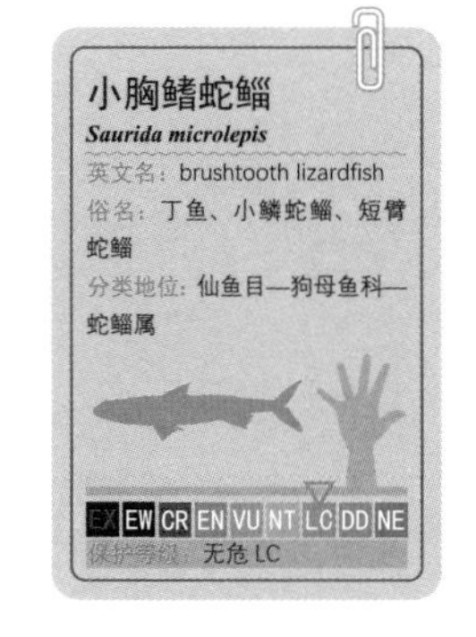

357. 鳄蛇鲻

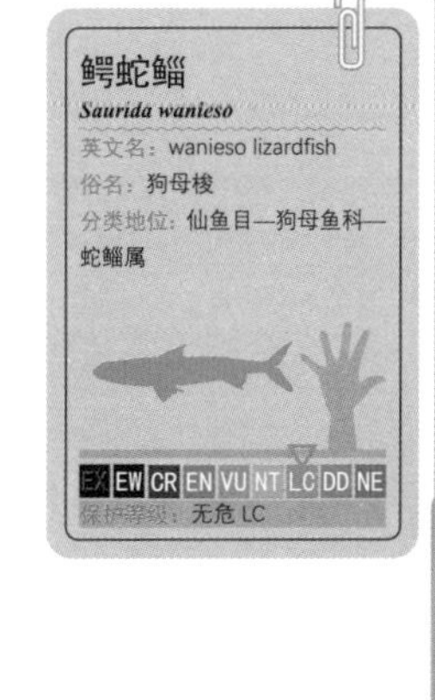

【生态习性】分布西太平洋热带海域，我国分布于东海南部至南海海域，栖息水深 30 ～ 100m。以小型鱼类和甲壳类为食。繁殖期为 3—4 月。

【识别特征】体长约 40cm。**尾鳍下缘黑色。胸鳍刚刚达到腹鳍前缘。**

龙头鱼科（Harpadontidae）

仙鱼目的 1 科。全球仅有 1 属 3 种，我国分布 2 种，其中龙头鱼比较常见。

358. 龙头鱼

【生态习性】分布于朝鲜半岛、日本、中国沿海及东印度洋海域，在中国分布于黄海南部、东海和南海河口海域。身体看起来非常柔软，却是肉食性鱼类，口大且牙齿尖利，主要捕食小型鱼类。

【识别特征】体长一般 30cm 以下。身体非常柔软，新鲜时体呈乳白色，腹部圆、无棱，体前部光滑无鳞，后部被细小圆鳞。口大，嘴角超过头长一半，牙齿针尖状。各鳍灰黑色，胸鳍很长，可达腹鳍基部，尾鳍三叉形，上下叶长于中叶。**相似种类是小鳍龙头鱼。**

【科普常识】肉质细嫩，含水量较多，通常油炸或炖豆腐。其英文名意为“孟买鸭”，着实雷倒不少人，其起源有各种说法。不过龙头鱼在印度沿海和孟加拉湾产量很高，龙头鱼干是当地的美食之一。

359. 小鳍龙头鱼

小鳍龙头鱼
Harpadon microchir
英文名：smallfinned bombay duck
俗名：豆腐鱼、那篙鱼、短臂龙头鱼、小鳍镰齿鱼
分类地位：仙鱼目—龙头鱼科—龙头鱼属
EX EW CR EN VU NT LC DD NE
保护等级：无危 LC

【生态习性】分布限于东亚海域，我国分布于台湾周边海域，栖息水深超过 500m。肉食性，以小型鱼类为食。繁殖期为 4 月。

【识别特征】体长可达 70cm。与龙头鱼相比，该鱼胸鳍明显短。

鮟鱇科（Lophiidae）

鮟鱇目的 1 科，全球约 4 属 25 种。背鳍的第 1 硬棘延长呈钓杆状，末端有类似饵球的衍生物，吸引小鱼虾接近后一举吞食。

360. 黄鮟鱇

【生态习性】分布于印度洋及北太平洋西部，包括韩国、日本沿海，我国分布于渤海、黄海、东海等，营底栖生活，不集群，肉食性。雄鱼寄生在雌鱼身上，只为雌鱼产卵提供精子。产卵期 3—4 月，鱼卵含在宽几十厘米、长可达 10m 的透明胶状物中，漂浮在海面附近。

【识别特征】体长一般 30cm 以下，有记录超过 1.5m。身体前半部平扁呈圆盘形，尾部圆柱形，口宽大，表皮平滑无鳞，背面黄褐色，腹面灰白色，**眼睛与胸鳍之间有 1 个突起。口腔内下部为较均匀的淡黑色，无彩色纹理。相似种类是黑鮟鱇。**

【科普常识】是东亚各国的名吃，日本、韩国主要是用于火锅中，中国则还有红烧、炖豆腐等其他吃法。鮟鱇肝具有很高的营养价值，且大得惊人，重量占全鱼体重的约 1/4。

黄鮟鱇

黑鮟鱇

361. 黑鮟鱇

【生态习性】分布于西太平洋至印度洋暖海域，我国分布于东海和南海海域，栖息水深超过 30m。肉食性，以鱼类和甲壳类为食。繁殖期为4月。

【识别特征】体长可达 1m。**口腔内下部为黑色并分布有许多白斑，眼睛与胸鳍之间有 3 个突起。**

躄鱼科（Antennariidae）

鮟鱇目的 1 科，全球分布有 13 属 40 种，我国有 3 属 13 种。胸鳍演化成为鳍脚，用来在海底爬行辅助移动，且常用单只鳍脚爬行，像是跛脚，得名“躄鱼”。

362. 裸躄鱼

【生态习性】主要分布于黄海、东海、南海及除中、东太平洋以外的温热海域，通常栖息于马尾藻或其他褐藻丛中，也见于流藻、浮鱼礁和浮标中。主要捕食小鱼和甲壳类。

【识别特征】体长 15cm 左右。体侧扁，卵圆形。头高大，以第三背鳍棘基部处的头部最高，腹部突出。腹鳍喉位，尾鳍后缘圆形。身体裸露无鳞，皮肤光滑，无绒状短刺。**吻触手极短**，与前颌骨之间有 2 片皮状突起。体侧灰白，具不规则的黑色网状带纹，腹部具不规则黑色斑，各鳍具不规则的横带和黑斑。**相似种类有带纹躄鱼、毛躄鱼。**

【科普常识】水族馆或家庭水族箱的常客。但家庭饲养时需注意，裸躄鱼可是个大吃货，可以吞下和它自身差不多大小的其他鱼类，所以最好单独饲养。

363. 带纹躄鱼

【生态习性】分布限于东亚海域，我国分布于黄海、东海和南海海域，栖息于沿岸浅水岩礁和泥沙底质海区。肉食性，以小鱼和甲壳类为食。春季繁殖。

【识别特征】体长可达40cm。**吻触手末端呈细长指状，有3～4个分支。**

鮟鱇目 LOPHIFORMES

364. 毛躄鱼

【生态习性】分布于西太平洋至印度洋暖海域，我国分布于东海和南海海域，栖息于近海内湾泥沙底质海区。肉食性，以小鱼为食。繁殖期为6—7月。

【识别特征】体长小于15cm。**吻触手末端呈球形穗状。**

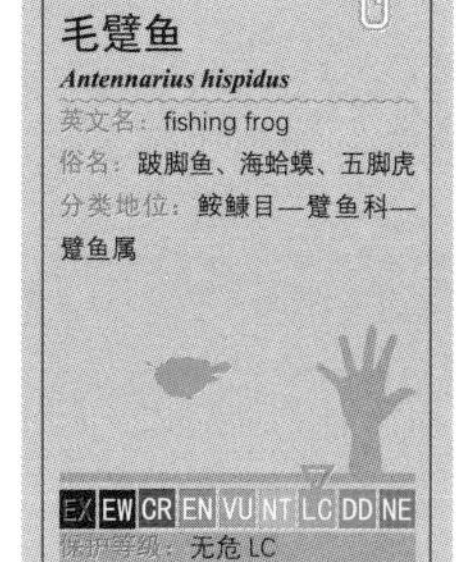

鳕科（Gadidae）

鳕形目的 1 科，全球共有 15 属约 30 种。背鳍 3 个、臀鳍 2 个，是本科鱼类的主要特征。

365. 大头鳕

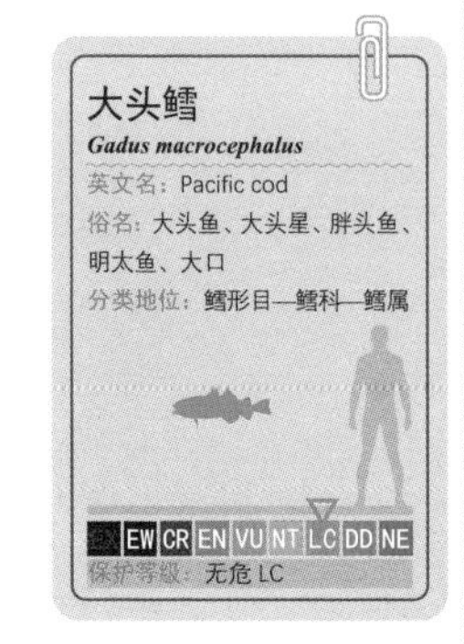

【生态习性】分布于太平洋北部沿岸海域，从北太平洋西南部的黄海，经韩国、白令海峡至阿留申群岛一带沿海，中国主产于黄海和东海北部。主食中、小型鱼类和无脊椎动物。冬季 1—3 月产卵。

【识别特征】体长接近 1m。体近纺锤形，上颌长于下颌，下颌有 1 根须。腹鳍靠近咽喉部位，有 3 个背鳍和 2 个臀鳍，尾鳍略内凹。我国除了大头鳕以外，几无其他鳕科鱼类分布。

【科普常识】大头鳕是世界重要的海洋经济鱼类之一，在北太平洋产量较大，是俄罗斯、美国、加拿大、日本等国家的重要蛋白源，其重要性不言而喻。中国分布区域小，产量不高。风靡日韩的“明太子”（用辣椒和香料腌制的鳕鱼卵巢），是取自北太平洋的狭鳕，而非本种。

鲀科（Tetraodontidae）

鲀形目的 1 科，通称河豚或河鲀，有 16 属约 118 种。受惊吓时会吸入大量空气或水，将鱼体鼓胀成圆球状，同时皮肤上的小刺竖起。肉味鲜美，但很多种类的内脏、卵巢及血液含有河豚毒素，可致死，在我国不得流通和食用。

366. 红鳍东方鲀

【生态习性】主分布区位于日本九州西部沿海和对马海峡，中国见于渤海、黄海和东海海域，栖息于礁区、河口、近海沿岸的沙泥底质，为底层肉食性洄游鱼类。

【识别特征】通常体长 50cm 以下，大者可接近 1m，体重 10kg。体亚圆筒形，体背面和上侧面青黑色，腹面白色，**胸鳍后上方有 1 个白边黑色大斑，斑的前方、下方及后方有小黑斑及花样斑纹，臀鳍为白色或红色**（捕捞过程中挣扎充血所致）。**相似种类为假睛东方鲀。**

【科普常识】河豚毒素集中在肝脏和卵巢，误食会致死。红鳍东方鲀是河豚鱼类中经济价值最高的，一般做为生鱼片、火锅等食用。红鳍东方鲀和假睛东方鲀现为网箱养殖鱼种，主要出口日本和韩国。

367. 假睛东方鲀

【生态习性】分布限于东亚海域，我国分布于渤海、黄海和东海及台湾周边海域，栖息于近海底层。肉食性，以桡足类、钩虾、多毛类幼体等为食。春季繁殖。

【识别特征】体长可达 50cm。**胸鳍后上方有 1 个大黑斑，体侧斑纹不太明显，臀鳍为黑色。**

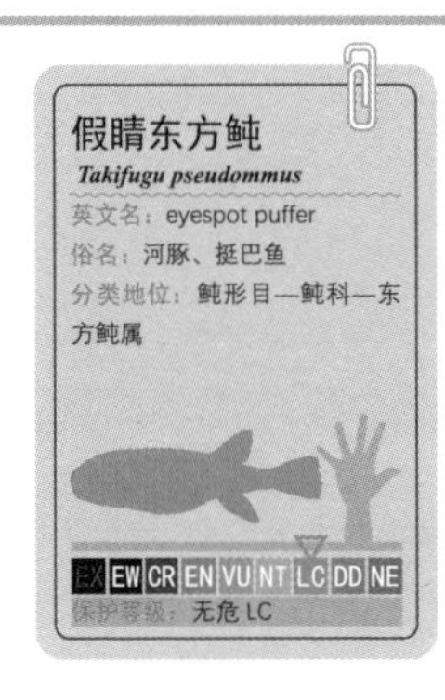

368. 暗纹东方鲀

【生态习性】主要分布在中国近海（东海、黄海、渤海）和长江中下游，是海淡水洄游鱼类，春季由海溯河产卵，幼鱼翌年回归海洋。偏肉食性的杂食性，遇危险时将食物一边向嘴里衔一边退缩，或吞食或吐出退逃。食物短缺时同类相食。

【识别特征】体长 40cm 左右。身体背面和腹面布有小棘，**背部呈现暗绿色，并有数条淡淡的横向色带**，胸鳍后方和背鳍基部有黑斑，**臀鳍黄色。**

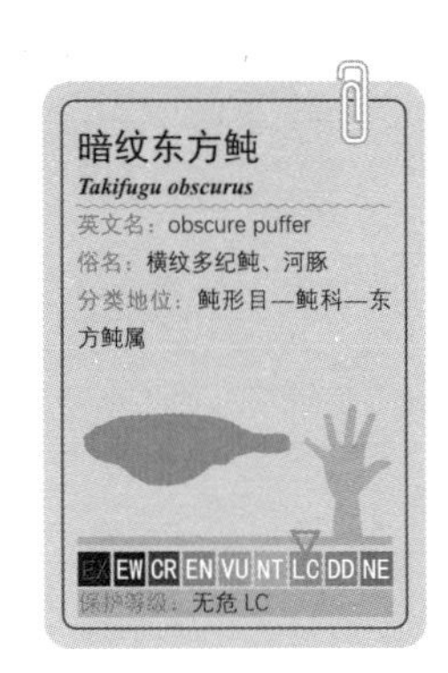

【科普常识】中文中“河豚”之名源于本种鱼，为长江三鲜之一。卵巢、肝脏、皮肤、肠道有毒。中国自古有“拼死吃河豚”的说法，宋代诗人苏轼的“竹外桃花三两枝，春江水暖鸭先知。蒌蒿满地芦芽短，正是河豚欲上时。”其中的河豚以及所有唐诗宋词中提到的河豚，一般皆是指暗纹东方鲀。现为人工养殖鱼种。

369. 星点东方鲀

【生态习性】分布于我国东海、朝鲜半岛南部、日本本州至冲绳一带，栖息于近海底层海藻丛生的海域和河口附近，夏季在岸边产卵，有潜沙的习性。

【识别特征】体长 10 ～ 15cm，体重 100g 左右。胸鳍后上方和背鳍基底有不明显黑斑。**背部有许多大小不等的淡绿色圆斑，边缘黄褐色，形成网纹。体上部有数条深褐色横带。各鳍均呈沙黄色。尾鳍截形。**东方鲀属有几种鱼类极为相似，主要以身体的斑纹来区别。

【科普常识】本种鱼肝脏、卵巢毒性极强，其次是精巢、皮肤和肠道，肌肉毒性较弱。

370. 斑点东方鲀

【生态习性】分布限于东亚海域，我国分布于黄海、东海及台湾周边海域，栖息于沿岸岩礁区。肉食性，以贝类、甲壳类等底栖动物等为食。繁殖期为4月。

【识别特征】体长约25cm。**除头部外体表覆盖细刺，反向摸感明显。背部褐色，分布许多清晰的白色小圆斑，胸鳍后大黑斑不明显，背鳍周围有一圆形暗斑。臀鳍淡黄色。**肝脏、卵巢剧毒，鱼皮、肠道、精巢强毒，鱼肉也有弱毒性。不可食用。

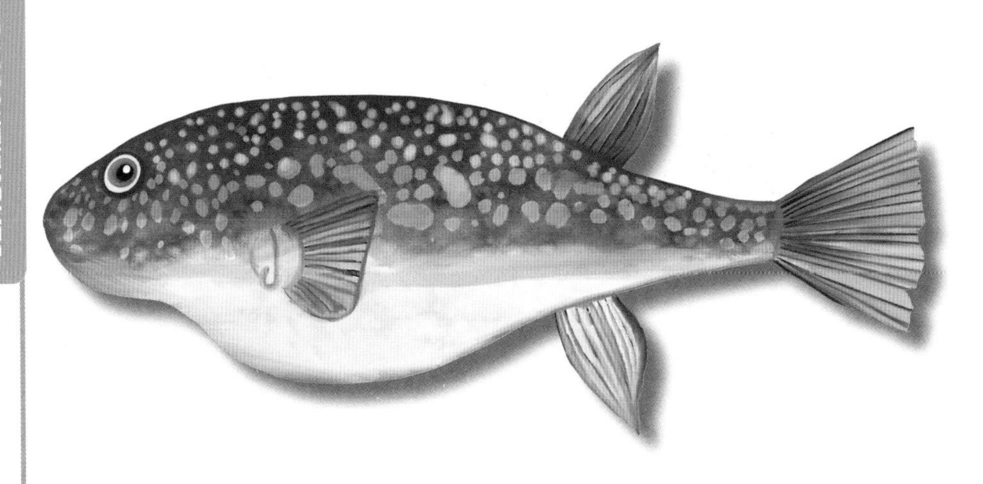

371. 密点东方鲀

【生态习性】分布限于东亚海域，我国分布于黄海和东海海域，栖息于近岸泥沙底质海区。以贝类、虾类和鱼类以及水生昆虫为食。繁殖期为2—3月。

【识别特征】体长约35cm。**体表覆盖小刺，胸鳍后方无大黑斑，背部散布有细小的圆形或椭圆形斑纹，臀鳍黄色。**肝脏、卵巢剧毒，鱼皮有毒，鱼肉无毒。

372. 潮际东方鲀

【生态习性】分布限于东亚海域，我国分布于渤海、黄海和东海海域，栖息于浅海至河口区，有潜沙习性。肉食性，以贝类、虾蟹类等为食。繁殖期为 3 月。

【识别特征】体长约 30cm。背部褐色，分布有黑色不规则斑纹。**胸鳍后方有 1 个大斑纹，通常由数个黑斑聚集而成。体表无刺，体侧下部有皮褶。臀鳍白色。**卵巢、肝脏剧毒，鱼皮、肠强毒，肌肉弱毒，精巢无毒。

373. 虫纹东方鲀

【生态习性】分布限于东亚海域，我国沿海均有分布，栖息于近海底层。肉食性，以贝类、甲壳类和头足类为食。繁殖期为 3—5 月。

【识别特征】体长约 25cm。**胸鳍后方的大褐斑形状不规则，周围白底。臀鳍、尾鳍的底部白色。**肝脏、卵巢、鱼皮有剧毒，精巢无毒。鱼肉则根据其生活的海域，有时有毒，有时无毒。所以除非确认其无毒，否则不建议食用。

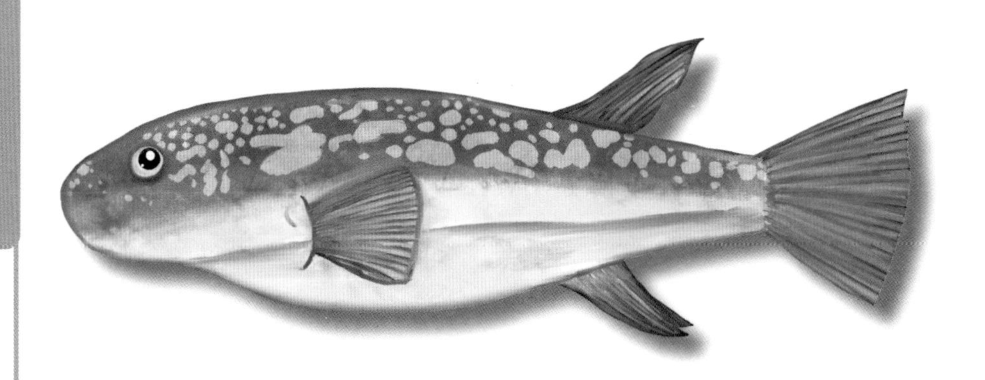

374. 豹纹东方鲀

【生态习性】分布限于东亚海域，我国分布于渤海和黄海海域，栖息于岩礁浅海区。肉食性，以小型鱼类和甲壳类为食。繁殖期为 3—5 月。

【识别特征】体长约 30cm。**体表无刺，但密布小疣，有凹凸不平的触感。体形圆鼓鼓的，侧面到背部浅褐色，密布褐色斑点。**肝脏、卵巢有剧毒，鱼皮和肠道的毒性也很强，精巢毒性较弱，鱼肉基本无毒。

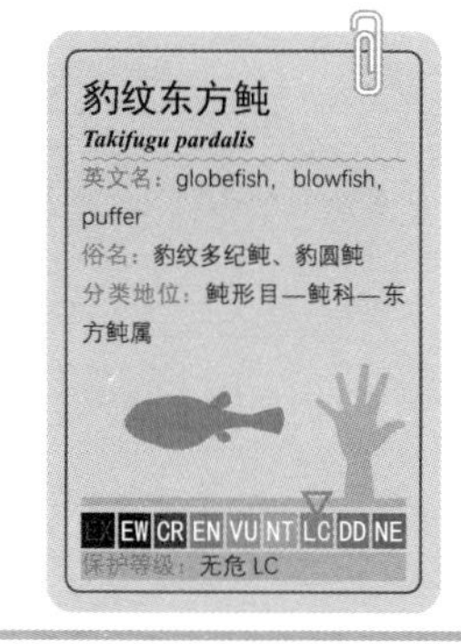

375. 紫色东方鲀

【生态习性】分布于西北太平洋沿海，我国分布于渤海、黄海和东海海域，栖息于近岸泥沙底质海区。以甲壳类、贝类等为食。春季繁殖。

【识别特征】体长约 30cm，大者可达 80cm。**体表光滑无刺。胸鳍后方的大黑斑呈三角形，周围无白边。臀鳍黄色。**肝脏、卵巢有剧毒，鱼皮和肠道的毒性也很强，鱼肉和精巢无毒。其精巢色泽雪白，有“西施乳”的美誉。

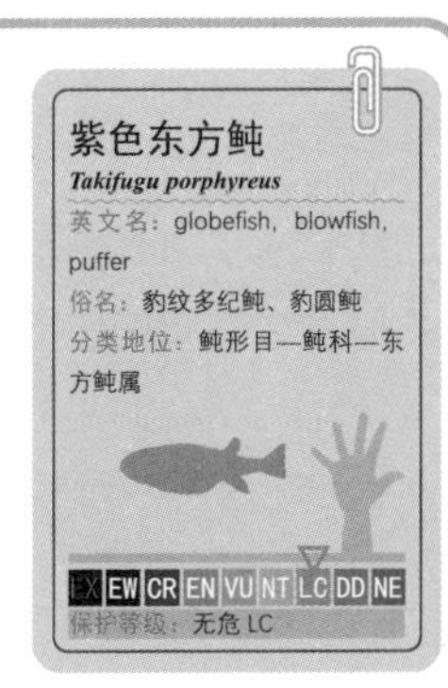

376. 黄鳍东方鲀

【生态习性】分布于中国、朝鲜半岛和日本南部的太平洋沿岸。我国海域都有分布。主要以虾、蟹、贝类、头足类、棘皮动物和小型鱼类为食。

【识别特征】体长可达 60cm。**鱼体背部有明显的斜纵向条纹**，这在河豚鱼类中独树一帜。**胸鳍、背鳍、腹鳍和尾鳍皆为鲜明的橘黄色。**

【科普常识】肝脏和卵巢毒性较强，肠道也有毒，鱼皮、鱼肉和精巢无毒。

鱼种	体侧胸斑	体背斑点
星点东方鲀	有，边缘不清	散布白色小斑点
斑点东方鲀	不明显	白色斑纹，近似圆形
密点东方鲀	无	芝麻状密集黑色斑点
潮际东方鲀	有，近椭圆形	密布黑褐色斑纹
虫纹东方鲀	小，离开胸鳍	白色斑纹，大小不等
豹纹东方鲀	无明显胸斑，近胸鳍后方斑纹颜色深	黑褐色较大斑纹，均匀分布
紫色东方鲀	大，三角形	斑纹黑白相间，边缘不清晰

单角鲀科（Monacanthidae）

鲀形目的 1 科，又名革鲀科（Aluteridae），全球共有 31 属 100 多种，中国分布 15 属 26 种。第一背鳍的第 1 棘非常粗大，第 2 棘很小。

377. 绿鳍马面鲀

【生态习性】沿中国东海大陆架边缘延伸至日本列岛、朝鲜半岛一带分布。越冬及产卵期间集大群，昼夜垂直移动。仔稚鱼期常附随于漂流海藻，幼鱼期下沉开始底栖生活。杂食性，主要摄食桡足类、端足类等浮游生物。

【识别特征】体长 30cm，体重 400g 左右。体较侧扁，呈长椭圆形，头部似马面。**靠近眼睛的头顶部有 1 根长长的硬棘。**鱼体呈蓝灰色，幼鱼时身体有斑纹，成鱼后斑纹淡化不明显，**第二背鳍、臀鳍、胸鳍及尾鳍绿色。相似种类有黄鳍马面鲀、拟绿鳍马面鲀。**

【科普常识】鱼肉细嫩，蛋白质含量高，肌肉和肝脏中含有大量具有降血压功能的牛磺酸，是一种营养丰富的大众化水产品。绿鳍马面鲀常作为养鱼网箱的清道夫。

378. 黄鳍马面鲀

【生态习性】分布于西太平洋沿海，我国分布于东海和南海海域，栖息水深超过 50m。杂食性，主要摄食桡足类、介形类、端足类等小型浮游生物。繁殖期为 2—5 月。

【识别特征】体长约 20cm。**体侧有不规则色斑，各鳍淡黄色，尾鳍边缘黑色。**

379. 拟绿鳍马面鲀

【生态习性】分布于西太平洋至印度洋暖海域，我国分布于东海南部至南海海域，栖息水深超过 100m。杂食性，主要摄食桡足类、介形类、端足类等。繁殖期为 4—5 月。

【识别特征】体长约 30cm。**各鳍淡黄色，体侧没有斑纹。**

380. 丝背细鳞鲀

【生态习性】广泛分布于中国渤海到南海、朝鲜半岛、日本列岛、菲律宾海域，常栖息于沿岸礁石间，以海底沙蚕、小型蟹类、贝类和海胆为食。

【识别特征】体长不超过25cm。体形接近圆形，侧扁，尾鳍为扇圆形，腹鳍为皮膜状，末端为棘状鳞。全身披棘状小鳞，摸起来像砂纸，“皮糙皮厚”。身体灰色或灰绿色，有许多水平细黑纹，夹杂许多小黑点。**雄鱼背鳍第2鳍条延长成丝状。**

【科普常识】本种鱼在中国默默无闻，但在日本是非常具有名气的高端鱼类，特别是活鱼，野生的大型个体非常昂贵。

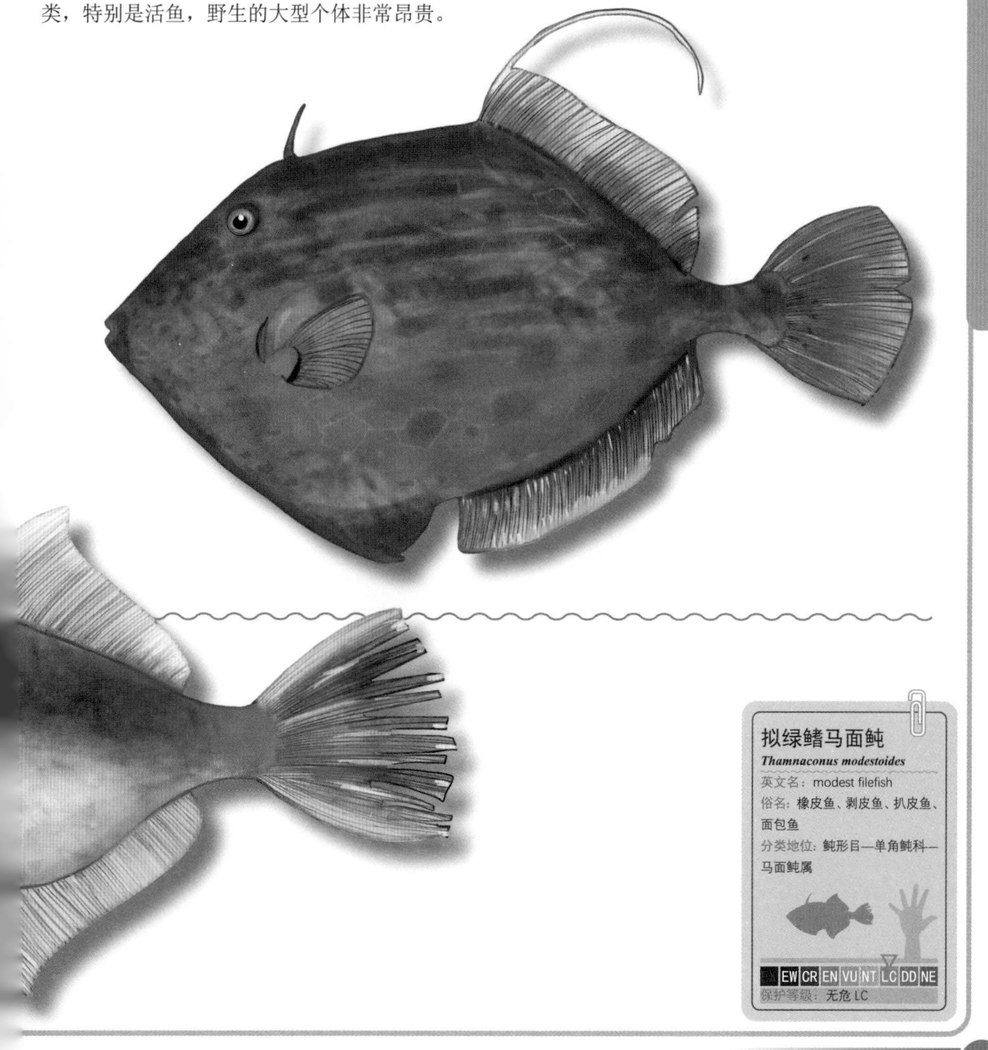

381. 单角革鲀

【生态习性】广泛分布于印度洋非洲东海岸至太平洋的夏威夷群岛，北至日本、南至澳大利亚，也见于大西洋热带、亚热带海域。中国分布于黄海到南海海域，多在沿岸的岩礁区出没，成群活动，杂食性，以底栖动物及藻类为食。

【识别特征】体长 40cm 左右，最大可达 70cm。体侧扁，呈长椭圆形，与马面鲀相似。背鳍、臀鳍皆为黄色。鱼体呈蓝灰色，**头及体侧有许多暗褐色的细点散布，尤其是上背部斑点较浓密。尾鳍末端几近截形，上下叶末端及中央较突出，形状近似左右反向的“3”字形，**颜色为深灰色。

【科普常识】在海鲜料理店的冰床上经常出现单角革鲀的身影，但味道比不上丝背细鳞鲀、绿鳍马面鲀等。鱼肝的体量较大，也是非常好的美味。

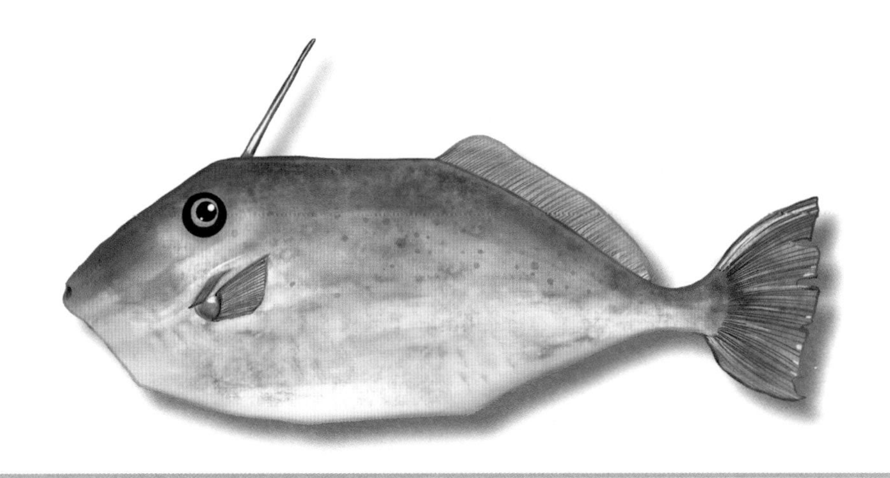

382. 拟态革鲀

【生态习性】分布于太平洋、印度洋和大西洋热带海域，我国分布于台湾及以南的南海海域，栖息于沿岸海草丛，有倒立拟态行为。杂食性，以藻类、海草、水螅虫、角珊瑚、海葵及被囊动物为食。繁殖期为 5—8 月。

【识别特征】体长可达 50cm。扇圆形的长尾巴很是扎眼，**成鱼的尾长几乎占去鱼体长度的 1/3。体侧散布黑色斑点和水平条纹。**常见于水族馆。

箱鲀科（Ostraciontide）

鲀形目的 1 科，全球有 14 属约 33 种。身体粗短，有类似骨板的特殊构造，形成方正（箱形）的身体结构，故称“箱鲀”。

383. 角箱鲀

【生态习性】分布于印度洋—西太平洋海域，多活动于珊瑚礁石地区，觅食小型猎物及各类有机质碎屑等。皮膜上有剧烈的毒性，如受惊吓或破损就会释放出毒液，作观赏鱼时甚至能造成同缸其他鱼的死亡。

【识别特征】体长 10 ～ 25cm，大的可达 30cm。体形呈箱形，**自眼睛部分向前突出 2 根牛角状的大长棘**。体色呈鲜绿带黄的颜色，**尾鳍占整个身体长度的比例超过 1/3。相似种类是棘背角箱鲀。**

【科普常识】角箱鲀具有闭合的骨骼，所以它们的身体摸起来非常坚硬，即使死去也不会变形。一些旅游景点甚至将角箱鲀做成工艺品出售。其英文名意为“长角牛鱼”，这看起来确实有些斗牛的意思。

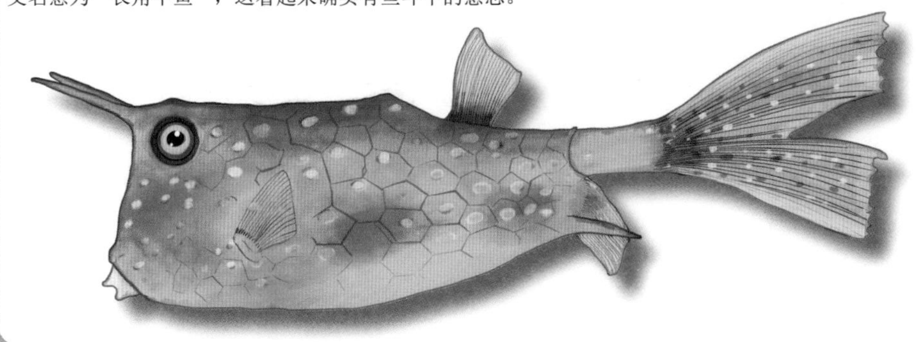

384. 棘背角箱鲀

【生态习性】分布于太平洋、印度洋暖海域，我国分布于台湾及以南的南海海域，栖息于近岸浅海。杂食性，以底栖无脊椎动物和底栖藻类为食。繁殖期为 5—7 月。

【识别特征】体长约 15cm。**眼睛前方的牛角状棘较短，在体背中央有一锐棘。**

385. 无斑箱鲀

【生态习性】主要栖息于潟湖区及岩礁区的较浅水域，营独立生活，以海藻、底栖无脊椎动物及小鱼为食。全身只有口部、鳍和尾巴可动，游泳能力弱。

【识别特征】体长 25cm 左右。**外观为五角形箱状，全身被六角形板状鳞覆盖**，体表没有明显突起或长棘。**相似种类有粒突箱鲀、突吻尖鼻箱鲀。**

【科普常识】以水族箱（水族馆）或标本观赏为主，去皮除内脏后亦可食用。有资料说箱鲀的体表有毒，个别个体的肝脏含有河豚毒素，不可食用。

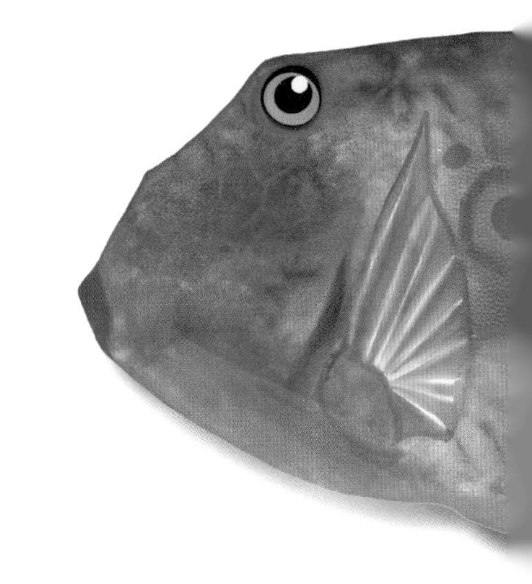

386. 粒突箱鲀

【生态习性】分布于西太平洋至印度洋的温热带海域，我国分布于黄海、东海和南海海域，栖息于沿岸内湾或礁坡洞穴，常独居。杂食性，以海藻类、底栖小型无脊椎动物、小鱼及有机碎屑为食。春季繁殖。

【识别特征】体长约45cm。身体黄褐色至灰褐色，**体表每个板状鳞的中央有1个镶黑边的淡蓝色斑或白斑。各鳍或多或少散布小黑点。**

387. 突吻尖鼻箱鲀

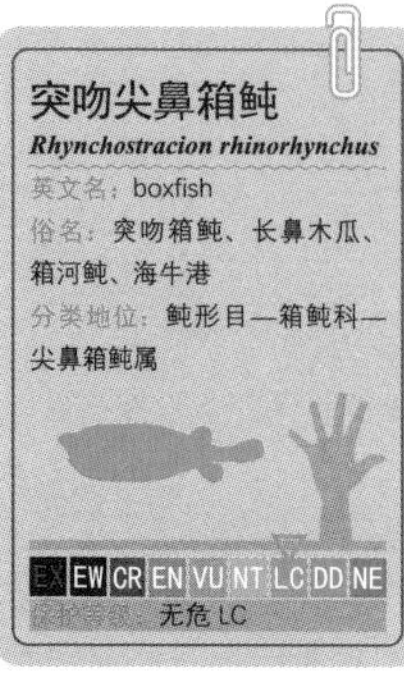

【生态习性】分布于西太平洋至印度洋的温热带海域，我国分布于黄海、东海和南海海域，栖息于沿岸内湾或礁坡洞穴，常独居。杂食性，以甲壳类、软体动物、海绵、棘皮动物和藻类为食。繁殖期为1—3月。

【识别特征】体长约35cm。口部上吻前突明显。身体黄褐色至灰褐色，**体表每个板状鳞的中央有1个镶黑边的淡蓝色斑或白斑。各鳍或多或少散布小黑点。**

388. 双峰三棱箱鲀

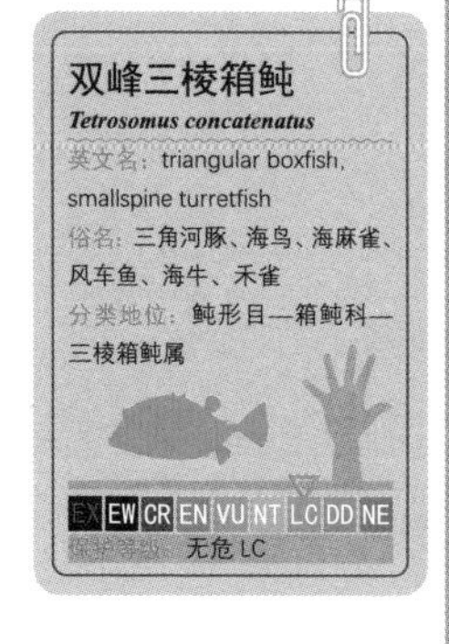

【生态习性】分布于西太平洋—印度洋，中国见于东海南部至南海海域，属于热带近海底栖中小型鱼类。生活水深范围较广，通常栖息于浅水区。行动迟缓，不善游泳，依靠尾柄急剧的摆动可作短时间的迅速游动。

【识别特征】体长不超过30cm。正面观为以腹部为底的三角形，背部最高处附近沿中线有2枚棘突，侧面观为明显的驼背形状。其他箱鲀科鱼类的背部基本为平背形状。

【科普常识】非食用鱼类，可作观赏鱼。

刺鲀科（Diodontidae）

鲀形日的 1 科，全球共记录 7 属 18 种，中国分布有 3 属 7 种。鱼鳞演变成粗棘，仅吻端与尾柄后部无棘，遇到危险时身体膨大成棘球状，古称“鱼虎”。

389. 六斑刺鲀

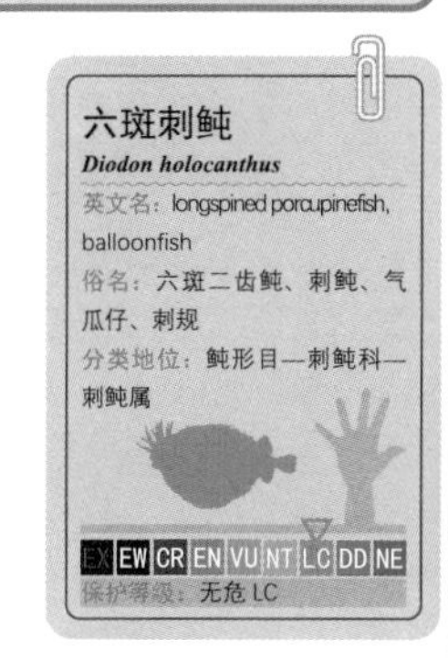

【生态习性】广泛分布于世界各大洋的温带至热带海域，中国分布于黄海、东海、南海海域，主要栖息于水深 30m 以内的浅海礁石区。夜间捕食，以软体动物、海胆、寄居蟹及螃蟹等无脊椎动物为食。

【识别特征】体长 10 ～ 20cm，大的可达 30cm。体圆筒形，尾柄锥状。**除尾柄外体表遍布坚硬的长棘**，有 2 个棘根，可自由活动。背鳍与臀鳍同形对称。**体侧背部灰褐色，有一些深色的斑块和黑色小斑点**，腹面白色。**相似种类有密斑刺鲀。**

【科普常识】内脏和生殖腺有毒，一般不作食用。可作为宠物饲养，但据说无法驯化它吃人工饲料，只吃天然肉食饵料，如小虾干、蛤蜊干等。

390. 密斑刺鲀

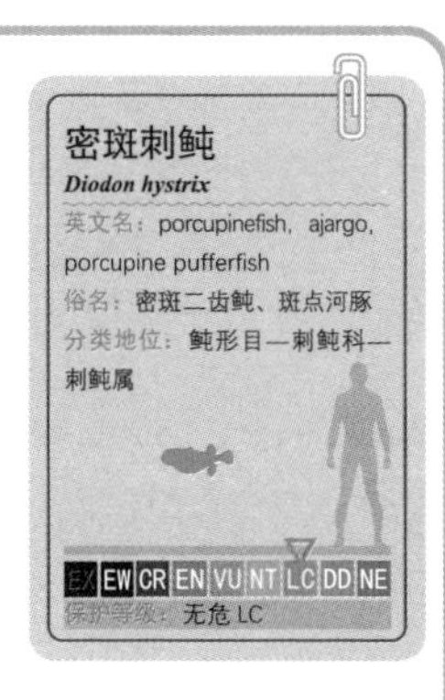

【生态习性】太平洋、印度洋、大西洋的温热带海域都有分布，中国分布于东海南部、南海，一般栖息于内湾或向海的礁面。昼伏夜出，下巴结实有力，以甲壳类、海胆、腹足类等为食。

【识别特征】体长可达 70cm，是刺鲀科鱼类中最大的。体长圆柱状，前部粗钝，尾部圆锥状。**除吻部及尾柄后部外遍布短棘**，前部棘具 2 棘根，能自由活动，后部棘具 3 棘根，不能活动。背鳍与臀鳍同形对称。**身体背部灰褐色，密布黑色小斑点**，腹部灰白色。**头腹部在眼下方有一褐色弧形横带。各鳍基部有黑色斑点分布。相似种类是六斑刺鲀。**

【科普常识】英文名意为“豪猪河豚”，仔细看看好像也不难理解。

翻车鲀科（Molidae）

鲀形目的1科，全球共有3属3种，俗名“翻车鱼”或“曼波鱼”。长相奇特，体形硕大如磨盘，作为“鱼”只有头胸部，有“会游泳的鱼头”之称。

391. 翻车鲀

【生态习性】主要分布于热带和亚热带海域，中国主要分布于东海、南海海域，黄渤海海域偶见。摄食海藻、软体动物、水母、浮游甲壳类及小鱼等。一次产卵2亿粒以上，在鱼类中是最多的。

【识别特征】体长可超过3m，体重超过2t。尾鳍退化，形成一圆形假尾鳍，或称舵鳍，这种奇特形状在鱼类中绝无仅有。背鳍高大呈镰刀形，臀鳍与背鳍同形且相对。

【科普常识】因为长相奇特，常见于水族馆。

翻车鲀

Mola mola

英文名：ocean sunfish

俗名：翻车鱼、头鱼、海洋太阳鱼、太阳鱼、月亮鱼

分类地位：鲀形目—翻车鲀科—翻车鲀属

EX EW CR EN VU NT LC DD NE

保护等级：易危 VU

海鲇科（Ariidae）

鲇形目的 1 科，全球共有 14 属 140 多种，中国沿海分布 2 属 3 种。科名叫“海鲇”，但并不全是海洋鱼类，但几乎所有种类都有“口内孵卵”的习性。

392. 中华海鲇

【生态习性】分布于西太平洋和印度洋，我国产于东海和南海海域，尤以福建沿海较为常见。主要摄食虾蟹类、贝类等底栖动物。3—5 月由深水域向沿岸作生殖洄游。雄鱼将受精卵含在口中孵化，大约 2 个月左右小鱼即可独立生活。

【识别特征】体长约 60cm，体重 2kg 左右。体长条形，前圆后扁。**口边有 3 对颌须，上颌 1 对，下颌 2 对，其中下颌外侧须较长。**背鳍有 1 根骨质硬刺，第 1 根鳍条特别延长。背鳍到尾鳍之间有一脂鳍，与臀鳍上下对应。尾鳍深分叉，上叶长于下叶。

【科普常识】底拖网、流刺网均可捕获，也是钓友在河口区域常钓获的鱼种。由于腥味较重，不太受消费者欢迎，但海鲇的卵粒大而饱满，市场价值高。

鳗鲇科（Muraenesocidae）

鲇形目的1科，全球约9属32种，中国仅分布鳗鲇1种。

393. 鳗鲇

【生态习性】广泛分布于印度洋—西太平洋、地中海的暖温海域，中国主要分布于东海和南海海域。通常生活在近海珊瑚礁或类似的岩礁的沙泥底或礁沙混合水域。未成年个体经常会集群组成“鲇球”，成鱼则常出现在水下结构物附近。胸鳍与第一背鳍的硬棘与毒腺相连，能释放毒性强烈的毒液。

【识别特征】体长可超过20cm。第二背鳍、尾鳍与臀鳍相连，类似鳗形。**黑色的鱼体上贯穿着两条黄白色的条纹**，该黄白色条纹在鳗鲇呈群居生活的幼年期较为明显，成年后相对变细，但仍清晰可见。**相似种类有锦鳗鳚科的白条锦鳗鳚**，其幼年期在外形、体色、条纹以及群居抱球的行为上与鳗鲇十分相似，可能是因为没有绝活，通过模仿有毒的鳗鲇自保。

【科普常识】鳗鲇体侧有漂亮的线纹，是水族箱的常客。由于鳗鲇体表分泌的黏液也具有毒性，所以不建议与其他鱼类混养。

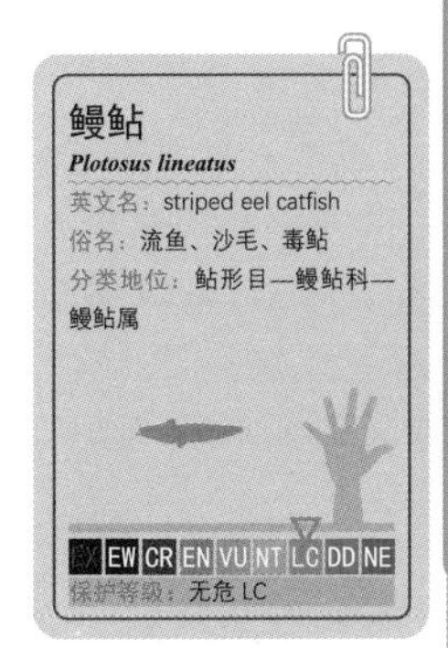

海鳗科（Muraenesocidae）

鳗鲡目的 1 科，全球有 5 属 13 种，中国分布 4 属 6 种。鳗鲡目鱼类的繁殖生态相对特别，从受精卵到幼鱼，中间经过一个柳叶幼体阶段，经变态发育成为幼鱼。

394. 海鳗

【生态习性】广泛分布于印度洋和西太平洋的热带至温带海域，中国主要分布于黄海、东海海域。夜行性凶猛底层鱼类。春夏季节洄游至近岸深水域产卵，8—10 月受精卵经柳叶幼体变态发育为幼鳗。

【识别特征】雌雄大小不同，雌鱼 0.5 ～ 1.5m，雄鱼一般不超过 70cm。体长棍状，头吻尖突，背部及体侧深褐色或银灰色，腹部乳白色。体表无鳞，皮肤光滑。背鳍、臀鳍、尾鳍相连，边缘黑色。**口大，一直开裂至眼球后方。**同属的褐海鳗（拉丁名：*Muraenesox bagio*，英文名：pike eel），与海鳗分类上的区别主要是侧线孔数的不同，普通外观很难区分，商业和统计上也都作为海鳗处理。

【科普常识】高级食用鱼类，干制的海鳗鳔可作鱼肚。雌雄鱼除了体形、颜色不同外，口味也不同，雌鱼味美，雄鱼稍差。

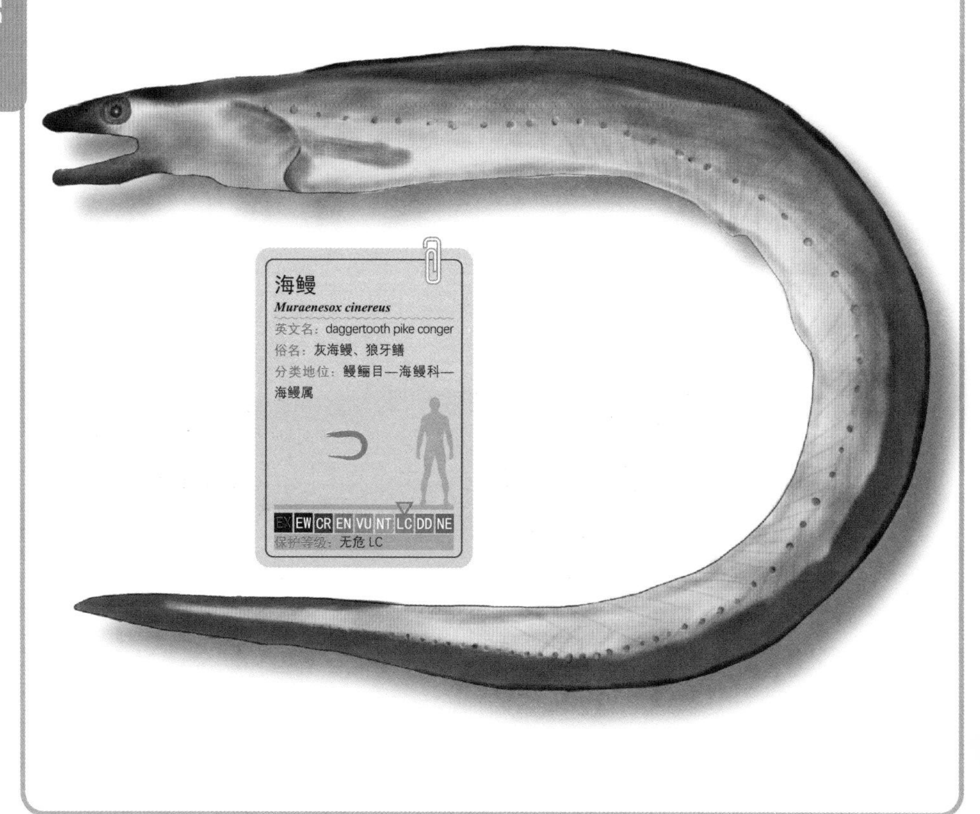

康吉鳗科（Congridae）

鳗鲡目的1科，全球有32属，约150种。本科鱼类中，星康吉鳗是重要的食用鱼类，花园鳗则是重要的水族馆观赏鱼类。

395. 星康吉鳗

【生态习性】分布于中国、日本、朝鲜半岛、菲律宾等沿海。幼鱼至成鱼前一般栖息于沿岸沙泥底质海区，喜欢穴居。成年后长距离洄游至日本冲之鸟礁以南的九州—帕劳海岭一带产卵。鱼卵一边孵化，一边随北赤道流、黑潮北上，并被黑潮各支流随机带到东亚各国沿海，在到达沿岸附近时，完成变态成为幼鱼。以小鱼、甲壳类、蟹类、章鱼等为食。

【识别特征】雌鱼体长可达90cm，雄鱼只有40cm。身体呈圆筒形，**侧线孔和侧线上方有星状斑点。**

【科普常识】主要捕捞方式有鳗鱼筒、延绳钓、拖网捕捞。康吉鳗科鱼类只有星康吉鳗1种资源数量较多，经济价值较高。

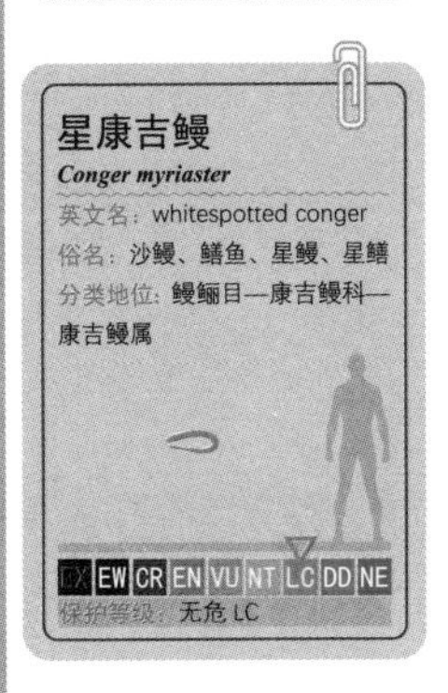

396. 哈氏异康吉鳗

【生态习性】分布于西太平洋至印度洋的热带海域，主要栖息在珊瑚礁沙质海底，群栖性鱼类，平常白天下半身埋在沙地，只露出上半身在水层中啄食浮游动物。

【识别特征】体长30～40cm。**身体白色，遍布麻密黑色斑点。侧面鳃口、胸鳍附近、尾鳍基部有3个较大的斑点。**通常雄性大于雌性。

【科普常识】花园鳗一半身体埋入沙中，上半部随着海流晃动，摇曳身姿，远远望去好比花园里的草在随风摇摆，故称“花园鳗”。

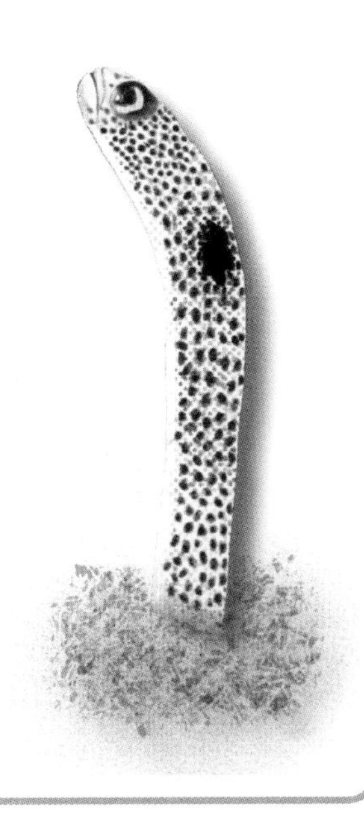

鳗鲡科（Anguillidae）

鳗鲡目的 1 科，有 1 属约 19 种。一般在淡水中生长，成鱼后入海产卵，受精卵经柳叶幼体变态发育后成为幼鱼，进入淡水中生长。

397. 日本鳗鲡

【生态习性】分布于中国、日本、朝鲜半岛、菲律宾等沿海，在淡水和海水之间洄游，成鱼在马里亚纳群岛附近的北太平洋水域产卵。受精卵一边孵化，一边随洋流在到达沿岸附近时，完成变态发育成为幼鱼，进而溯河进入淡水成长。

【识别特征】体长可达 30cm 以上。**背部偏棕色，尾鳍与背鳍、臀鳍的连接处平顺。相似种类是欧洲鳗鲡。**区别是**欧洲鳗鲡背部偏青色，背鳍、臀鳍在与尾鳍的连接处略有隆起。**

【科普常识】日本鳗鲡可深入到大陆淡水域生长，所以我国很多沿江沿河地区都有关于日本鳗鲡（白鳝、青鳝）的美食佳话。目前是中国、韩国、日本的人工养殖品种，但依然无法实现商业化全人工繁育，需要捕捞自然鳗苗养殖。

海鳝科（Muraenidae）

鳗鲡目的 1 科，全球记录有 15 属，约 200 多种。体形如蛇状，皮肤花纹特色明显，常作为观赏鱼出现在水族馆里。

398. 网纹裸胸鳝

【生态习性】分布于印度洋和太平洋，我国四大海域均有分布，但以东海和南海居多，主要栖息在热带及亚热带海洋珊瑚礁附近。白天潜伏，晚间出外猎食，一般以鱼类和头足类为主食。

【识别特征】体长 40cm 左右。背鳍、臀鳍和尾鳍连续，无胸鳍。体色淡白，**由头部至尾端有 15 ~ 22 条绿褐色横带**，有断续现象。体背侧方横带之间和头部均散布不规则绿褐色斑点，腹面无斑点。

【科普常识】相貌凶恶，腥味也比较重，所以一般不适合清蒸，而适合红烧等入味的料理方法。

蛇鳗科（Ophichthidae）

鳗鲡目的 1 科，全球有 49 属约 230 多种，中国有 12 属 30 多种。身体细长如长蛇状，身体外表有蛇样斑纹和鳗样无斑纹 2 种类型。

399. 中华须鳗

【生态习性】分布于我国东南沿海，特别是浙江以南海域，是栖息于近岸沙泥底的中小型鱼类。穴居性，善于利用尾尖钻穴，退潮时钻入沙泥中，涨潮时游至沙泥上面。以贝类、虾蛄等底栖动物为食。

【识别特征】体长 10cm 左右，很容易被误以为是鳗鱼苗。体为褐色，无任何斑纹。胸鳍发达，无尾鳍，尾端尖秃。

【科普常识】性情彪悍，能钻洞甚至穿过堤防，肌肉硬实，在闽台地区被看成是最有效的壮阳食物之一。因其大量摄食贝类幼苗，是贝类养殖中的主要敌害。

400. 鲍氏蛇鳗

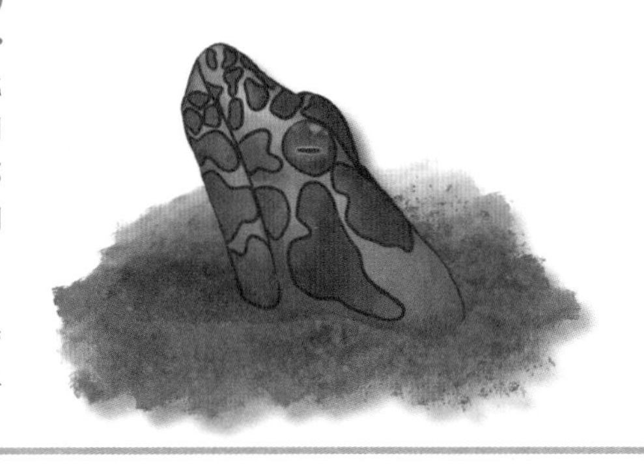

【生态习性】分布于西太平洋至印度洋海域，我国分布于台湾周边海域，栖息于潟湖或靠近珊瑚礁区的沙泥地，将身体埋栖在泥沙中，只有头部暴露在外面。以小型鱼类及甲壳类为食。繁殖期为 5—8 月。

【识别特征】体长约 70cm。**体侧有 20 条左右黑黄相间的宽横带，头部分布许多大小不等的鲍鱼壳状的斑纹。**

401. 竹节花蛇鳗

【生态习性】分布于印度洋和西太平洋海域。生活于热带水深 50m 以内的海域，白天躲藏于石缝或潜伏在沙地中，夜晚才出外活动觅食。有时在潮池中发现，性情凶暴但无毒。肉食性，以小型无脊椎动物为食。

【识别特征】体长可达 1m。身体呈蛇状，无鳞，有 20 多个黑白相间的环带，头鳃部比身体粗大。相似种类有鲍氏蛇鳗、海蛇科的黑头海蛇。

【科普常识】既可食用，也可作观赏鱼。生物物种的进化实在是不可思议，相同的出发点，却阴差阳错进化出完全不同的模样，如花蛇鳗与须鳗等。而亲缘关系较远的物种却可以进化出足以乱真的相似外表形状，如某些蛇鳗与海蛇。

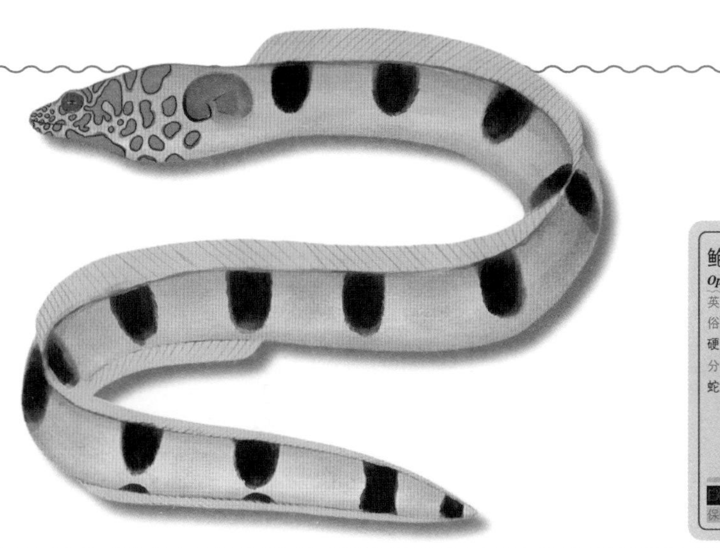

鲍氏蛇鳗
Ophichthus bonaparti
英文名：Napoleon eel
俗名：鳗仔、硬骨篡、篡仔、硬骨仔、枝蛇鳗
分类地位：鳗鲡目—蛇鳗科—蛇鳗属
EX EW CR EN VU NT LC DD NE
保护等级：无危 LC

眼镜蛇科（Elapidae）

有鳞目的 1 科，全球记录有 16 属约 50 种。海蛇本质上是蛇类而非鱼类，用从头部延伸至尾部的肺呼吸，也可用皮肤呼吸。

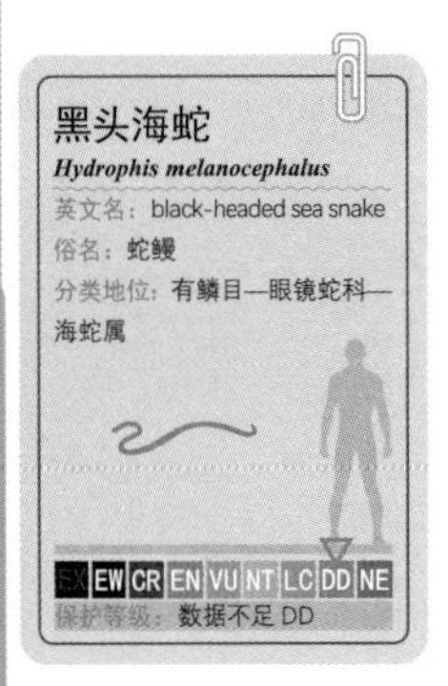

402. 黑头海蛇

【生态习性】分布于中国、日本近海，中国分布于浙江、福建、台湾、广东沿海。一般栖息于沿岸浅水岩礁区内，捕食康吉鳗等其他细长形状的鱼类。卵胎生，生殖期为夏秋季节。

【识别特征】体长约为 0.8 ～ 2m。体形修长，**体色以浅黄色为主，分布有黑色纹带**，在正背面与正腹面比在体侧部分宽。

【科普常识】不可食用，不可作为宠物饲养。

烟管鱼科（Fitsulariidae）

刺鱼目的1科，全球有 1 属 4 种，我国有 2 种。本科鱼类口吻部特别延长，口位于最前部，与长烟管类似，故得名。

403. 棘烟管鱼

【生态习性】分布于太平洋和印度洋暖海域，我国分布于东海和南海海域，栖息于近岸岩礁浅水区。肉食性，以甲壳类和小型鱼类为食。春夏季繁殖。

【识别特征】体长可达 1.5m。**通体绿色，各鳍略带黄色。背鳍与臀鳍之间的侧线上无鳞。**

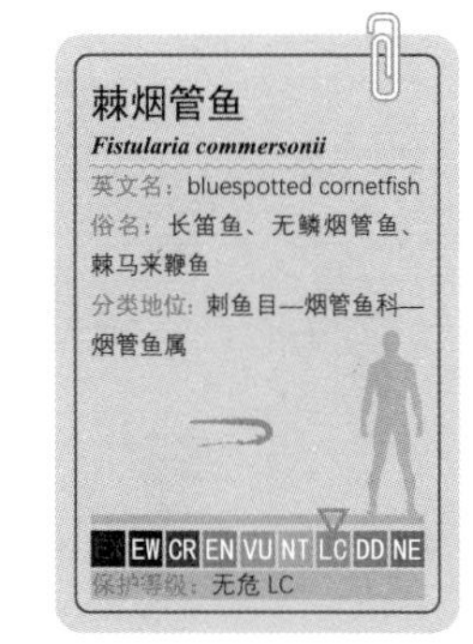

404. 鳞烟管鱼

【生态习性】暖温性上层鱼类，广泛分布于亚热带和热带海域，在西北太平洋主要分布于中国、朝鲜半岛、日本，我国多见于黄海至南海海域，以东海居多。通常生活在 20 ～ 50m 水深的岩礁或珊瑚礁处，主要捕食小鱼、甲壳类和头足类。产卵期 12 月至翌年 3 月。

【识别特征】体长可超过 1m，体重达到 4kg。体呈圆鞭管状，烟管状口吻占到体长的差不多 1/3，**通体红色**，腹面略白，背鳍和臀鳍上下对称，尾鳍叉形，中间鳍条延长成丝状。**背鳍与臀鳍之间的侧线上有侧线鳞。相似种类有棘烟管鱼。**

【科普常识】在产地是常见食用鱼。由于头吻部占去了身体的 1/3，除非熟悉其美味，否则难以升起购买的欲望。新鲜度较好的烟管鱼，熬汤、炖、烤、炸都非常美味。

海龙科（Syngnathidae）

刺鱼目的 1 科，有 60 多个属，150 ～ 200 种。外表皮全部为膜质骨片，一般没有食用价值，许多种类为名贵中药材。海龙科海马属的所有鱼类，都被列为国家二级保护野生动物。

405. 冠海马

【生态习性】分布于日本北海道至九州和朝鲜半岛南部，我国主要分布于渤海、黄海海域。仅靠胸鳍、背鳍和臀鳍的摆动游泳，尾部有卷曲能力，缠卷在海藻或其他漂浮物上。主要摄食桡足类、藤壶幼虫、虾类的幼体等。繁殖时雌鱼将卵产在雄鱼的育儿囊内，由父亲负责孵化生产。

【识别特征】体长 5 ～ 15cm。体形较小，背部隆起，腹部突起，头和体轴呈直角形，**头部冠状隆起，好像一顶官帽**，顶端有 4 个小突起。无鳞，体表以骨环包裹，淡褐色，有暗黑色斑纹。雄鱼肚子上有育儿囊。**相似种类有管海马。**

【科普常识】整体干燥入药，也作观赏鱼类。外观既有龙的气势，又有马头的元素，日本称其“龙的私生子”。

管海马

冠海马

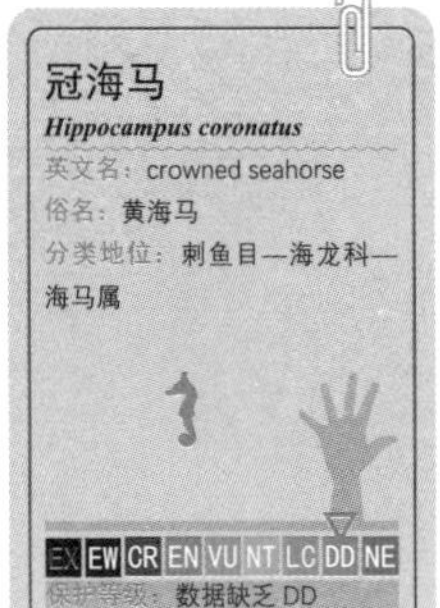

冠海马
Hippocampus coronatus
英文名：crowned seahorse
俗名：黄海马
分类地位：刺鱼目—海龙科—海马属
EX EW CR EN VU NT LC DD NE
保护等级：数据缺乏 DD

406. 管海马

【生态习性】分布于太平洋和印度洋暖海域，我国沿海皆有分布，主要分布在南海，栖息于沿岸河口。肉食性，以无脊椎动物为食。繁殖期为5—10月。

【识别特征】体长可达20cm。**头部冠状较低，身体黑褐色。**

407. 克氏海马

【生态习性】分布于西太平洋至印度洋暖温海域，中国分布于浙江至海南的东海、南海海域。栖息于沿海及内湾的海底石砾或藻体上。以端足类、桡足类、糠虾类等为食。

【识别特征】**体长超过10cm。身体侧扁程度很高，头部和躯干部呈直角。头冠矮小，**顶端具五短棘，略向后弯曲。育儿囊位于雄鱼尾部腹面。体暗灰色或淡黄色，体侧具不规则白色线状斑点或斑纹。**相似种类有三斑海马。**

【科普常识】中国中药里使用的海马主要是克氏海马，所以曾经数量较多的野生资源越来越少，为国家二级保护野生动物。目前有大量的人工养殖，作为中药的药源。

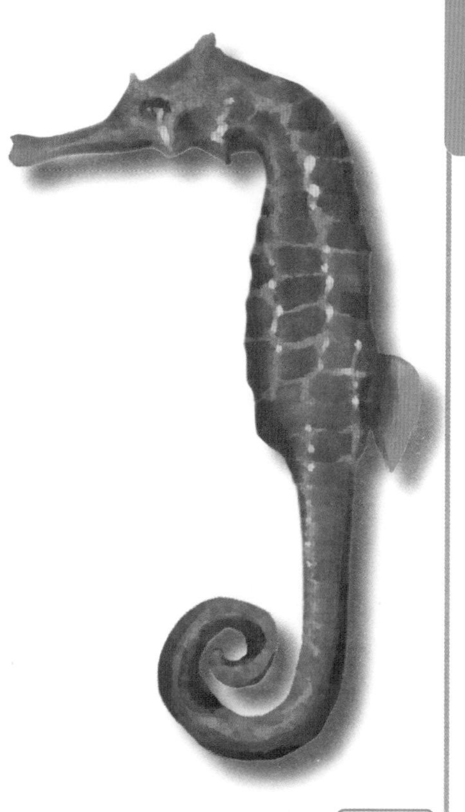
克氏海马

408. 三斑海马

【生态习性】分布于西太平洋和东印度洋的大部分海域，我国分布于东海和南海海域，主要在福建、广东、海南沿海的岩礁或珊瑚礁区域，常见栖息地为海藻场、沙砾地等。

【识别特征】体长 10 ~ 18cm。体形较大，头部与躯干部垂直，头冠短小，顶端有 5 个短小棘突。身体黑褐色，**眼睛周围有放射状褐色斑纹，第 1 、第 4 、第 7 体环背面各有 1 个黑色圆斑**。雄性尾部腹面有育儿囊。

【科普常识】有特色的绅士肚，给人腰缠万贯的感觉。国家二级保护野生动物。福建、广东一带有人工养殖，作为中药的药源。

409. 日本海马

【生态习性】主要分布于西太平洋海域，我国四大海域都有分布，东海和南海较多，栖息于珊瑚礁或内湾海藻场。生长速度较慢。

【识别特征】体长 5 ~ 8cm，海马中的小个头。除了个头小以外，**身体各部分几乎没有皮瓣状突起**，特别是头部，看不到其他海马常见的冠状、须状、棘状的突起部分。口吻部也非常短。

【科普常识】有“南方人参”之称，目前南北方都有人工养殖，作为中药的药源。

410. 舒氏海龙

【生态习性】主要分布于西太平洋的越南沿岸、中国四大海域、朝鲜半岛、日本九州以北至海参崴一带。肉食性，用吸食的方式捕捉小型甲壳类、浮游动物等。

【识别特征】体长 15cm 左右，最大接近 30cm。根据所处环境，有灰褐色、褐色、黑色等各种体色。体形非常细长，吻部细长前突，尾鳍扇形。**相似种类是粗吻海龙。**

【科普常识】据有关基于 DNA 的研究，我国市场上标称“尖海龙”的药用干燥海龙，基本上是舒氏海龙或后述的刁海龙、拟海龙。也有观点认为，舒氏海龙分布在东海及以南海域，分布于黄海及以北海域的相似种类为尖海龙。

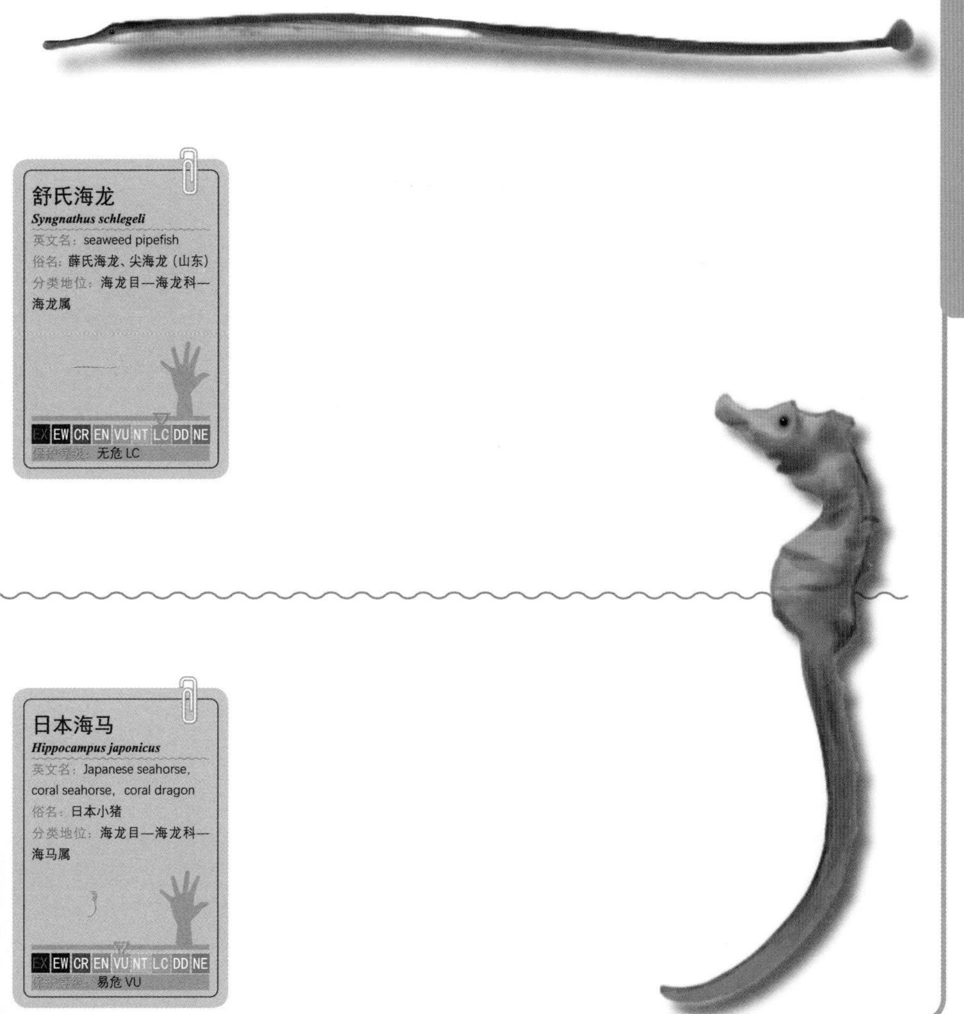

411. 粗吻海龙

【生态习性】分布于印度洋至西太平洋，中国分布于东海、南海海域。栖息在泥沙和海藻类底质的海底，以保护色和拟态来防避敌害及诱捕食物。游泳缓慢，吸食小型浮游甲壳动物。

【识别特征】体长 20 ～ 30cm。体形非常细长，特别是尾部很长，**身体有十几条暗色横带，尾鳍较小，扇形。口吻部很短，背面中央线上具 1 行锯齿嵴。相似种类有舒氏海龙。**

【科普常识】粗吻海龙的雄鱼腹部也具有 2 片皮皱包裹而成的育儿囊，繁殖期可以将雌性产的卵全部包裹进去。但不是完整的育儿囊，所以归于海龙类。

412. 刁海龙

【生态习性】分布于西太平洋沿海，我国分布于东海南部至南海海域，喜栖息于沙砾底质且有海藻生长的海底。摄食小型底栖甲壳类动物。

【识别特征】体长 25 ～ 40cm，体重 10 ～ 50g。吻部较长，身体整体细长状，躯干部丰满，尾部的后端呈卷曲状，用以勾住海藻、枝条等物件。身体底色为白色，**上侧棱体环相接处有 1 列黑褐色斑点，背部均布黑墨色密点，体侧具有多条橙红色横带。**

【科普常识】重要的药用鱼类，量少价高。

413. 拟海龙

【生态习性】分布于西太平洋至印度洋一带，我国分布于东海南部至南海海域，主产区为福建、广东沿海。喜欢栖息于沿海海藻类繁茂处，常以尾部缠于藻体或其他枝条上，以小型甲壳动物为食。

【识别特征】体长 20cm 左右。身体呈鲜艳的黄绿色，腹侧鲜黄色，**体侧及腹面均有大小不等的鲜黄色斑点，吻侧及下方具有不规则深绿色网纹。**尾巴尖细并深度卷曲。

【科普常识】中药材原料，也用作观赏鱼。拟海龙的英文名，是取其头部形状像“短吻鳄”，仔细看看好像有那么点意思。

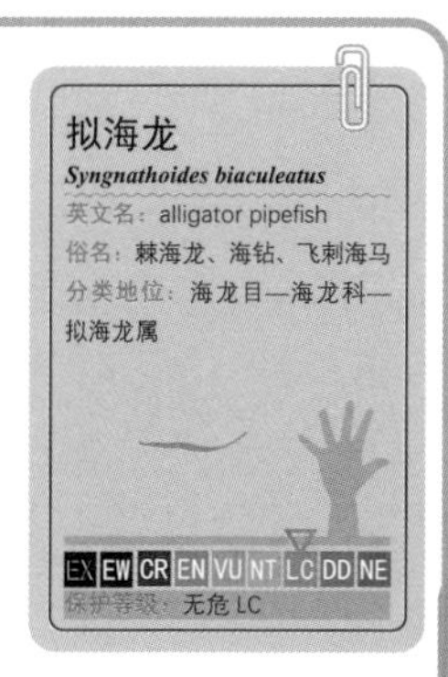

414. 斑节海龙

【生态习性】分布于西太平洋至印度洋海域，我国分布于台湾以南的南海海域，多见于热带岩礁或珊瑚礁区，喜欢在岩缝中穿梭觅食。

【识别特征】体长 15 ~ 20cm。**身体淡黄色，从口吻部到尾柄有数十条红白相间的环带，色泽亮丽。**嘴似管状向前突出，**眼睛有 1 条黑环。尾鳍硕大夸张，鲜红色带蓝边，酷似闪亮的烛光。**

【科普常识】该鱼突出的高颜值，在日语中被称为“花魁杨枝”，是水族爱好者的人气鱼类。因基本不接受人工饵料，只食用磷虾、毛虾以及其他虾类的幼体等鲜活饵料，人工饲养难度较高。

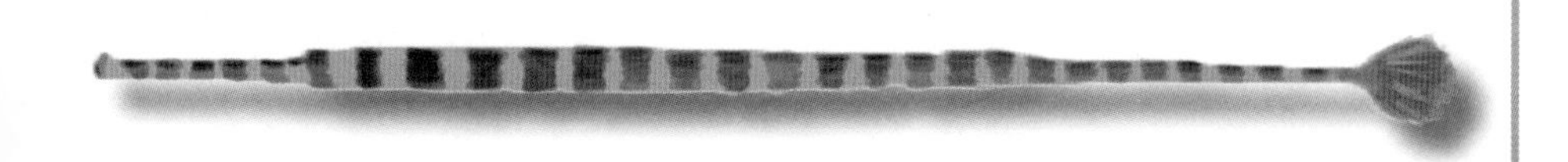

鲽形目（PLEURONECTIFORMES）

鲽形目鱼类，通常也称比目鱼类、偏口鱼类，全球有 14 科 134 属 678 种，中国分布有 9 科 55 属 148 种，较常见的主要有鳒科、鲆科、鲽科、鳎科、舌鳎科，因为涉及眼睛偏离方向等判别依据，所以首先介绍他们的一般区分法，即左右区分法。

将鱼体平放，有色面朝上，白色面朝下，让鱼腹朝向自己，这时如果鱼头朝左则为左眼鱼，如果鱼头朝右则为右眼鱼。在上述 5 个科类中，鲆科、舌鳎科为左眼鱼，鲽科和鳎科为右眼鱼，通常称“左鲆右鲽，左舌右鳎”。鳒科鱼类中既有右眼鱼，也有左眼鱼。

鲽形目鱼类因平卧在海底，其鱼体分有眼侧（即朝上的一面）和无眼侧（贴海底的一面），其有眼侧呈现各种颜色和斑纹，一般可作为种类判别的重要依据。

鲽形目鱼类在刚孵化成小鱼时，其形状、游泳姿态跟正常的鱼类无异，但体长大约超过 1cm 后，开始一个复杂的变态过程，其中一只眼睛会越过头梁中部向另一侧偏移，鱼体也由直立慢慢躺平，大约 1 周左右变为与成鱼相同的样子。

鲆科鱼类　鲽科鱼类

舌鳎科鱼类　鳎科鱼类

鲽科（Pleuronectidae）

鲽形目的 1 科，全球有 18 属约 100 种，在我国近海分布不超过 10 种。主要特性为 2 只眼睛都在身体右侧，平躺或潜入泥沙质海底。

415. 石鲽

【生态习性】分布于渤海、黄海北部、朝鲜半岛沿岸、日本濑户内海至千岛群岛、库页岛一带。喜欢泥沙底质，主要捕食甲壳类、多毛类和小鱼虾。产卵期在冬季到开春季节。

【识别特征】体长 20 ～ 30cm，体重 250 ～ 400g，大型个体可超过 50cm。有眼侧呈褐色或灰褐色，有小形暗色斑纹。身体无鳞，成长到一定大小后，**有眼侧的身体表面则会有粗糙骨板出现，通常沿背鳍与臀鳍基底以及侧线排列为 3 纵行，头部及尾柄上下也会有零星小骨板**，无眼侧则不会出现。尾鳍后缘呈外圆形。**相似种类有钝吻黄盖鲽、高眼鲽。**

【科普常识】中国北方海水养殖鱼种。肉质上等品质，但鱼皮常有腥臭味，带皮料理时需要注意。

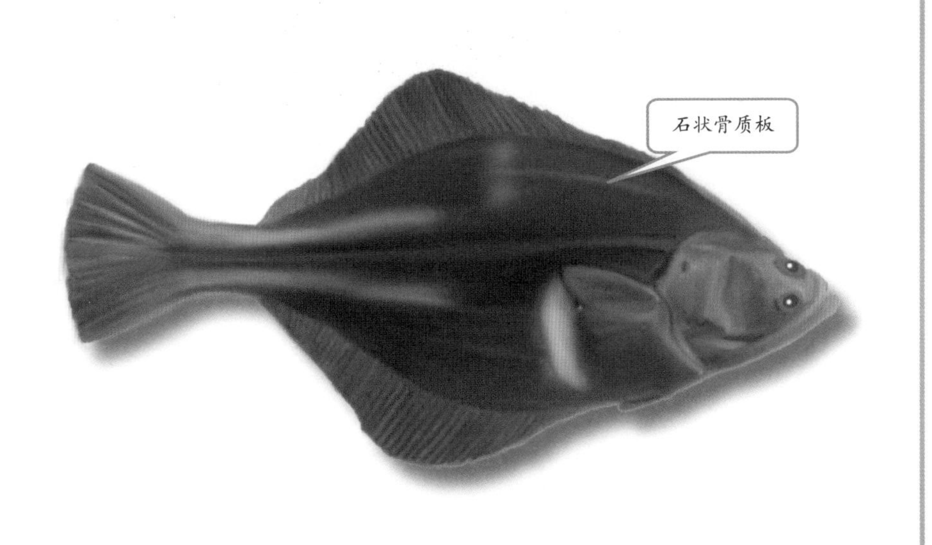

416. 钝吻黄盖鲽

【生态习性】分布于日本北海道南部、朝鲜半岛、中国渤海至东海北部。幼鱼时以浮游动物为食，长大后多捕食多毛类、甲壳类、双壳贝类等。一般夜间从海底上升到海表面产卵。

【识别特征】体长25cm左右，大型个体可达60cm。身体呈椭圆形，**有眼侧（背部）褐色、黄褐色、茶褐色、小白斑等交集在一起，有些既混乱又有序的混沌感，整体上略呈暗黄色。相似种类有尖吻黄盖鲽。**

【科普常识】中文名应是来自其背部的暗黄色，商业上又称“黄金鲽”。黄盖鲽生食有甜味，其生鱼片被誉为极品。

417. 尖吻黄盖鲽

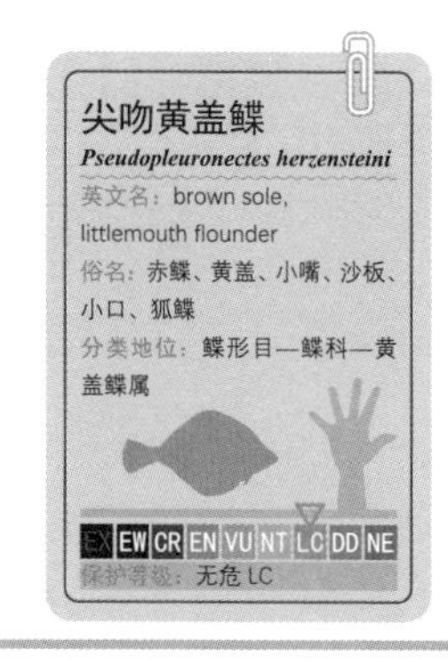

【生态习性】分布于西太平洋温海域，我国分布于渤海、黄海和东海海域，栖息于近海泥沙底质海区。肉食性，以小型鱼类、甲壳类和其他底栖无脊椎动物为食。繁殖期为3—4月。

【识别特征】体长接近30cm。与钝吻黄盖鲽相比，体色浅黄，体高略低，吻端更加突出，**背部靠近眼睛后缘有较明显的缺刻。**

418. 高眼鲽

【生态习性】分布于西北太平洋暖温海域，北至鄂霍次克海，中国分布于渤海至东海海域，其中黄海产量较高。广食性鱼类，主要摄食小鱼、虾类、头足类、棘皮类和多毛类。产卵期4—5月。

【识别特征】体长20cm左右，体重200g。身体卵圆形，侧扁，尾柄狭长。**眼大而突出，上眼位置高，位于头背缘中线上**（故名高眼鲽）。有眼侧黄褐色或深褐色，无斑纹，**无眼侧的中后边缘至尾柄上下各有1条黄色条纹。**

【科普常识】北方常见种类，一般个体不是很大，肉不够厚重，而且肉里有一种比较特别的味道，可能会有人不太喜欢，通常以烤、干炸等料理法为主，其中威海地区将高眼鲽半盐干后做成“烤长脖”，堪称一绝。

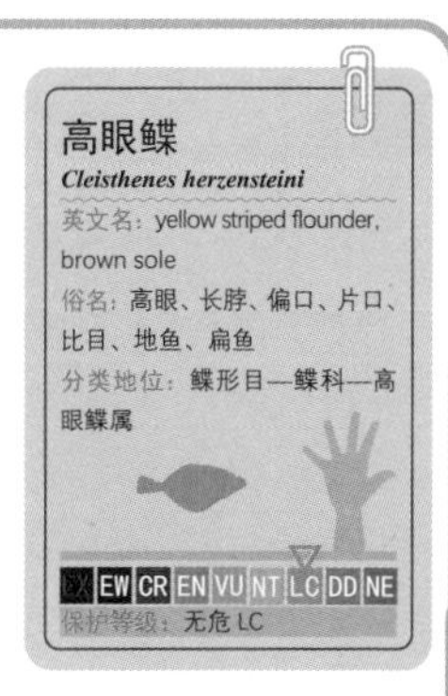

419. 长鲽

【生态习性】分布于黄渤海、东海北部、朝鲜半岛沿岸、日本本州沿岸至北海道南部。主要食物为底栖动物，有季节性洄游的习性。雌雄鱼差异生长，雄鱼不超过25cm，寿命5～6年，雌鱼可超过30cm，寿命达10年。

【识别特征】体长20～30cm。**身体细长，平薄。有眼侧黄褐色，身体常有3纵行黑斑**（被虫子咬过的模样），胸鳍和尾鳍后部黑色。

【科普常识】鲆鲽类中的顶级食材。鱼肉呈甜味，生鱼片为极品等级，但仅限于活鱼或者死后极短的时间内，因为呈现甜味的物质在鱼死后会迅速分解。由于鱼体不够厚实，一般的红烧、酱焖等料理法给人以分量不足的感觉，通常制成半干品用作烧烤的食材，味道淡雅，比较受欢迎。

420. 虫鲽

【生态习性】分布于中国台湾以北直到渤海海域，经由朝鲜半岛，到日本海和日本列岛的太平洋沿岸。有季节性洄游的习性，以乌贼、小型虾蟹等为食。雌雄鱼大小有所不同，雌鱼个头要大一些。

【识别特征】体长可达40cm。体形比长鲽短，比黄盖鲽细长，**有眼侧身体中部隔着侧线上下分布着3对明显的暗褐色环纹，其他地方还分散分布着许多大小不等的暗褐色环纹**。这些环纹类似于被虫子咬过的痕迹，故有"虫鲽"之称。前述的长鲽也有相似的暗褐色环纹，但不像虫鲽这么大、多、明显。

【科普常识】底拖网兼捕种类，肉质鲜嫩，水分含量较高，在日本有"水鲽"之称，比较适合煎炸等能脱水的料理法，即使是红烧，也先过一下油比较好。

421. 木叶鲽

【生态习性】分布于西北太平洋，自日本北海道以南，由朝鲜半岛至中国台湾海域均有分布，中国分布于渤海至东海海域。主要摄食多毛类、贝类和甲壳类。有季节性洄游的习性，冬季到深水区产卵。

【识别特征】体长 20cm 左右，最大不超过 30cm。外形圆润，背鳍和臀鳍几乎对称，尾鳍扇圆形，有眼侧呈黄褐色至深褐色，分布有大小不等、形状不一的黑褐色斑点。**体色透亮，体表的镜面反射感强。左眼几乎位于背中脊线上，且明显外突。两眼之间具有骨板状突起。**

【科普常识】鲆鲽类中的高级食材。新鲜的大个体做生鱼片很棒，但市场上大个体鱼很少见，基本上作为杂鱼处理。

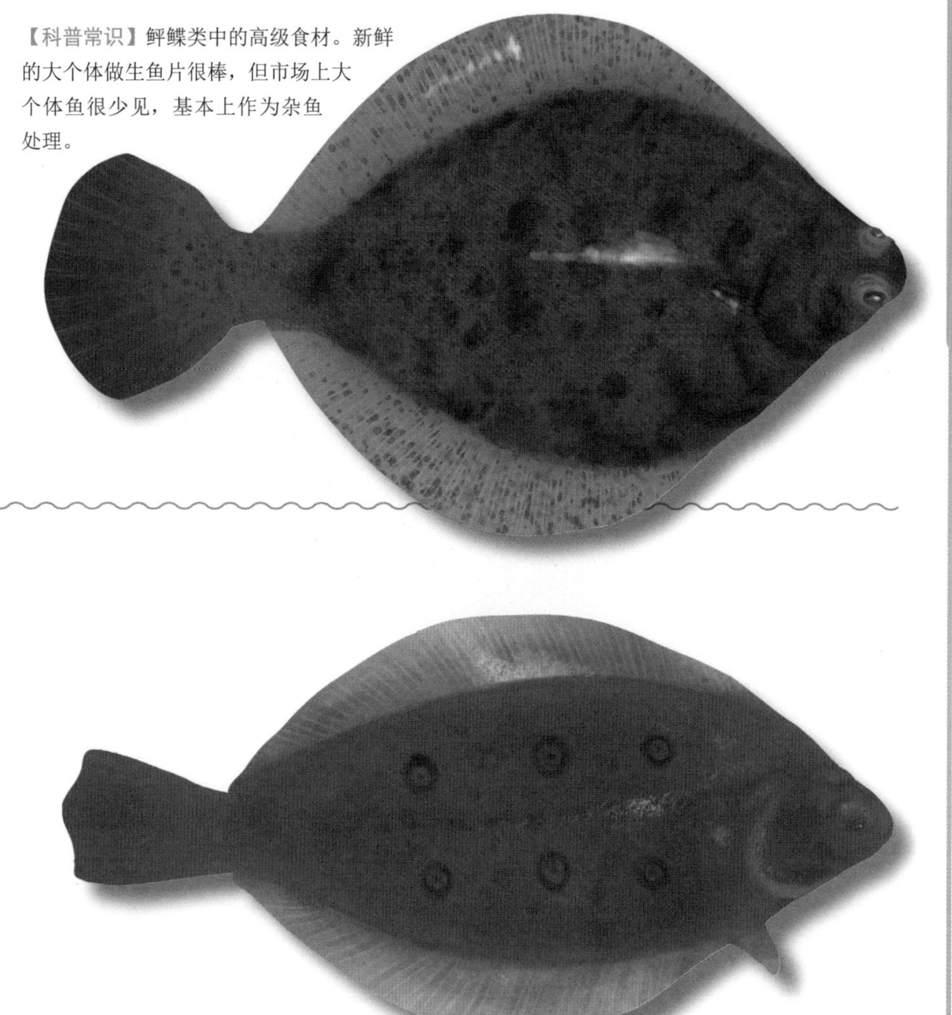

鲽形目 PLEURONECTIFORMES

422. 圆斑星鲽

【生态习性】分布于中国东海以北沿海、朝鲜半岛、日本列岛中部海域。主要生活于沿岸水域和海湾内。主要摄食甲壳类、软体动物、多毛类、底栖贝类和小鱼等。

【识别特征】体长可超过 40cm，甚至达到 70cm。外形较圆润，呈卵圆形。**背鳍和臀鳍几乎对称，各有 2 纵行各 5 ~ 8 个黑褐色圆斑，外部斑色浅。尾鳍后端圆形，中部常有 2 横行各 3 ~ 4 个黑褐斑，前行中央 2 个斑最明显，后行斑色浅。相似种类有条斑星鲽。**

【科普常识】自然种群数量稀少，属于钻石级的海洋名贵鱼类，市场价格高。山东一带流传着“春花秋鳎”的谚语，其中的“花”即指星鲽，“鳎”指的是半滑舌鳎（后述）。现为人工养殖鱼种。

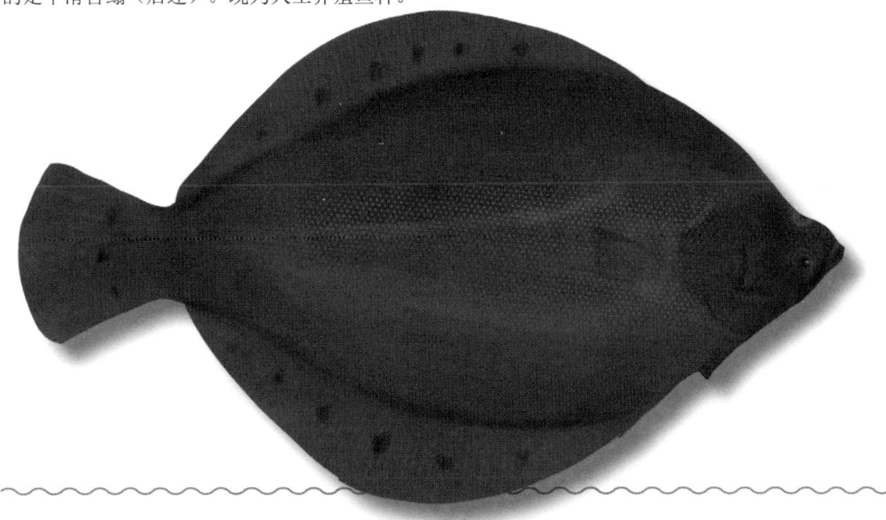

423. 条斑星鲽

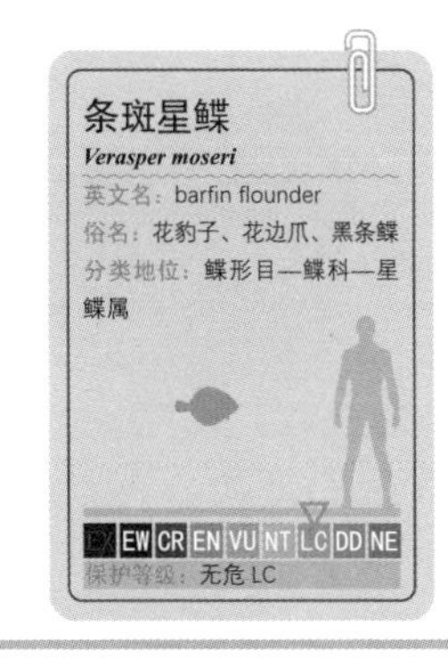

【生态习性】主要分布于鄂霍次克海、日本北海道、朝鲜半岛以东和西南海域、中国黄渤海海域。多栖息在近海水域或海湾内。杂食性，主要摄食甲壳类、蛤蜊、海星、小鱼。

【识别特征】体长可达 60cm。外形较圆润，呈卵圆形。背鳍和臀鳍几乎对称，尾鳍后端圆截形，**背鳍、臀鳍和尾鳍有多条与鳍条平行的黑条状斑。相似种类有圆斑星鲽、星斑川鲽。**

【科普常识】条斑星鲽的自然种群数量非常稀少，与圆斑星鲽同样属于钻石级的海洋名贵鱼类，市场价格很高。

424. 星斑川鲽

【生态习性】分布于北太平洋冷温带、亚寒带海域，我国分布于图们江、黑龙江及河口临近海域。肉食性，以蛇尾类、蛤类、蠕虫类、小鱼和甲壳类生物为食。春夏季繁殖。

【识别特征】体长可达 55cm。是鲽科鱼类中绝无仅有的左眼鱼，但分布于太平洋东岸的多为右眼鱼，不知道造物主对这条鱼有什么特殊考虑。身体菱形，**背鳍、臀鳍和尾鳍的黑褐色条状斑边缘非常清晰，有眼侧有许多大小不等的白色骨状突起。**

425. 亚洲油鲽

【生态习性】分布于中国、朝鲜半岛、日本、俄罗斯远东海区、白令海等，中国分布于黄渤海到东海北部。杂食性，主要摄食底栖动物。产卵期 10 月至翌年 1 月。

【识别特征】体长一般 40cm 以下，大者可达 60cm，体重超过 6kg。体形为显著扁平的椭圆形，**头尾两端较宽阔、中部平缓、前后丰满对称，体表覆盖明显的黏液。有眼侧浅褐色，侧线上有 3 个较明显的黑褐色圆斑。**鱼鳍黄褐色，除右胸鳍外边缘为黄白色。

【科普常识】适合各种中式料理，味道超级棒，特别是大个体鱼。美中不足的是鱼体平薄，出肉率较低，大胃口的美食者可能感觉不过瘾。

鲆科（Bothidae）

鲽形目的1科，全球记录 20 属 115 种，我国分布 14 属 43 种。主要特性为 2 只眼睛都在身体左侧，平躺或潜入泥沙质海底。

426. 花鲆

【生态习性】分布于浙江以南的温暖近岸水域，春夏季节可进入江河等淡水区域觅食。

【识别特征】体长不超过 30cm。身体呈卵圆形，很侧扁，背腹弯曲度相近。**有眼侧褐色有黑色斑点，背鳍、臀鳍和尾鳍为淡黄色，分布有黑色斑纹。**容易混淆的种类是我国引进养殖种类漠斑牙鲆。

【科普常识】区域性小众鱼类，为我国特有种。

427. 褐牙鲆

【生态习性】分布于中国、朝鲜半岛、日本及俄罗斯库页岛等海域，中国分布于从鸭绿江口至珠江口外附近海域，以黄渤海分布量最大。有季节性洄游的习性。主要捕食甲壳类、小型鱼类。

【识别特征】体长可达 1m，体重 10kg。身体呈长椭圆形，很侧扁，背腹弯曲度相近。**有眼侧呈暗灰褐色，侧线直线部中央及前端上下各有 1 个眼睛大小的亮黑斑，其他处散有暗色环纹或斑点。相似种类有花鲆。**

【科普常识】一种高级食用鱼类，一般以清蒸、炖、红烧为主，在日韩是生鱼片的原料鱼。是中国北方、韩国、日本等的重要养殖鱼种。

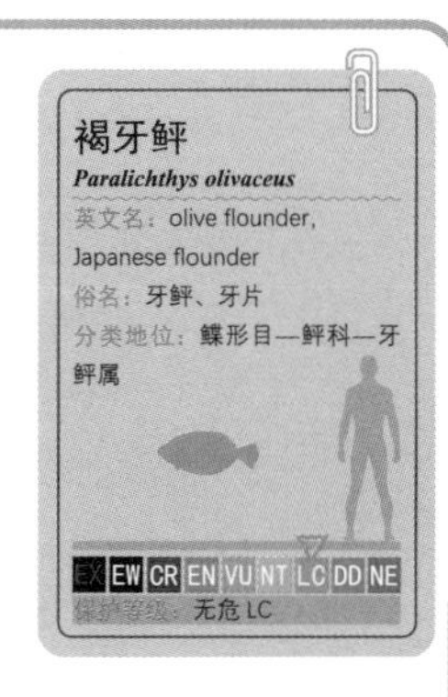

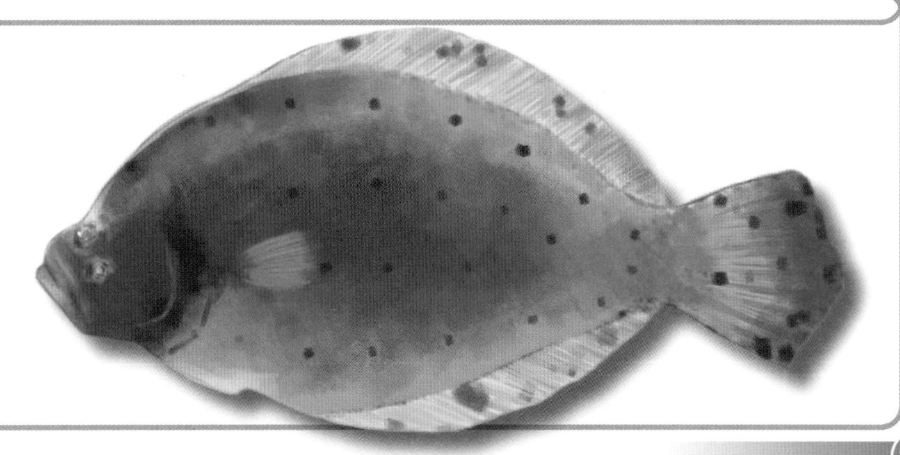

428. 漠斑牙鲆

【生态习性】原产于大西洋沿海，分布于墨西哥湾北部、美国北卡州至佛州北部沿海。底栖肉食性凶猛鱼类。秋冬季繁殖。我国南方引进养殖种类。

【识别特征】体长可达50cm。有眼侧遍布黑色斑点，边缘清晰明了，不像花鲆相对模糊。

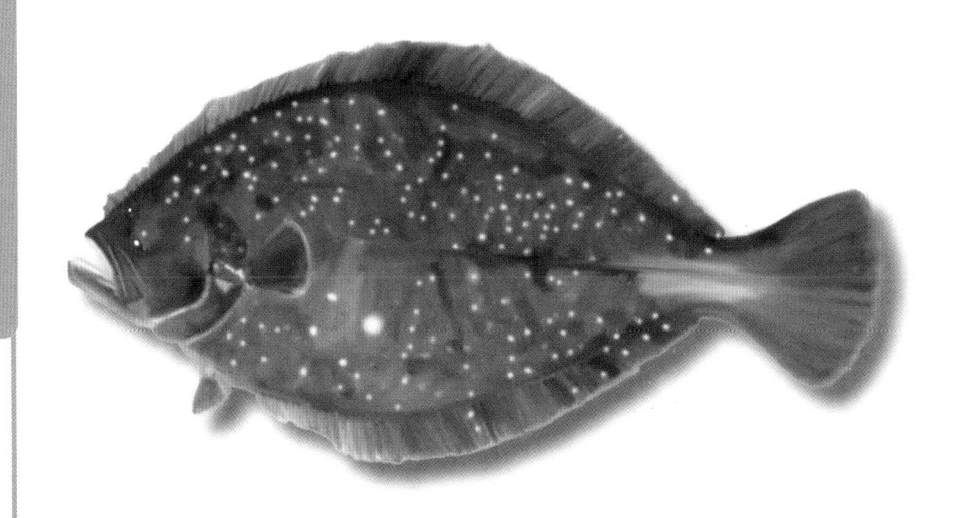

429. 桂皮斑鲆

【生态习性】分布于中国、朝鲜半岛、日本等西北太平洋沿岸海域，中国四大海域均有分布。春季到近岸产卵，秋后回到深水区域。以甲壳类、多毛类、小型鱼类为食。

【识别特征】体长约 30cm，最大可达 50cm。有眼侧淡黄灰褐色，**侧线直线部前端稍后和中央稍后各有一黑褐色斑**，前端斑为眼睛大小，周缘有不规则乳白色小点，后端斑较小不太明显，**沿侧线常另有 2 ~ 3 个更小斑。相似种类有五点斑鲆、双瞳斑鲆、大牙斑鲆。**

【科普常识】中文的“桂皮”应是从英文名“cinnamon”翻译过来的。五点斑鲆、双瞳斑鲆、大牙斑鲆的名称与其英文名意思相同。

430. 五点斑鲆

【生态习性】分布于西太平洋热带水域，我国分布于台湾及以南的南海海域，栖息于近海内湾海底。肉食性，以小型鱼类、甲壳类和其他底栖无脊椎动物为食。春夏季繁殖。

【识别特征】体长不足 20cm。**有眼侧一共有 5 个明显的大黑褐色斑，沿侧线附近有 3 个、下腹中部有 2 个。**

431. 双瞳斑鲆

【生态习性】分布于西太平洋热带海域，我国分布于台湾及以南的南海海域，栖息于大陆架泥沙底质海区。肉食性，以甲壳类和小鱼为食。繁殖习性不详。

【识别特征】体长约35cm。**有眼侧具有3个明显的大斑点，每个斑点包含有2个瞳孔状小斑点。**

432. 大牙斑鲆

【生态习性】分布于西太平洋和印度洋热带、亚热带海域，我国分布于东海和南海海域，栖息于浅海泥沙底质海区。肉食性，以小鱼和甲壳类为食。繁殖期为4—7月。

【识别特征】体长约30cm。**侧线直线部前端有1个明显的大黑斑，与桂皮斑鲆的前部斑点位置相近，但更靠前一些。**

433. 多斑羊舌鲆

【生态习性】分布于北至日本本州，南至印度尼西亚南侧的西太平洋沿海，我国分布于黄海至南海海域。幼时营浮游生活，长大后降至海底，半潜伏在沙泥中，捕食小鱼或无脊椎动物。

【识别特征】体长20cm左右。羊舌鲆属中仅有的分布在东海以北的种类。**体形细长，貌似羊舌状，双眼距离很近且又大又黑。**有眼侧灰褐色，各鳍灰黄色，**背鳍、臀鳍各有一纵行黑褐色斑点，尾鳍前半部上下各有一黑褐色斑。**

【科普常识】可食用鱼类，但产量不高，市场上不多见。俗名“达摩”应是源于其独具特色的一双又黑又圆的眼睛，“南洋”说明在热带海域较常见。

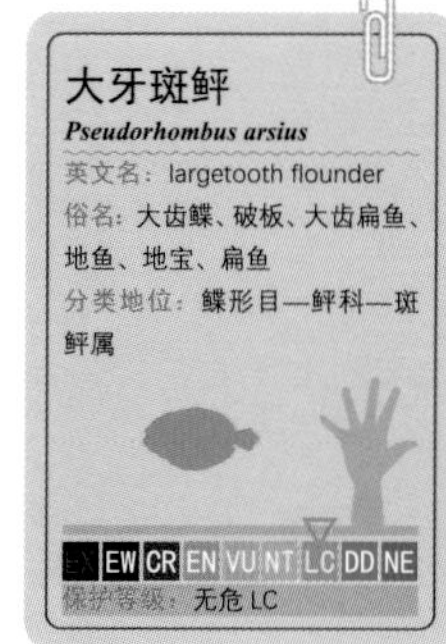

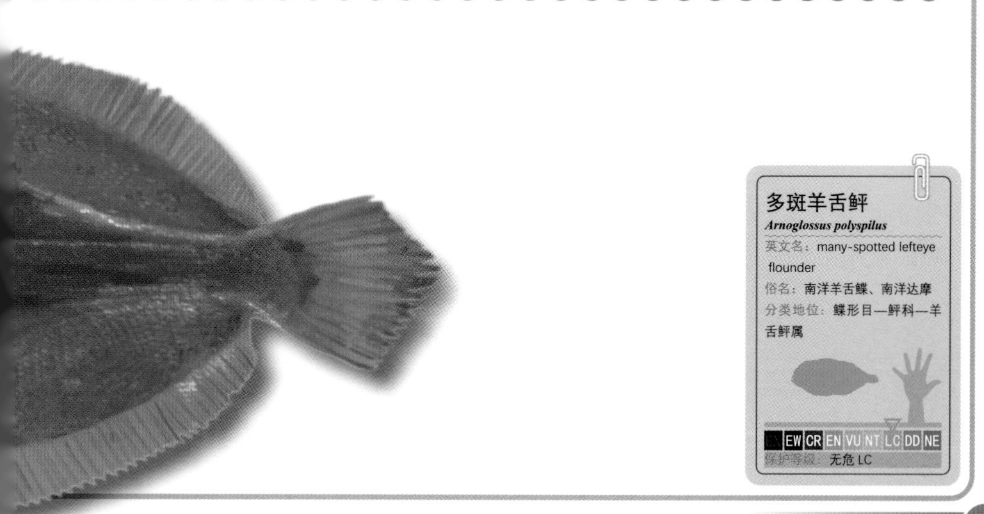

434. 高体大鳞鲆

【生态习性】分布于我国黄海南部到南海北部（海南岛至台湾岛之间）、日本东南部等海域，主要栖息于沿岸至近海的沙泥质海域。主要捕食底栖性的甲壳类和小型鱼类。

【识别特征】体长 5 ～ 10cm。**头体左侧淡灰褐色，有些不规则的暗褐色网状纹。**鳍淡黄色，**奇鳍与左腹鳍有褐色小杂斑点，左腹鳍有 5 ～ 6 条褐色横纹。**与褐牙鲆的幼鱼相似性较高，但体形要短圆一些，鳞片较大。

【科普常识】个体较小，数量不多，经济价值不高，一般出现在炖小杂鱼里，或制作为干品。

鳎科（Soleidae）

鲽形目的 1 科，全球有 35 属 130 种，中国分布有 11 属 21 种。身体呈鞋底状或舌状，右眼鱼。法式黄油煎鱼的重要原料鱼。

435. 大菱鲆

【生态习性】原产于欧洲的特有种，分布于大西洋东侧欧洲沿岸，从墨西哥湾至斯堪的纳维亚半岛，从北欧南部直至北非北部，包括黑海、地中海海域。营底栖生活，为底栖动物。由于养殖逃逸，我国北方沿海也有捕获。

【识别特征】自然海域体长可达 80cm，我国市场上的养殖产品体长通常在 30cm 左右。身体扁平，**体形呈较明显的菱形**，由于背鳍、臀鳍较宽，所以整体又近似圆形，尾鳍宽而短。有眼侧呈灰褐色、深褐色，黑色和咖啡色的花纹隐约可见，会随环境变化而变更体色的深浅，体表有少量皮刺（角质鳞）。

【科普常识】欧洲重要的商业化养殖鱼类。中国于 20 世纪 90 年代引进，现为山东半岛、河北和辽东半岛重要的海水养殖种类。

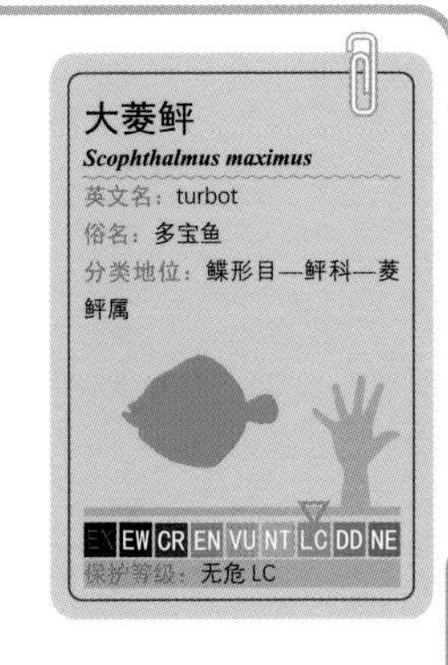

436. 带纹条鳎

【生态习性】分布于印度洋至西太平洋海域，西到印度，南到澳大利亚，北到朝鲜半岛及日本等海域。我国四大海域皆有分布，东海比较常见。主要摄食多毛类、甲壳类、端足类等小型动物。

【识别特征】体长 20cm 左右。身体呈长舌状，侧扁，**有眼侧具 11 ~ 12 对黑褐色横带状纹，尾鳍上有多个形状不定的黄色斑点。**

【科普常识】与舌鳎科鱼类相比，味道稍差，一般作为杂鱼处理。冬季至夏初这段时间避开其产卵期，可能味道好一些。

舌鳎科（Cynoglossidae）

鲽形目的 1 科，全球有 3 属约 103 种，中国分布约 32 种。身体呈不对称长舌状，左侧鱼。法式黄油煎鱼的重要原料鱼。

437. 半滑舌鳎

半滑舌鳎

Cynoglossus semilaevis

英文名：tongue sole

俗名：牛舌头、鳎目、鳎板、鳍鳎

分类地位：鲽形目—舌鳎科—舌鳎属

EW CR EN VU NT LC DD NE

保护等级：无危 LC

【生态习性】我国四大海域皆有分布，相对更喜欢水温较低的北方海域，主要捕食甲壳类、贝类等底栖动物。在繁殖和越冬之间只做近距离洄游。

【识别特征】全长可达 60cm，但雌雄大小不同，雄鱼比雌鱼要小很多。背鳍始于吻端稍后上方，后端鳍条较长，完全连尾鳍。臀鳍始于鳃孔稍后下方。形状与背鳍相似。尾鳍窄长，后端尖。**有眼侧为均一的淡黄褐色。侧线 3 条，中侧线比上下侧线明显粗白。主要相似种类有后述的短吻三线舌鳎、短吻红舌鳎、宽体舌鳎。**

【科普常识】半滑舌鳎是舌鳎科鱼类的代表性物种。个体大，口味好，自然资源不多，市场价值高。现为人工养殖鱼种。

雌鱼

雄鱼

鱼名	最大体长	吻长	有眼侧色泽	尾鳍色泽
半滑舌鳎	60cm	正常	淡黄褐色	正常
短吻三线舌鳎	40cm	短	灰褐色泛红	色深
短吻红舌鳎	20cm	短	淡红褐色	正常
宽体舌鳎	40cm	正常	淡褐色	正常

438. 短吻三线舌鳎

【生态习性】分布于我国渤海、黄海、东海，以及日本中部以南海域。主要捕食甲壳类、多毛类、贝类等底栖动物，以及小型鱼类。

【识别特征】体长可达40cm。有眼侧色泽为黑褐色或灰褐色，尾鳍色深，**3条侧线非常明显**。其他近缘种类基本也有3条侧线，但通常中央侧线明显，接近背顶部和腹下部的侧线相对暗淡。

【科普常识】个体较大，口味好，自然资源不多，市场价值高。据有关药典记载，本种鱼可入药，具有健脾益气、消炎解毒的功效，可用于脾胃虚弱、消化不良、急性胃肠炎、误食河豚中毒等症状的缓解。

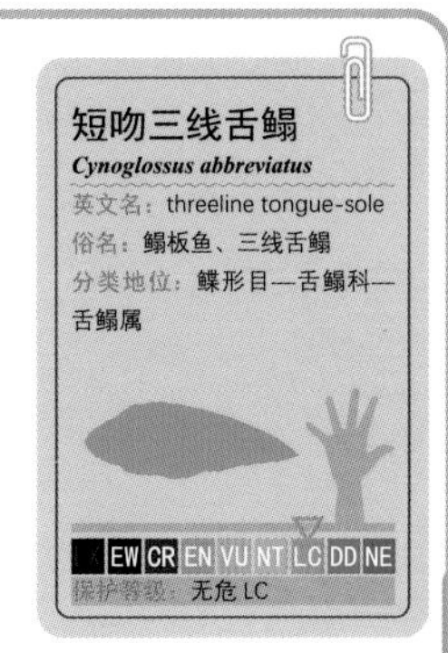

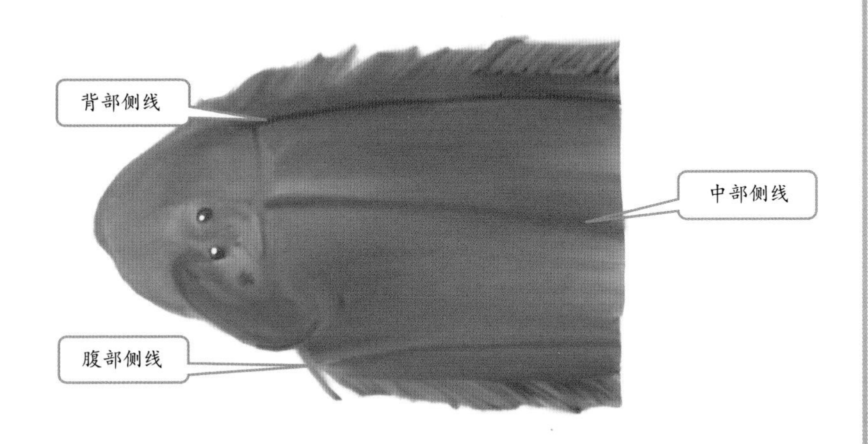

短吻舌鳎的3条侧线

439. 短吻红舌鳎

【生态习性】分布于我国渤海、黄海、东海，朝鲜半岛及日本中北部以南海域。主要捕食多毛类、甲壳类等底栖无脊椎动物。

【识别特征】体长约 20cm。有眼侧呈淡红褐色，**鳞列中央有暗色纵纹，与中央侧线基本重合，侧线 3 条，中央侧线清晰明显，另 2 条侧线相对暗淡。**

【科普常识】个头不大，味道鲜美，钙和铁等微量元素含量高，常用煎炸等料理法。

440. 宽体舌鳎

【生态习性】分布于我国渤海、黄海、东海以及日本中部以南海域，其中黄海北部分布较多。主要捕食甲壳类、多毛类、贝类等底栖动物，以及小型鱼类。产卵期 5—8 月。

【识别特征】体长可达 40cm。有眼侧呈淡褐色。**侧线只有 2 条，位于体侧中部和上缘部。**

【科普常识】高档食用鱼类。肉质多少有些海底泥土的腥味，小个体鱼采用煎炸料理法不存在问题，大个体鱼采用清蒸等清淡料理法时，最好用醋、小麦粉等腌一会儿，味道绝佳。

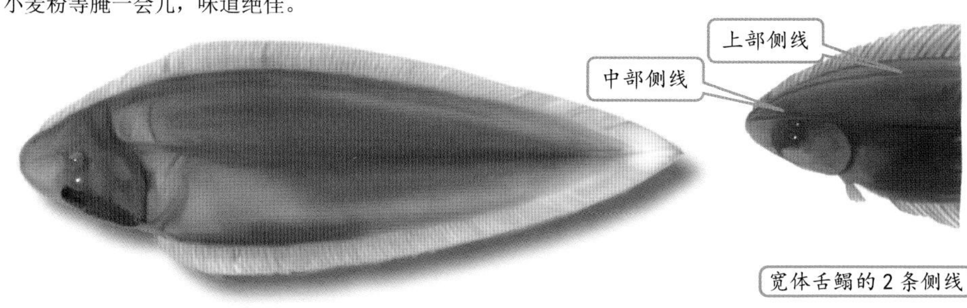

宽体舌鳎的 2 条侧线